普通高等教育"十二五"规划教材

计算机辅助设计

——CorelDRAW X6

主　编　王玉红
副主编　陈英波

中国水利水电出版社
www.waterpub.com.cn

内 容 提 要

本书以 CorelDRAW 软件的最新版本 CorelDRAW X6 软件为对象进行讲解，分为 9 章，讲解了 CorelDRAW X6 软件基础入门、绘图工具的使用、对象的管理和编辑、图形的编辑、轮廓与填充、文字及矢量特效的应用、图层的管理及应用样式、特殊效果的编辑、处理位图图像和应用滤镜等知识点。

本书适合作为高等院校包括高职高专等艺术类专业的基础教材，也可以作为设计爱好者与从业者的入门参考书。

图书在版编目（CIP）数据

计算机辅助设计 ： CorelDRAW X6 / 王玉红主编. -- 北京 ： 中国水利水电出版社, 2014.8(2021.8重印)
普通高等教育“十二五”规划教材
ISBN 978-7-5170-2306-7

Ⅰ. ①计… Ⅱ. ①王… Ⅲ. ①图象处理软件－高等学校－教材 Ⅳ. ①TP391.41

中国版本图书馆CIP数据核字(2014)第195097号

书　　名	普通高等教育“十二五”规划教材 计算机辅助设计——CorelDRAW X6
作　　者	主　编　王玉红 副主编　陈英波
出版发行	中国水利水电出版社 （北京市海淀区玉渊潭南路 1 号 D 座　100038） 网址：www.waterpub.com.cn E-mail：sales@waterpub.com.cn 电话：（010）68367658（营销中心）
经　　售	北京科水图书销售中心（零售） 电话：（010）88383994、63202643、68545874 全国各地新华书店和相关出版物销售网点
排　　版	北京零视点图文设计有限公司
印　　刷	清淞永业（天津）印刷有限公司
规　　格	184mm×260mm　16 开本　13.25 印张　322 千字
版　　次	2014 年 8 月第 1 版　2021 年 8 月第 3 次印刷
印　　数	3001—4500 册
定　　价	**42.00** 元

前言

本书共分为9章，其设置都是由简入繁，逐步深入，从软件的界面、几何图形的绘制及编辑到文字与图形效果的编辑，使读者循序渐进地完成学习过程，且将知识点化繁为简，突出重点，对一些简单的知识点做了概括的梳理，譬如对图层的管理有多种途径，书中进行了整理和概括，强调简单有效的使用方法；对一些非特色的功能与命令，进行了归纳与分类，如位图与滤镜的应用并非CorelDRAW X6软件的强项，书中对其进行概括性的图解；对一些重要的知识点进行了强化训练，譬如图形的绘制与编辑，书中在多个案例中都会要求读者进行实践操作。由此使不同需求的读者可以集中掌握该软件的各类应用，同时达到有效快捷的学习效率。

传统软件教材中简单地按照软件工具、命令排列的先后顺序为讲解线路，很难形成一个系统的知识体系，这样导致的后果是读者只是简单地会使用某个工具或命令，而不会系统地使用软件进行设计创作。编者经过分析将CorelDRAW X6软件中的工具与命令进行归纳与分组，使每个工具与命令都相互联系在一个大的章节内，而每个章节又是在一个大的体系内，使读者真正掌握使用某项工具与命令的目的。

书中每章讲解完成后都会有一个案例教学，可以提供给读者非常详细的操作步骤，使读者能够在案例中消化理论知识，做到举一反三，灵活运用。案例主要侧重于插画图形及动漫人物形象设计，适合平面设计与数字媒体类专业的读者学习，其理论知识则涉及各类设计专业的领域。本教材编写过程中，部分案例由浙江农林大学天目学院龚静芳老师编写，图片整理由浙江农林大学于亚楠、徐睿两位老师完成。

经过几个月的埋头编写，本书终于得以完成，感谢浙江农林大学数字媒体系各位同仁的指导与帮助，同时感谢家人的支持与理解。但由于编写经验有限，故还存在着很多不足，请有关专家与读者批评指正。

编写组

2014年3月27日

前言

目录

前言

第 1 章　CorelDRAW X6 软件基础入门

本章为 CorelDRAW X6 软件的基础入门部分，在熟悉该软件界面的同时，结合艺术设计相关专业，熟练掌握矢量绘图软件的特点和基本工具的操作，为后面的课程奠定基础。本章建议授课 2 学时。

1.1　CorelDRAW X6 软件的工作界面

1.1.1　欢迎屏幕

执行“开始/所有程序/CorelDRAW X6”命令，即可启动 CorelDRAW X6 程序，启动程序后将出现如图 1.1 所示的启动界面，进入程序后，则出现欢迎屏幕，如图 1.2 所示。

图 1.1

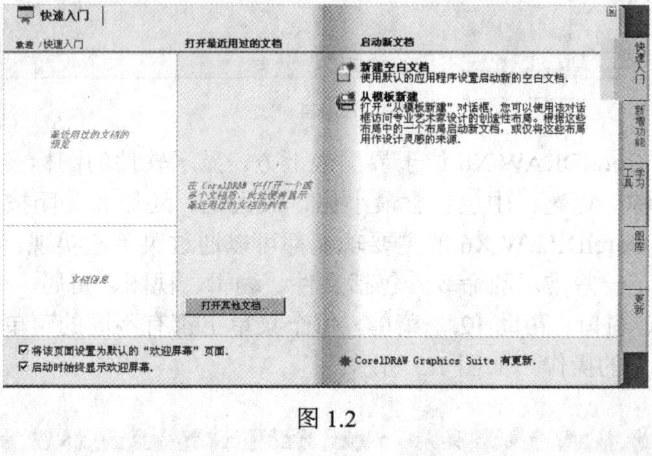

图 1.2

单击欢迎屏幕中的“新建空白文档”，弹出“创建新文档”对话框，如图 1.3 所示。

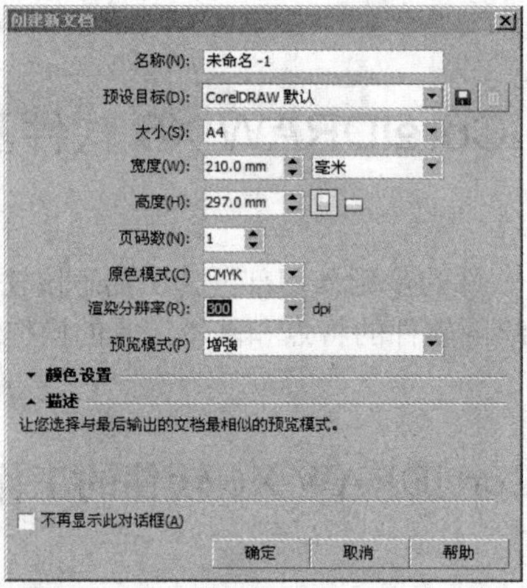

图 1.3

1.1.2 工作界面

单击“确定”按钮，则创建默认的空白图形文件，进入到 CorelDRAW X6 文档操作的工作界面。整个工作界面中包括常见的标题栏、菜单栏、标准工具栏、属性栏、绘图窗口、绘图页面、工具箱和状态栏等，如图 1.4 所示。

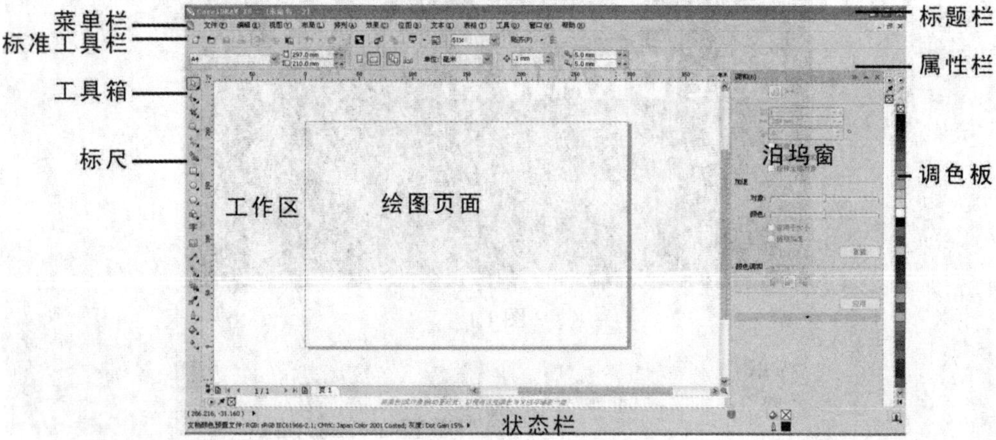

图 1.4

（1）标题栏：CorelDRAW X6 位于界面最上方，显示软件的图标及名称，以及当前打开或新建的文件名称。标题栏中也包含最小化、最大化、还原和关闭按钮。

（2）菜单栏：CorelDRAW X6 的主要功能都可以通过菜单栏实现。菜单栏位于标题栏的下方，其中放置了一些常用的命令，包括文件、编辑、视图、布局、排列、效果、位图、文本、表格、工具、窗口、帮助 12 个菜单，每个菜单下都有不同的菜单项，利用这些菜单项可以执行不同命令的操作，如图 1.5 所示。

图 1.5

（3）标准工具栏：集合了一些常用的命令按钮，方便用户快捷操作，标准工具栏如图 1.6 所示，各按钮的功能如下。

图 1.6

1）新建按钮：开始一个新文档。
2）打开按钮：打开现有文档。
3）保存按钮：保存活动文档。
4）打印按钮：选择打印选项，打印活动文档。
5）剪切按钮：将一个或多个对象移动到剪贴板上。
6）复制按钮：将一个或多个对象的副本复制到剪贴板上。
7）粘贴按钮：将剪贴板的内容放入文档中。
8）撤销按钮：取消前一个操作。
9）重做按钮：重新执行上一个撤销的操作。
10）搜索内容按钮：使用 Corel Connect 泊坞窗搜索剪贴画、照片和字体。
11）导入按钮：将文件导入活动文档。
12）导出按钮：将文档副本另存为其他文件格式。
13）应用程序启动器按钮：启动 Corel 套件中的其他程序。
14）欢迎屏幕按钮：了解应用程序的新增功能，访问产品更新、学习资源和图库。
15）缩放比例按钮 100%：指定缩放级别。
16）贴齐按钮 贴齐：选择绘图页面中对象的对齐方式。
17）选项按钮：设置绘图窗口首选项。

（4）属性栏：根据选择工具的改变而改变，当随意绘制或拖动一个图形时，会发现属性栏中的数据也会随之改变，也可以通过修改属性栏中的数据精确绘图以及对所选择的图形进行调整，如图 1.7 所示。

图 1.7

（5）工具箱：默认在界面左侧，这里是 CorelDRAW X6 软件绘图常用的一些工具。其中包含绘制、编辑图形工具和各种填充对话框，部分工具默认可见，其他工具则以展开工具栏的形式进行分组，如图 1.8 所示。

在工具按钮右下角显示有黑色小三角标记的，表示该工具是一个工具组，单击该按钮，即可展开隐藏的工具栏，并备有工具的名称，使用户方便识别，如图 1.9 所示。

（6）泊坞窗：CorelDRAW X6 软件中包含了多种泊坞窗，它相当于 Adobe Photoshop 软件中的控制面板，能够将有限的工作空间合理地利用，也可以说是一个集各种操作按钮、菜单、列表为一体的操作面板。选择“窗口/泊坞窗”命令，在弹出的子菜单中选择所需要的命令即可。以下主要介绍对象管理器、对象数据管理器、对象属性的功能和用法。

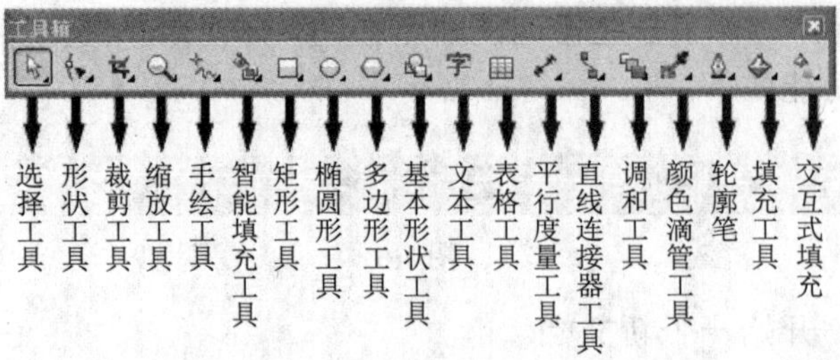

图 1.8

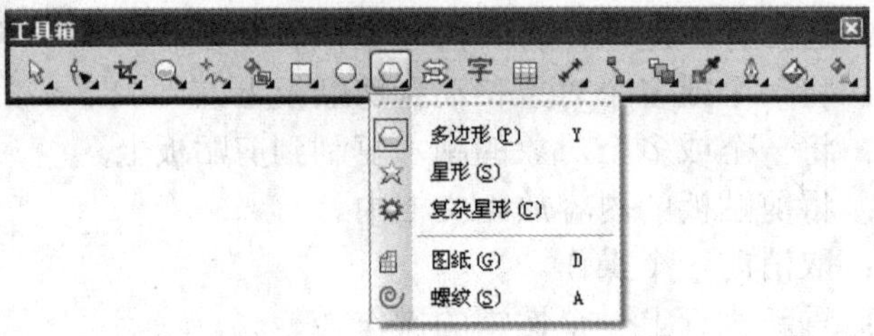

图 1.9

1）对象管理器：选择“工具/对象管理器”命令，或者选择“窗口/泊坞窗/对象管理器”，都可以打开对象管理器泊坞窗，如图 1.10 所示。使用对象管理器泊坞窗，可以通过创建、复制、移动、删除图层以及隐藏、锁定和打印选定图层来控制绘图区域中的图形对象彼此之间的重叠方式；当图形对象多时，还可选取和编辑图层，总之，利用该泊坞窗可以方便地管理图形对象。

2）对象数据管理器：选择“工具/对象数据管理器”命令，或者选择“窗口/泊坞窗/对象数据管理器”，都可以打开对象数据管理器泊坞窗，如图 1.11 所示。利用该泊坞窗可以为选中的对象或群组对象附加一些信息，如文本、数字、数据及时间等，这样有利于图形对象的管理。

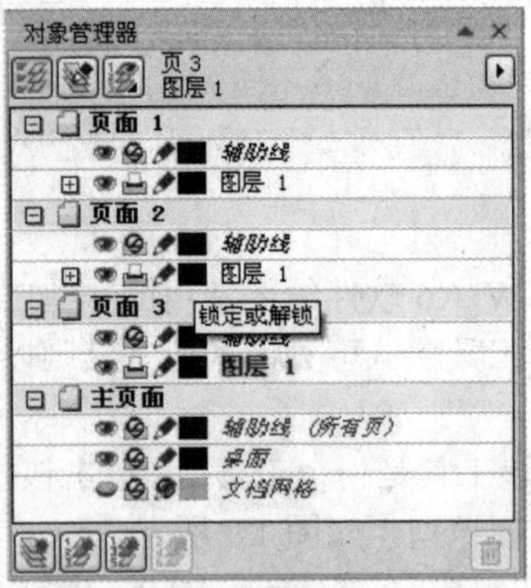

图 1.10

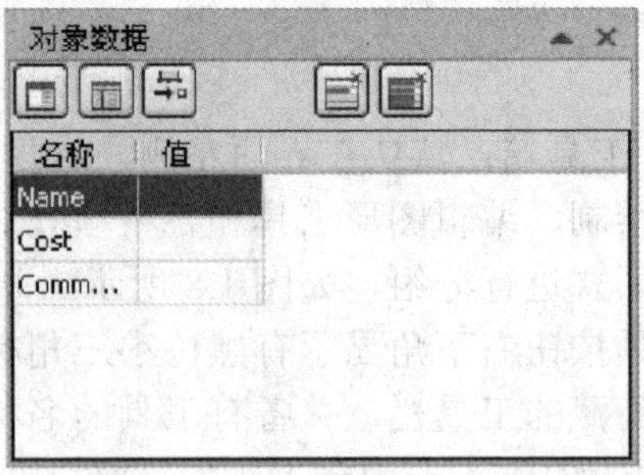

图 1.11

3）对象属性：选择“窗口/泊坞窗/属性”，即可打开对象属性泊坞窗，打开该泊坞窗后，可以单击绘图窗口中的对象，然后查看对象的颜色、轮廓、格式化、尺度和其他属性，如图 1.12、图 1.13 所示。

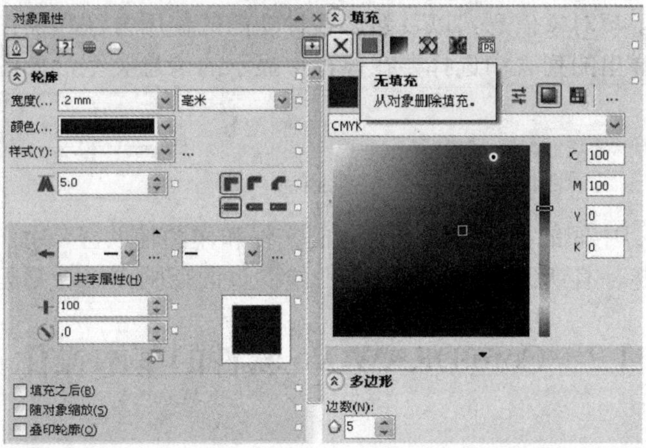

图 1.12

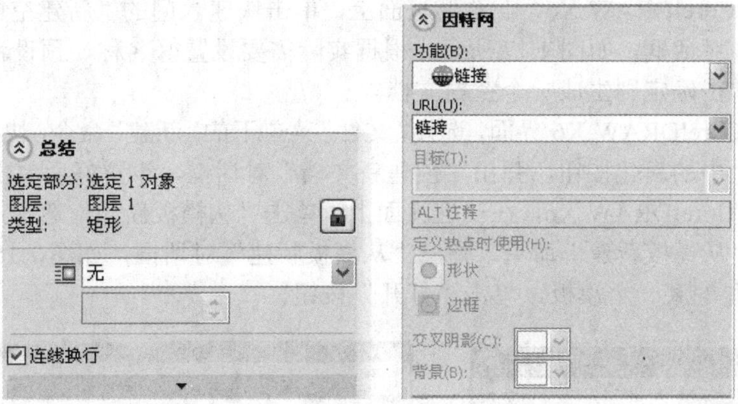

图 1.13

（7）调色板：默认在界面右侧，其中放置了默认的各种颜色色标，如图 1.14 所示。其默认的色彩模式为 CMYK 模式，单击“工具/调色板编辑器”命令，弹出的对话框如图 1.15 所示，可以修改默认的颜色模式、编辑颜色、添加颜色、删除颜色、将颜色排序和重置色板等，设置完毕后可以为图形填充颜色，在选中图形状态下，单击填充图形内部，右击填充轮廓。

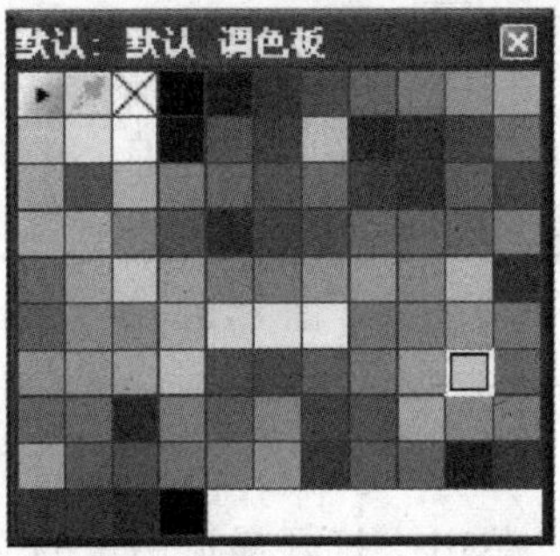

图 1.14

图 1.15

（8）状态栏：位于界面最下方，分为上、下两条信息栏。可以在绘图过程中显示相应的提示，帮助用户了解对象信息，以及熟悉各种功能的使用方法和操作技巧。单击信息栏右侧按钮，可以在弹出的列表中选择要在该栏中显示的信息类型，如图 1.16 所示。

图 1.16

（9）绘图页面：中间的白色区域是新建的文件和作图辅助区，用户可以根据实际需要对页面大小进行调整，且所绘制的对象必须在绘图页面范围内，否则无法完成输出。

1.2 CorelDRAW X6 软件的基本操作

1.2.1 新建文件的三种方式

（1）启动 CorelDRAW X6，在欢迎页面上，单击快速入门的“新建空白文档”，弹出“创建新文档”对话框，如图 1.17 所示。根据实际需要设置好名称、预设目标、大小、宽度、高度等，单击确定则生成一个空白文档。

（2）进入 CorelDRAW X6 界面，选择“文件”菜单下的“新建”命令，快捷键为 Ctrl+N；单击标准工具栏中的新建按钮，弹出“创建新文档”对话框，设置好后单击确定。

（3）启动 CorelDRAW X6，在欢迎界面上，单击“从模板新建”选项，或者选择“文件”菜单下的“从模板新建”命令，弹出“从模板新建”对话框，如图 1.18 所示。选择需要的类型/行业里的某一个模板，单击“打开”按钮。

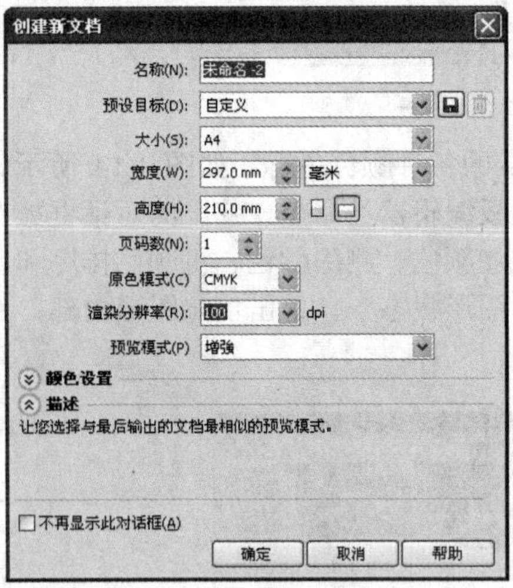

图 1.17

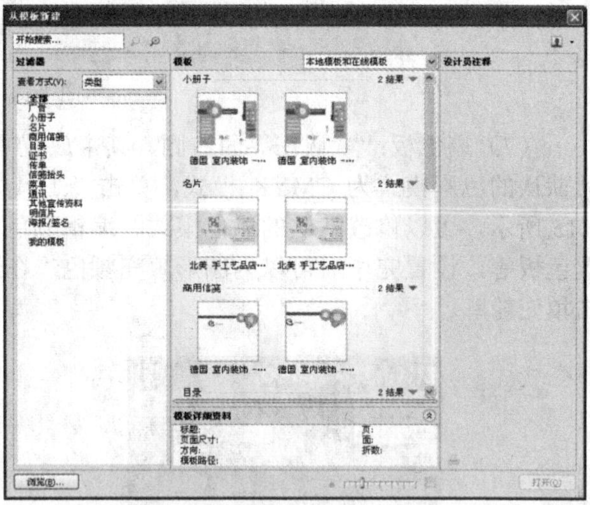

图 1.18

1.2.2 打开文件的三种方式

（1）启动 CorelDRAW X6 后，在欢迎界面中，单击“打开最近用过的文档”下的列表或者“打开其他文档”按钮，如图 1.19 所示。选择所需文件，单击打开。

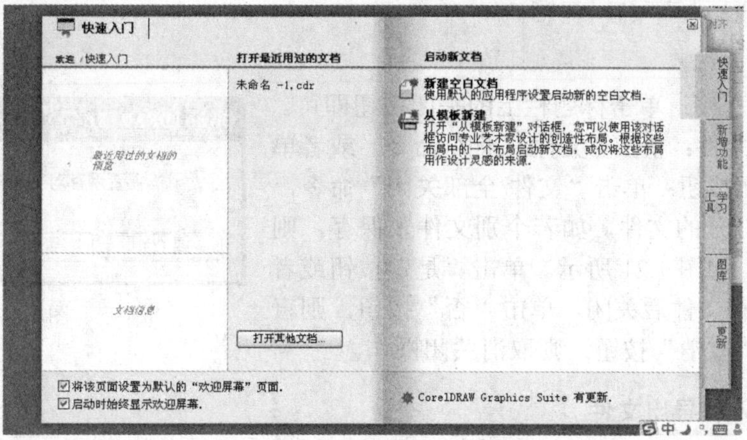

图 1.19

（2）选择“文件”菜单下的“打开”命令，在弹出的对话框中选择要打开的文件，单击“打开”按钮，快捷键为 Ctrl+O。

（3）单击标准工具栏中的“打开”按钮，在弹出的对话框中选择要打开的文件，单击“打开”按钮。

1.2.3　保存文件的三种方式

（1）直接单击“文件”下的“保存”命令，快捷键为 Ctrl+S，弹出“保存绘图”对话框，如图 1.20 所示，设置保存路径、文件名、保存类型(列表中不同的文件格式)、版本等，单击“保存”按钮。

（2）单击工具栏中的保存按钮，弹出“保存绘图”对话框，设置完毕单击“保存”按钮。

（3）另存为是将修改过的文件重新命名保存，与之前的原文件同时存在。具体操作如下：选择“文件/另存为”命令，弹出“保存”对话框；选择保存路径；在文件中输入保存对象的名称；在“保存类型”下拉列表中选择文件所存储的格式；单击“保存”按钮即可。

图 1.20

1.2.4 关闭

（1）关闭程序：单击标题栏上的关闭按钮即可。

（2）关闭文件：单击“文件/关闭”命令，或者单击菜单栏的关闭按钮；单击“文件/全部关闭”命令，可以关闭所有打开的文件，如若个别文件未保存，则会弹出对话框，如图 1.21 所示。单击“是”按钮或者按 Y 键，则保存文件后关闭，单击“否”按钮，则直接关闭，单击“取消”按钮，则取消关闭操作。

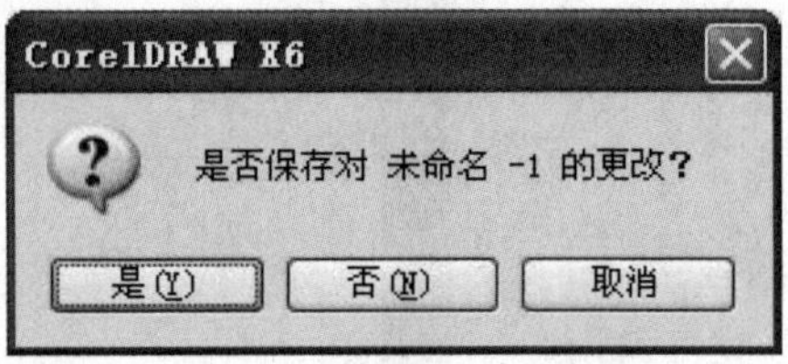

图 1.21

1.2.5 导入和导出文件

CorelDRAW X6 在对位图进行处理时，不能直接打开位图图像，必须使用导入命令将位图在 CorelDRAW X6 中打开。导入位图图像时，可以导入整幅图像，也可以在导入过程中对图像进行裁剪，或者重新取样图像。导入整幅位图图像时，图像将保持分辨率，且可以一次导入多张图像，对编辑完成的图像使用导出命令将其保存。

1. 导入文件的方法

（1）选择“文件/导入”命令，弹出“导入”对话框。选择图片，单击“导入”按钮，此时光标成为一个直角的形状。直角形状后显示了该位图的尺寸和导入位图时的操作说明，将光标移动到图片想要放置的位置，单击即可在该位置上打开图片，或者按住左键拖动出一个红色的虚线区域，松开即可得到红色区域大小的位图，如图 1.22 所示。

图 1.22

（2）单击标准工具栏中的“导入”按钮，在弹出的对话框中选择要导入的文件，按住 Ctrl 键的同时单击文件，则可以同时选择多个图像。

2. 导出文件的方法

（1）选择“文件/导出”命令，弹出“导出”对话框，如图 1.23 所示。在对话框中设置好导出文件的保存路径、文件名、保存类型（导出或保存为不同的文件格式，以供其他应用程序使用），设置完毕，单击“导出”按钮。

（2）单击标准工具栏中的“导出”按钮，在弹出的对话框中选择要导出的文件格式，设置相关参数，单击“导出”按钮，则弹出“转换为位图”对话框，如图 1.24 所示。设置好图像大小、颜色模式等参数后，单击“确定”按钮，即可将文件以此种格式导出在指定的位置。

图 1.23

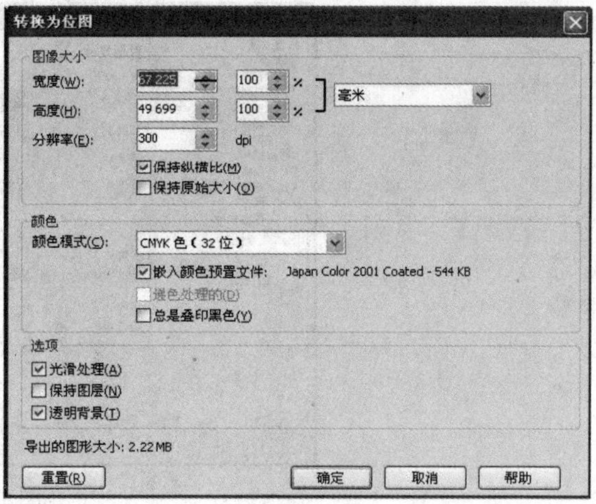

图 1.24

1.3　页　面　管　理

1.3.1　页面的设置

当绘图区中没有选择任何对象时，其属性栏中显示的是页面信息，默认的页面为纵向的 A4 大小，即长 210mm，高 297mm。页面设置可以通过以下三种方法设置：

（1）单击标准工具栏中的新建按钮，弹出“创建新文档”对话框，可以设置文件大小、宽度、高度、页码数、原色模式等，设置完毕单击确定。

（2）在工具箱中单击选择工具，在绘图窗口的空白区域单击，属性栏中则出现对页面大小、页面度量、页面方向等参数的设置，如图 1.25 所示。

图 1.25

（3）选择菜单栏中的“布局/页面设置”命令，或者在工具箱中单击选择工具，双击页面中的阴影区域，弹出“选项”对话框，选中“页面尺寸”选项，进行设置，如图 1.26 所示。

“选项/页面尺寸”各项参数的功能：

1）大小：根据需要选定预设页面大小的样式。

2）宽度/高度：根据需要输入尺寸数值，在高度数值后可以设置页面方向，纵向或者横向。

3）只将大小应用到当前页面：仅限于本页面的参数设定。

4）分辨率：设置图像的分辨率。

5）出血：设置页面四周的出血宽度。

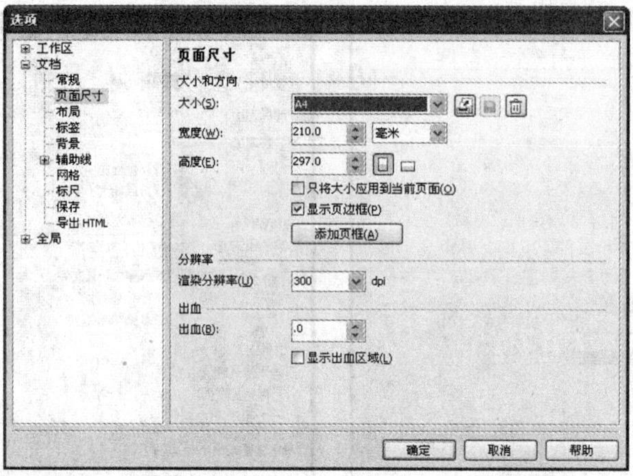

图 1.26

1.3.2 页面的插入、删除、重命名

1. 插入页面

CorelDRAW X6 中一个文件里可以包含多个页面，可以在同一个窗口中插入多个页面，其方法有两种：

（1）单击“布局/插入页面”命令，弹出“插入页面”对话框，如图 1.27 所示。设置插入的页码数、地点（本页之前或者之后）、页面尺寸等，单击“确定”按钮。

图 1.27

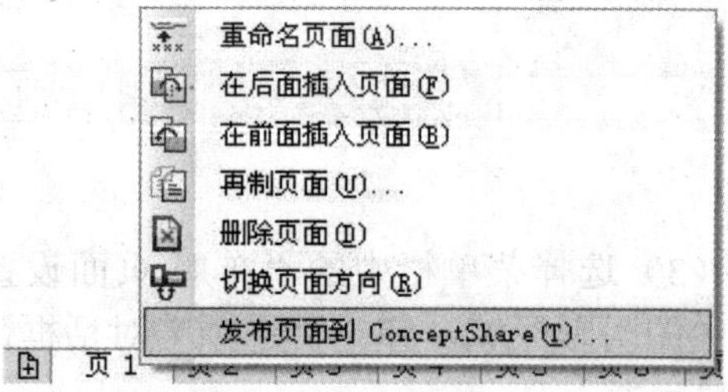

图 1.28

（2）通过页面指示区域插入页面：单击“插入页面”按钮，即可插入页面，右击页面指示区域的某个标签，如图 1.28 所示，选择“在后面插入页面”或“在前面插入页面”命令即可。

2. 删除页面

删除页面有两种方法：

（1）通过“布局/删除页面”命令，弹出“删除页面”对话框，如图 1.29 所示。输入要删除的页码，则删除指定页面，选中“通到页面”，在后面的数值框中输入删除范围，设置完毕，单击确定。

（2）右击页面指示区域中需要删除页面的标签，在弹出的对话框中选择“删除页面”命令即可。

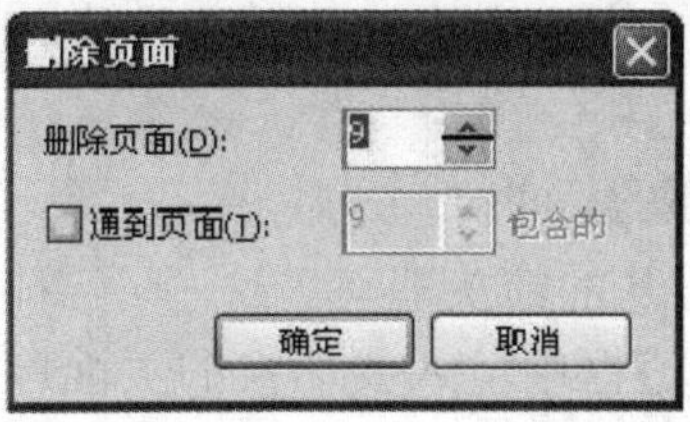

图 1.29

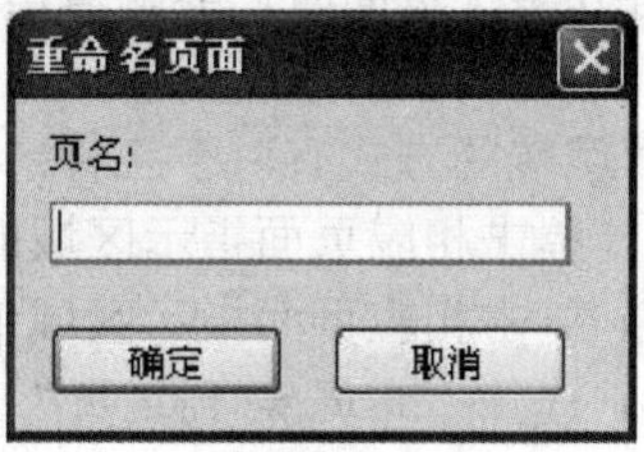

图 1.30

3. 重命名页面

选择“布局/重命名页面”命令或右击所要重命名页面的标签，弹出“重命名页面”对话框，在“页名”中输入所要命名的名称即可，如图 1.30 所示。

1.3.3　插入页码

单击“布局/插入页码”，出现位于活动图层、位于所有页、位于所有奇数页、位于所有偶数页命令，如图 1.31 所示。其不同功能如下：

（1）位于活动图层：在选定的图层上插入页码，如果活动图层为主图层，则页码将插入文档中显示该主图层的所有页面。如果活动图层为局部图层，那么页码将仅插入当前页。

（2）位于所有页：可以在所有页面上插入页码，如图 1.32 所示。

（3）位于所有奇数页：可以在所有奇数页上插入页码。

（4）位于所有偶数页：可以在所有偶数页上插入页码。

页码为美术字对象，可以像其他任何美术字文本对象一样进行修改和操作。用户可以调整页码大小或对其进行缩放和旋转，更改颜色，或应用底纹填充或阴影等效果。

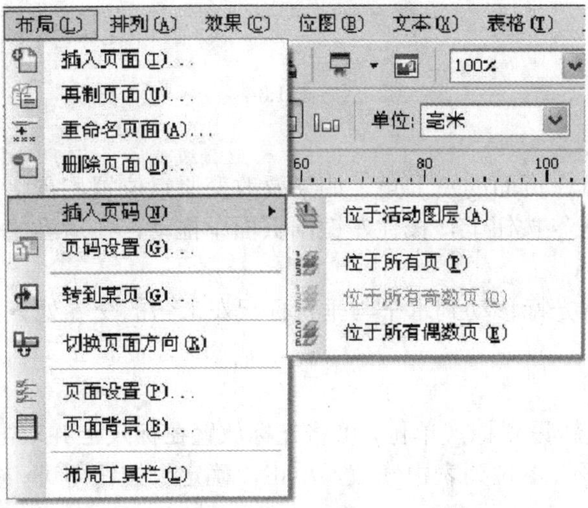

图 1.31

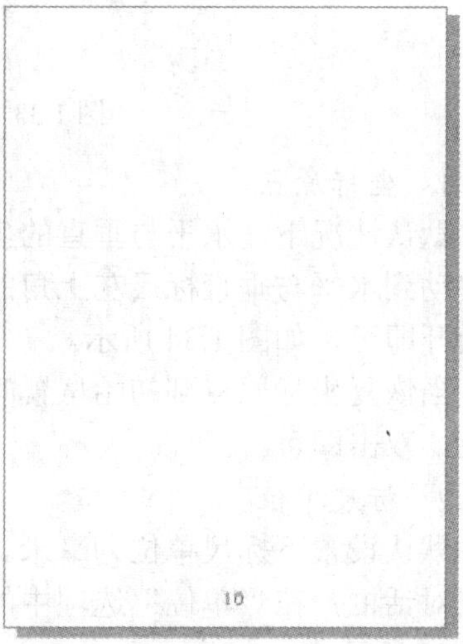

图 1.32

1.3.4 页面跳转

当打开多个页面时，会随着需求不同而需要切换不同的页面，从而针对不同的页面进行编辑。

页面跳转的方式有以下三种：

（1）单击相应页面指示区域的标签 页 1 页 2 页 3 即可。

（2）单击相应页面指示区域中 3 / 3 的箭头即可。

（3）选择“布局/转到某页”命令，在弹出的数值框中输入要切换的页面序号，单击“确定”即可。

1.4 辅助工具的使用

CorelDRAW X6 一些辅助工具不参与图形创作，但是它们对于图形创作起到了辅助作用，使用这些工具可以更加精确和迅速地制作出作品，所以在绘图之前最好先根据工作需要进行一些设置。

1.4.1 标尺的设置

在 CorelDRAW X6 工作界面中，默认设置都会显示标尺。如未显示，选择菜单栏中的“视图/标尺”命令即可显示。可将标尺看成一个由水平标尺与垂直标尺组成的坐标系统。当鼠标光标在绘图区与工作区中移动时，光标的位置被映射到水平与垂直标尺上，以虚线方式显示，通过它可了解当前光标所在页面的位置，如图 1.33 所示。

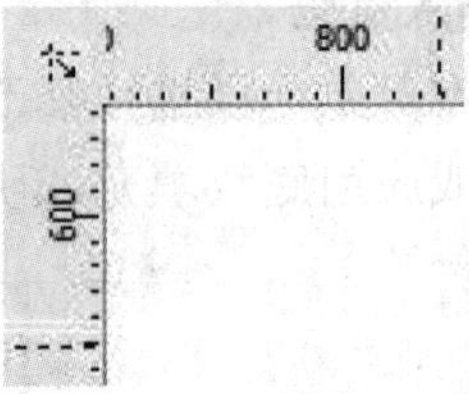

图 1.33

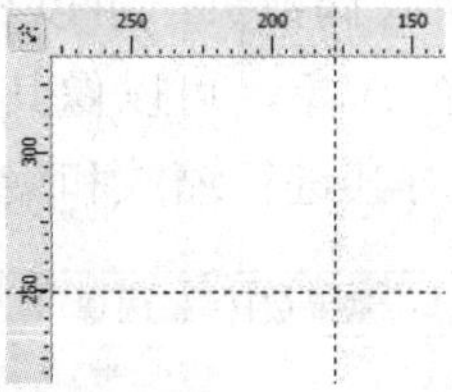

图 1.34

1. 坐标原点

默认情况下，水平与垂直的坐标原点在页面的左上角。如果要改变原点位置，需将光标移动到水平与垂直标尺左上角的交界处按钮上，按住左键向页面中拖动，在适当的位置松开即可，如图 1.34 所示。

当恢复坐标原点到初始位置时，可将光标移动到水平与垂直标尺左上角的交界处按钮上，双击即可。

2. 标尺单位

默认设置下标尺单位为毫米。如需重新设置标尺单位，可将光标放置在标尺上并双击，弹出对话框，在“单位”选项中的“水平”下拉列表中修改，单击“确定”按钮即可，如图 1.35 所示。

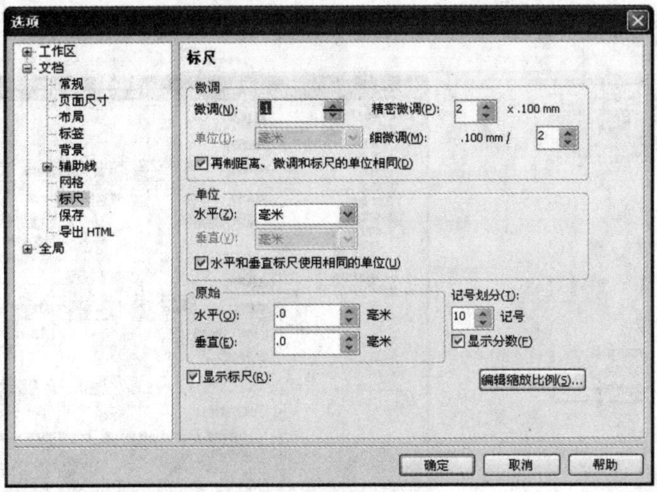

图 1.35

1.4.2　网格的设置

网格可以帮助用户精确地放置对象，并可自行设置网格或点之间的距离，从而使定位更加精确，它分为文档网格和基线网格，如图 1.36 所示。网格的显示和设置方法如下。

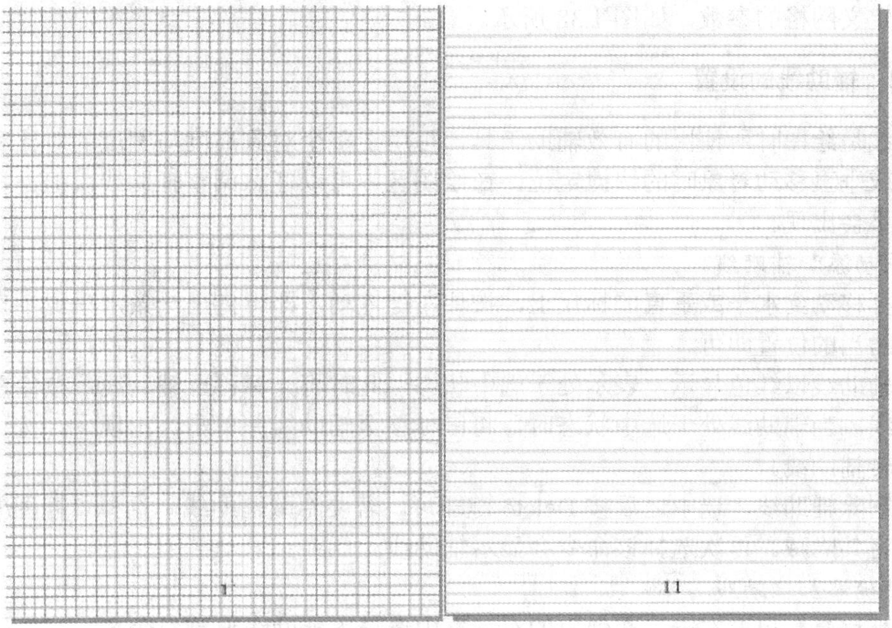

图 1.36

1. 文档网格/基线网格

文档网格是一组可在绘图窗口显示的交叉的线条，它可以帮助用户准确对齐和放置对象。基线网格辅助线在绘图页面间运行，且遵循横格笔记本图样。所有对象都可以贴齐基线网格；只有文本框可以对齐基线网格。网格的显示方法有以下两种：

（1）单击“视图/网格/文档网格”或者“基线网格”命令，如图 1.37 所示，可显示网格，再次单击“文档网格”或者“基线网格”命令则可关闭网格显示。

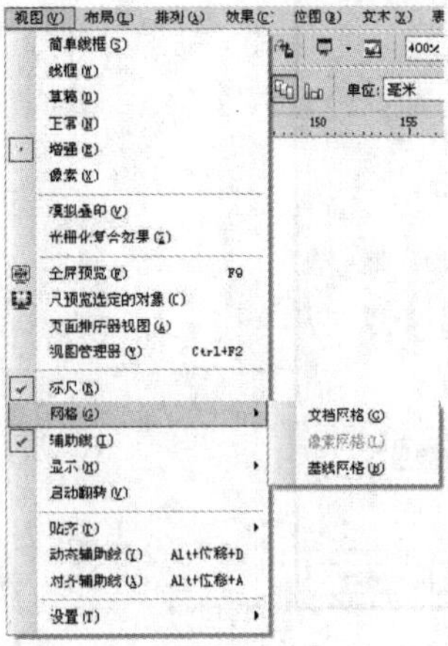

图 1.37

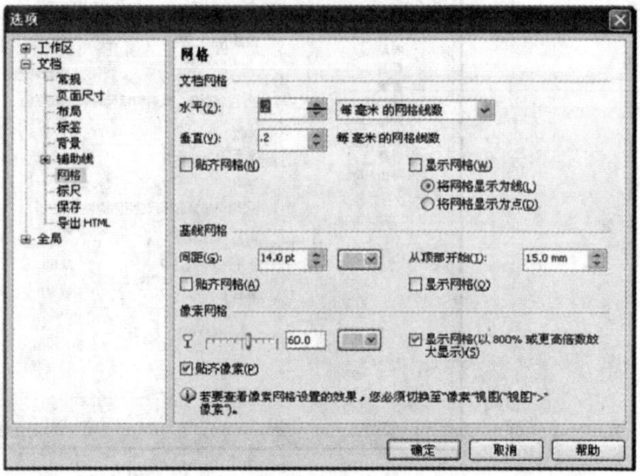

图 1.38

（2）单击“视图/设置/网格和标尺设置”命令，弹出“选项/显示网格”对话框，选中“显示网格”复选框，单击确定。

2. 网格的设置

单击“视图/设置/网格和标尺设置”命令，在打开的“选项”对话框中，用户可以根据需要自定义网格的参数，如图 1.38 所示。

1.4.3　辅助线的设置

辅助线是绘图时所使用的有效辅助工具，可用于多个对象高度与宽度的对比和对齐，以及水平或垂直移动对象时的快捷定位。在绘图区中可以任意调整辅助线，但是打印的时候辅助线不会出现。

1. 手动添加辅助线

将光标移动到水平或垂直的标尺上，按住左键拖动，即可拖出一条水平或垂直的辅助线，拖到适当的位置即可。

新的辅助线以红色显示，表示处于选中状态，此时将光标移至辅助线，按住左键即可移动辅助线。当辅助线处于选中状态时，将鼠标移至辅助线并单击，出现↻，按住左键拖动即可旋转辅助线。

若要删除辅助线，选中之后按 Delete 键即可。若要隐藏辅助线，选择“视图/辅助线”命令即可将其隐藏。再次选择该命令会显示辅助线。

2. 精确添加辅助线

将光标移至标尺上右击，在弹出的对话框中选择“辅助线设置”命令。

若要在水平标尺 200mm 处添加一条垂直辅助线，在垂直标尺 100mm 处添加一条水平辅助线，具体方法如下：在左侧列表中选择“水平”选项，在数值框中输入“200”，单击“添加”按钮即可添加水平辅助线。同样在左侧列表中选择“垂直”选项，在数值框中输入“100”，如图 1.39 所示，单击“添加”按钮即可添加垂直辅助线。

图 1.39

3. 使用预设辅助线

单击“视图/设置/辅助线”命令，弹出“选项”对话框，打开“辅助线”隐藏列表，单击“预设”，根据需要选择一种预设，单击确定，如图 1.40 所示。

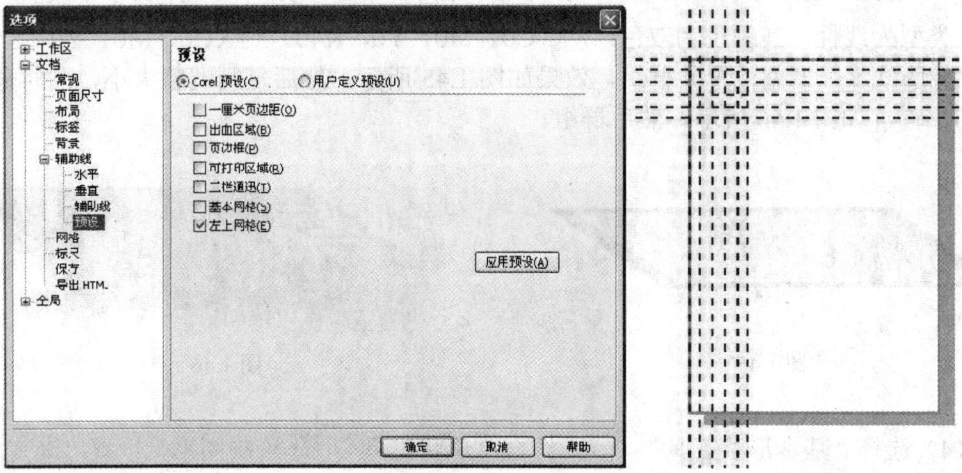

图 1.40

1.5　案　例　教　学

（1）执行菜单“文件/新建”命令（或按快捷键 Ctrl+N），新建 A4 大小的横向文件。双击工具箱中的“基本形状工具”和“矩形工具”，分别绘制两个适当的矩形，如图 1.41、图 1.42 所示。

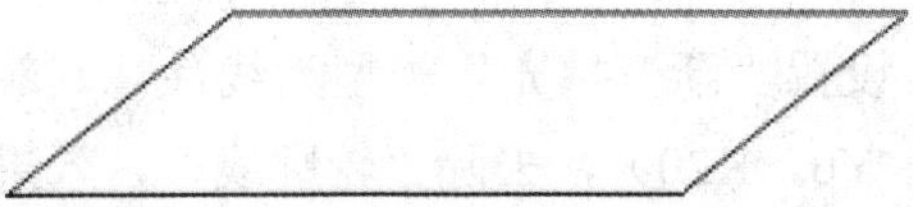

图 1.41

图 1.42

（2）选中矩形（图 1.41），按 F11 键，弹出“渐变填充”对话框，设置类型为线性，其颜色为双色：从（C0，M0，Y0，K10）到（C0，M0，Y0，K100），再选中矩形（图 1.42），设置“渐变填充”类型为线性，其颜色为双色：从（C0，M0，Y0，K30）到（C0，M0，Y0，K100），同时去除两个矩形的“轮廓线”，然后将其调整到适当位置后群组（快捷键 Ctrl+G），如图 1.43 所示，然后选择“阴影工具”，设置其属性效果如图 1.44 所示。

图 1.43

图 1.44

（3）选择“基本形状工具”绘制两个矩形，一个填充为黑色，另一个设置“渐变填充”类型为线性，其颜色为双色：从（C0，M0，Y0，K40）到（C0，M0，Y0，K20），去除“轮廓线”，调整位置并群组，效果如图 1.45 所示，然后复制调整大小，同时移动到适当的位置，如图 1.46 所示，然后群组。

图 1.45

图 1.46

（4）选择“基本形状工具”，结合“形状工具”绘制图形，设置“渐变填充”类型为线性，其颜色为双色：从（C0，M0，Y0，K100）到（C0，M0，Y0，K10），角度为 45°，边界为 2，同时去除“轮廓线”，效果如图 1.47 所示。

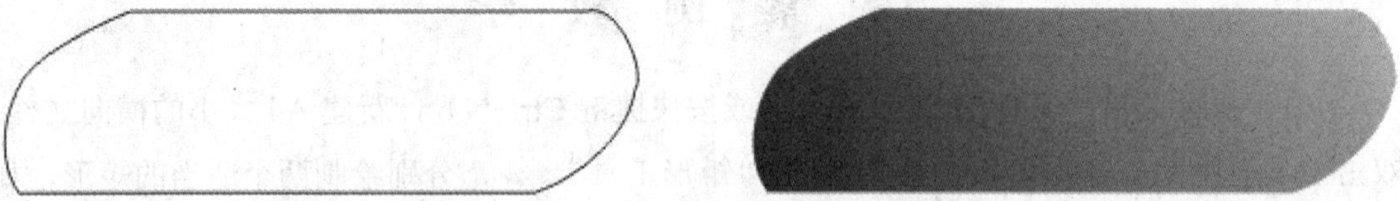
图 1.47

（5）选择“矩形工具”绘制一个矩形，设置“渐变填充”类型为线性，其颜色为双色：从（C0，M0，Y0，K100）到（C0，M0，Y0，K20），去除“轮廓线”，效果如图 1.48 所示，调整其大小，再将矩形移到适当的位置，如图 1.49 所示，然后群组。

图 1.48

图 1.49

（6）选择“贝塞尔工具”绘制图形，如图 1.50 所示，设置“渐变填充”类型为线性，其颜色为双色：从（C0，M0，Y0，K100）到（C0，M0，Y0，K40），去除“轮廓线”，效果如图 1.51 所示，调整其大小，再将图形移到适当的位置，如图 1.52 所示，然后群组。

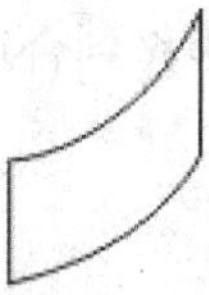

图 1.50

图 1.51

图 1.52

（7）选择“阴影工具”，设置其属性效果如图 1.53 所示，调整图 1.46 和图 1.53 的大小位置，效果如图 1.54 所示，然后群组。

图 1.53

图 1.54

（8）选择“椭圆形工具”绘制椭圆形，如图 1.55 所示。单击属性栏中的“修剪”按钮，并设置“渐变填充”类型为圆锥，其颜色为双色：从（C0，M0，Y0，K100）到（C0，M0，Y0，K0），角度为 180°，同时去除“轮廓线”，再选择“阴影工具”，设置其属性效果如图 1.56 所示。

图 1.55

图 1.56

（9）选择“椭圆形工具” 绘制椭圆形，并设置“渐变填充”类型为线性，其颜色为双色：从（C0，M0，Y0，K30）到（C0，M0，Y0，K100），角度为 180°，同时去除“轮廓线”，再选择“阴影工具” ，设置其属性效果如图 1.57 所示，调整大小并移动到适当的位置，如图 1.58 所示，群组。

图 1.57

图 1.58

（10）选择“贝塞尔工具” 绘制图形，如图 1.59 所示，填充为白色同时去除“轮廓线”，调整大小并移动到适当的位置，如图 1.60 所示，群组，然后将图形移到合适的位置，如图 1.61 所示。

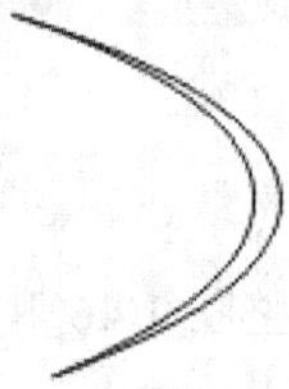

图 1.59

图 1.60

图 1.61

（11）选择“椭圆形工具” 绘制椭圆形，如图 1.62 所示。单击属性栏中的“修剪”按钮 ，并设置“渐变填充”类型为辐射，其水平为 48，垂直为 10，颜色为自定义（C0，M0，Y0，K100），再选择“阴影工具” ，设置其属性效果如图 1.63 所示，并复制一个相同的图形。

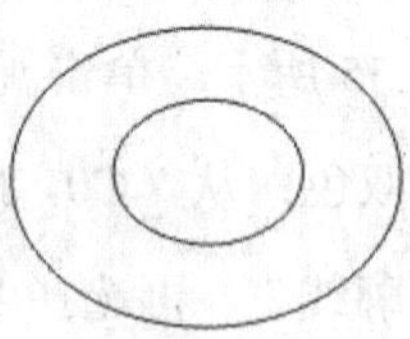

图 1.62

图 1.63

（12）选择“贝塞尔工具” 绘制图形，如图 1.64 所示，并设置“渐变填充”类型为辐射，其颜色为双色：从（C0，M0，Y0，K100）到（C0，M0，Y0，K0），边界为 12，去除“轮廓线”，调整其大小，移到适当的位置，群组，然后选择“阴影工具” ，设置其属性效果如图 1.65 所示。

图 1.64

图 1.65

（13）选择“贝塞尔工具”绘制图形，如图 1.66 所示，设置“均匀填充”颜色为（C0，M0，Y40，K0），去除“轮廓线”，调整大小并移到适当的位置，如图 1.67 所示，群组。

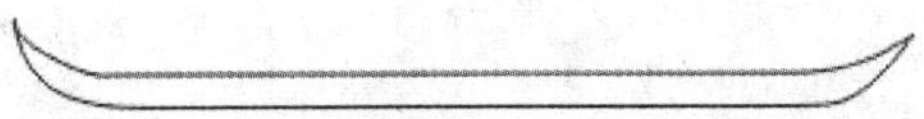

图 1.66

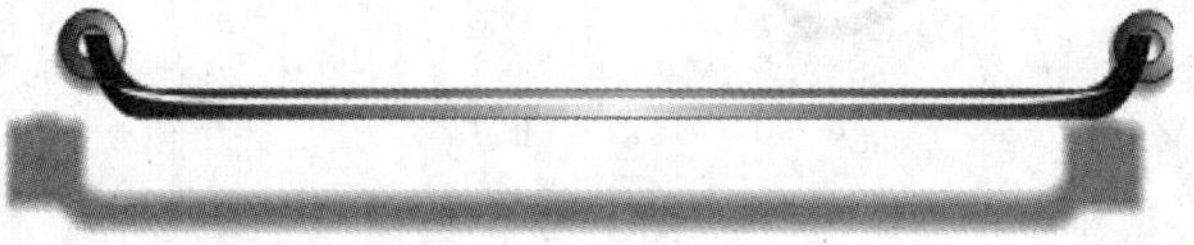

图 1.67

（14）选择“贝塞尔工具”绘制图形，如图 1.68 所示，设置“均匀填充”颜色为（C0，M0，Y0，K10），去除“轮廓线”，再调整该图形和图 1.67 的大小并移到适当的位置，如图 1.69 所示。

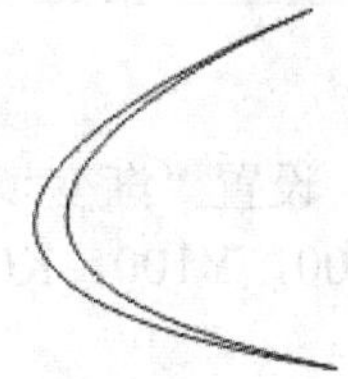

图 1.68

图 1.69

（15）选择“椭圆形工具”绘制椭圆形，如图 1.70 所示。单击属性栏中的“修剪”按钮，并设置“渐变填充”类型为线性，其颜色为双色：从（C0，M0，Y0，K100）到（C0，M0，Y0，K90），再选择“阴影工具”，设置其属性效果如图 1.71 所示。

图 1.70

图 1.71

（16）选择“贝塞尔工具” 绘制图形，如图 1.72 所示，设置“渐变填充”类型为线性，其颜色为双色：从（C0，M0，Y0，K100）到（C0，M0，Y0，K40），去除“轮廓线”，再选择“阴影工具” ，设置其属性效果如图 1.73 所示。然后调整该图形和图 1.72 的大小并移动到适当的位置，如图 1.74 所示。

图 1.72

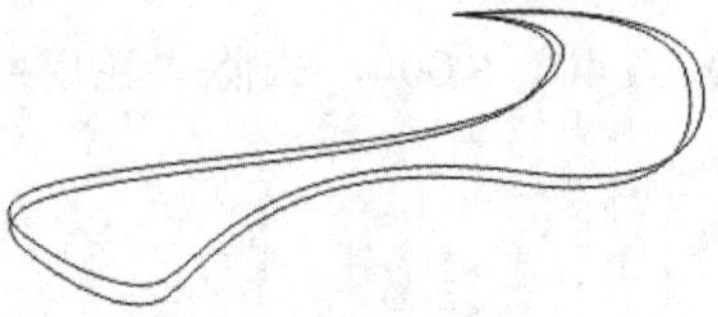

图 1.73

图 1.74

（17）选择“文本工具” 字 在合适的位置输入文字“USB”，设置“渐变填充”类型为圆锥，其颜色为双色：从（C0，M0，Y0，K100）到（C0，M100，Y100，K0），调整大小，最终效果如图 1.75 所示。

图 1.75

本 章 小 结

本章主要介绍了 CorelDRAW X6 软件的一些基本操作，包括对页面及辅助工具的操作等，难点是对泊坞窗的控制，这些后面的章节还会涉及，在此只做初步了解，为以后更好地学习 CorelDRAW X6 软件奠定基础。

第 2 章　绘图工具的使用

CorelDRAW X6 软件具有丰富的图形绘制工具和曲线编辑功能，而且绘图工具是CorelDRAW X6 软件要求重点掌握的知识，因为熟练运用这些工具是顺利地进行设计创意的前提，本章的学习建议 4 学时，通过所学工具和案例教学完成课堂练习。

2.1　认识绘图工具

绘图工具在运用 CorelDRAW X6 软件绘制图形中起着至关重要的作用，绘图工具主要包括：手绘工具（其中手绘工具中的贝赛尔工具是频繁用到的）、智能绘图工具、矩形工具、椭圆工具、多边形工具和基本形状工具。

2.1.1　手绘工具

单击工具箱中的手绘工具按钮即可进行操作。

1. 直线的绘制

单击，作为直线的起点；将光标移动到欲绘制直线的终点处，再次单击，即可完成直线的绘制，如图 2.1 所示。

2. 折线的绘制

单击，作为折线的起点，然后在每一个想要的转折处双击，到达终点时再单击，即可完成折线的绘制，如图 2.2 所示。

3. 曲线的绘制

手绘工具可以绘制任意曲线，在绘图页面中按住左键，拖动绘制曲线，曲线绘制完成后释放左键即可，如图 2.3 所示；连续绘制曲线，最终回到起点位置后，单击即可完成一个封闭区域的绘制，如图 2.4 所示。

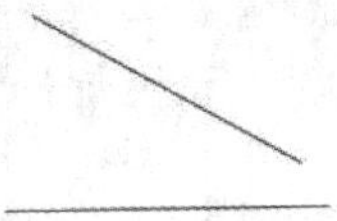

图 2.1

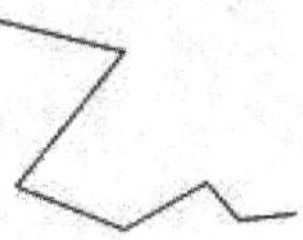

图 2.2

图 2.3

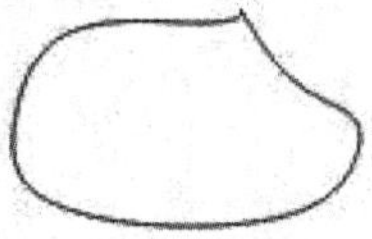

图 2.4

4. 设置线的样式

在属性栏中设置起始箭头、线型、线宽和终止箭头符号，如图 2.5 所示。

图 2.5

（1）单击起始箭头选择器弹出选项，如图 2.6 所示，选择后此时线型起点出现箭头。

（2）单击轮廓样式按钮弹出选项，如图 2.7 所示，可以改变线型样式。

（3）单击终止箭头选择器弹出选项，如图 2.8 所示，选择后此时线型末端出现箭头。

（4）按钮为自动闭合曲线。

（5）单击 1.0 mm 可选择线型的粗细。

利用属性栏中的这些工具可以绘制出各种粗细、轮廓样式的线型以及箭头符号，如图 2.9 所示。

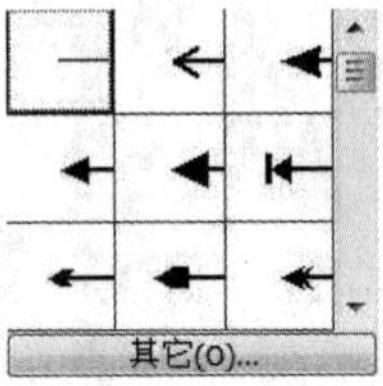

图 2.6

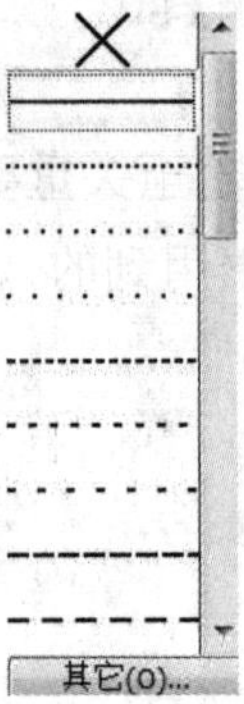

图 2.7

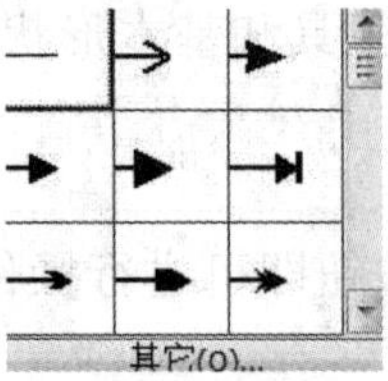

图 2.8

图 2.9

2.1.2 点线工具

1.绘制直线

（1）在工具箱中，单击 2 点线工具，指向要开始绘制线条的地方，拖动以绘制线条。拖动时，线段的长度和角度显示在状态栏中，如图 2.10 所示。

（2）按住 Ctrl 键，按住左键拖动，到需要的位置松开，则绘制出一条水平直线，如图 2.11 所示。

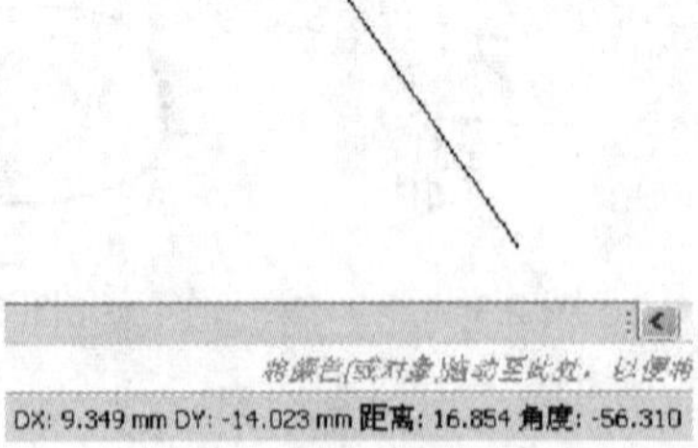

图 2.10

图 2.11

2. 绘制垂直线

在工具箱中，单击 2 点线工具，单击属性栏上的垂直 2 点线按钮。单击对象的边缘，拖动到要结束线条的地方，如图 2.12 所示。

3. 绘制切线

在工具箱中，单击 2 点线工具 。单击属性栏上的相切的 2 点线按钮 。单击对象中曲线线段的边缘，然后拖动到要结束切线的位置，如图 2.13 所示。

图 2.12

图 2.13

2.1.3 贝塞尔工具

1. 绘制直线/折线

要绘制直线段，在要开始该线段的位置单击，然后在要结束该线段的位置单击，如图 2.14 所示，绘制折现则在需要的位置继续单击，如图 2.15 所示。

图 2.14

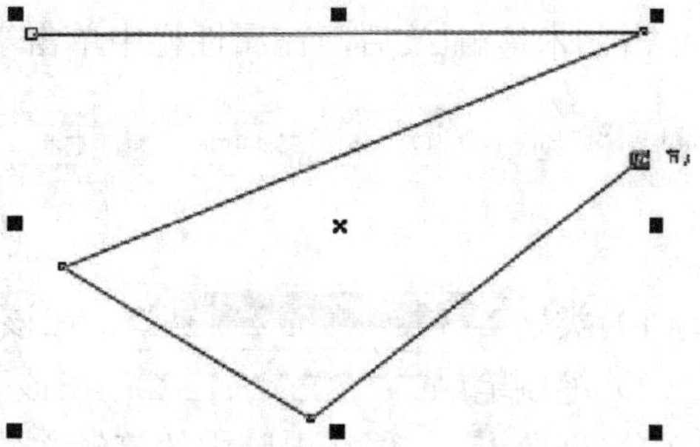

图 2.15

2. 绘制曲线

由于矢量图形中的曲线是由邻接的节点构成的，曲线上的任何一个拐弯处节点的变化都可以使曲线改变方向，贝塞尔工具就是通过改变节点控制点的位置来控制曲线的弯曲程度。

按住左键在手绘工具图标上单击，在弹出的菜单中选择 贝塞尔(B)。按住左键，如图 2.16 所示。拖动鼠标进行绘制即可，如图 2.17 所示。出现节点，回车绘制完成。单击“挑选工具”后，如图 2.18 所示，可调整属性栏中的数据对线型进行编辑或者选择形状工具对线型进行修改。

图 2.16

图 2.17

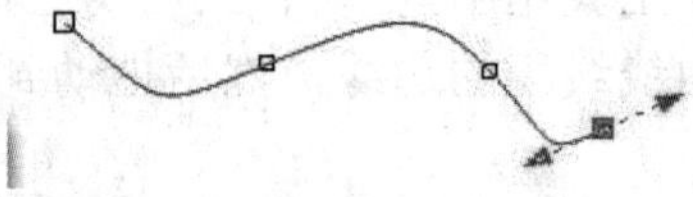

图 2.18

2.1.4 艺术笔工具

使用艺术笔工具和使用手绘工具绘制曲线的方法类似。按住左键在手绘工具图标上单击，在弹出的菜单中选择艺术笔 I 工具，属性栏如图 2.19 所示。

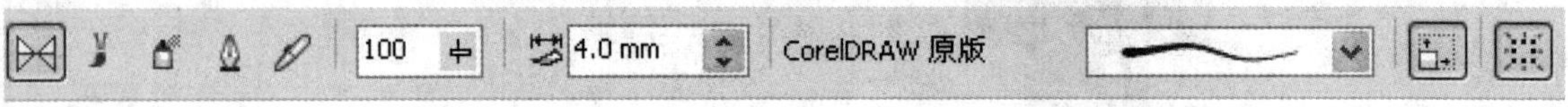

图 2.19

1. 预设样式

（1）单击选择预设。

（2）在100中选择平滑度。

（3）在100.0 m中调整笔触的宽度。

（4）单击在下拉菜单中选择笔触图形样式。

（5）单击随对象一起缩放笔触按钮，笔触线条宽度随缩放而改变。

2. 笔刷笔触

单击艺术笔触后，在属性栏中单击笔刷按钮，属性栏如图 2.20 所示。

图 2.20

（1）类别艺术：在该下拉列表根据需要选择笔刷类型。

（2）笔刷笔触：在该下拉列表根据需要选择笔触样式。

（3）浏览：选择电脑中的笔触文件。

（4）保存艺术笔触：自定义笔触后，保存到笔触列表中。

（5）删除自定义艺术笔刷：删除保存的自定义笔刷。

3. 喷灌笔触

单击艺术笔触后，在属性栏中单击喷灌按钮，属性栏如图 2.21 所示。

图 2.21

（1）喷涂对象大小 90 % 85 %：设置缩放比例。

（2）类别 笔刷笔触：在该下拉列表中根据需要选择喷涂笔触类型。

（3）喷射图样：在该下拉列表中根据需要选择喷涂笔触样式。

（4）喷涂顺序 顺序：在该下拉列表中根据需要选择喷涂笔触顺序应用到对象上。

（5）喷涂列表选项：设置喷涂对象的顺序且可以添加喷涂对象。

（6）每个色块中的图像像素和图像间距 1 25.4 mm：调整每个间距点处喷涂对象的数目。

（7）旋转：旋转喷涂的线条。

（8）偏移：偏移喷涂的线条。

4. 书法笔触的效果类似于书法的笔触

5. 压力笔触是配合感压笔来使用的

以下分别为预设、笔刷、喷涂、书法笔触的效果，如图 2.22～图 2.25 所示。

图 2.22

图 2.23

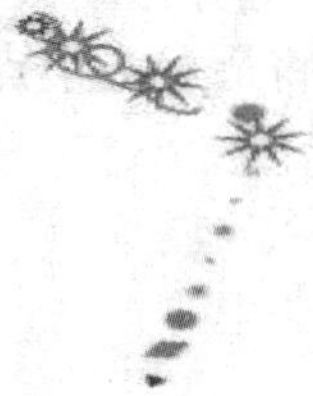

图 2.24

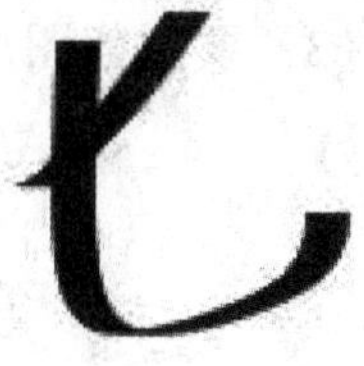

图 2.25

2.1.5 钢笔工具

按住左键在手绘工具图标上单击，在弹出的菜单中选择 钢笔(P)，钢笔工具类似于手绘工具与贝赛尔工具的集合，但是它绘图时并没有贝赛尔工具的精度。

1. 绘制直线

要绘制直线段，在要开始该线段的位置单击，然后在要结束该线段的位置单击。

2. 绘制曲线

要绘制曲线段，在要放置第一个节点的位置按住左键，然后将控制手柄拖至要放置下一个节点的位置。松开左键，然后拖动控制手柄以创建所需的曲线。

3. 添加/删除节点

启用属性栏上的自动添加或删除节点按钮。指向要在线条中添加节点的位置，当光标变为添加节点状态时单击，则在线条中添加一个节点，指向一个节点，当光标变为删除节点状态时单击，则在线条中删除一个节点。

2.1.6 B 样条工具

（1）在要开始绘制直线的位置单击，继续添加控制点，双击以结束线条。

（2）单击工具箱中的形状工具，单击 B 样条曲线时，会显示轮廓控制点，对其进行移动可以调整对象形状，如图 2.26 所示。

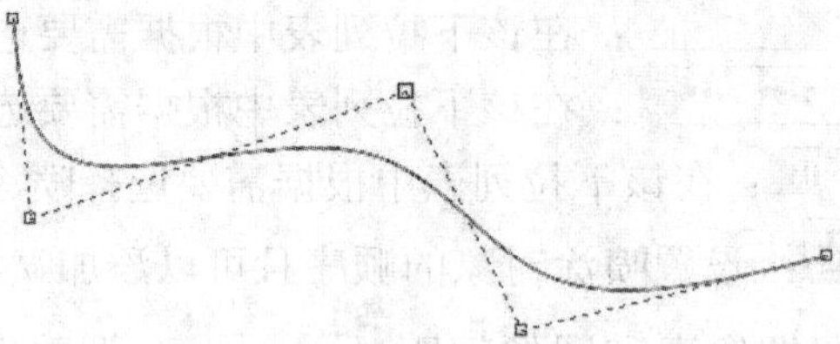

图 2.26

2.1.7　折线工具

按住左键在手绘工具图标上单击，在弹出的菜单中选择 折线(P)，它拥有手绘工具的功能，而且可以在绘制曲线后接着前面的图形直接绘制直线。

（1）选择“折线”工具，按住左键拖动即可绘制曲线，松开左键拖动，单击即可画出直线，如图 2.27 所示，双击或回车可结束绘制

（2）按住 Ctrl 键或 Shift 键并拖动鼠标，可以绘制 15° 倍数方向的线段。

（3）要封闭图形，只需将最后一个点移至起点上单击即可，如图 2.28 所示。

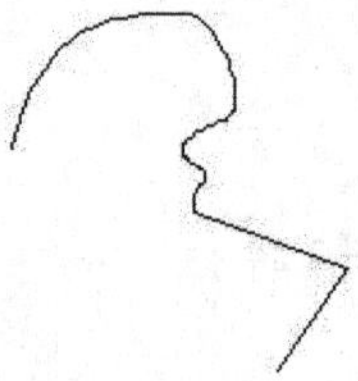

图 2.27

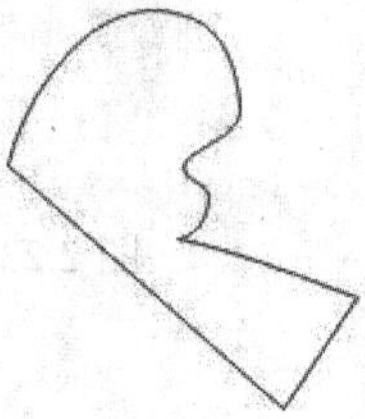

图 2.28

2.1.8　3 点曲线工具

顾名思义，3 点曲线工具就是通过 3 点绘制一条曲线。按住左键在手绘工具图标上单击，在弹出的菜单中选择 3 点曲线(3)。按住左键当作起点，拖动到适当位置当作终点，松开左键，如图 2.29 所示，再次拖动鼠标到其他位置可改变曲线方向和弯度，最后单击即可，如图 2.30 所示。

图 2.29

图 2.30

2.1.9　智能工具组

在智能工具组下包含两个智能工具——智能填充工具和智能绘图工具，利用这

两个工具在颜色填充和形状绘制时能带来很大方便。

1. 智能填充工具

单击工具箱中的智能工具组里的智能填充工具，其属性栏如图 2.31 所示。

图 2.31

（1）填充选项：下拉列表包含使用默认值、指定、无填充三种填充类型，当选择“指定”时，后边的填充颜色块被激活，可以选择颜色。

（2）轮廓选项：下拉列表包含使用默认值、指定、无轮廓三种填充类型，当选择“指定”时，可以在后边的轮廓宽度里输入数值，轮廓颜色块被激活，可以选择颜色。

（3）可以实现普通图形的颜色填充，如图 2.32 所示。还可以自动识别多个图形重叠的交叉区域，在填充过程中进行交叉区域的复制并填充得到新的图形，如图 2.33 所示。

图 2.32

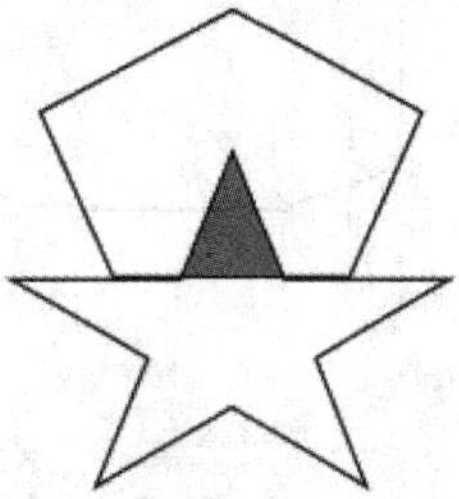

图 2.33

2. 智能绘图工具

单击工具箱中的智能工具组里的智能绘图工具，其属性栏如图 2.34 所示。

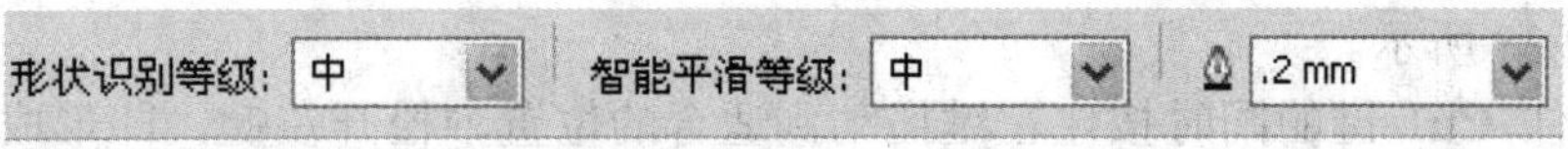

图 2.34

（1）形状识别等级：在该下拉列表中设置识别等级，等级越高，绘制的图形越接近几何形状，如图 2.35 所示。

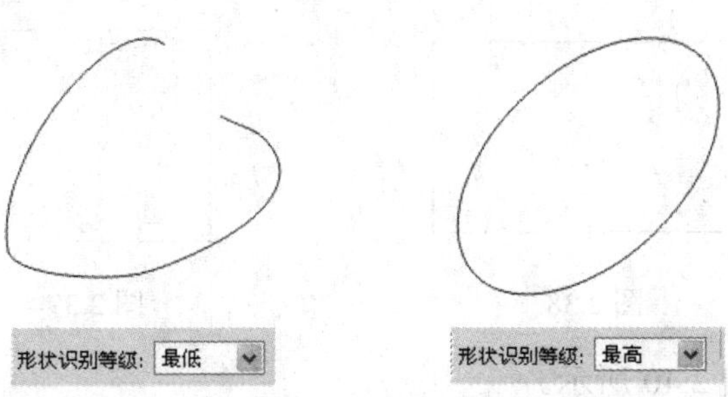

图 2.35

（2）智能平滑等级：在该下拉列表中设置平滑等级，等级越高，绘制的图形越平滑，如图 2.36 所示。

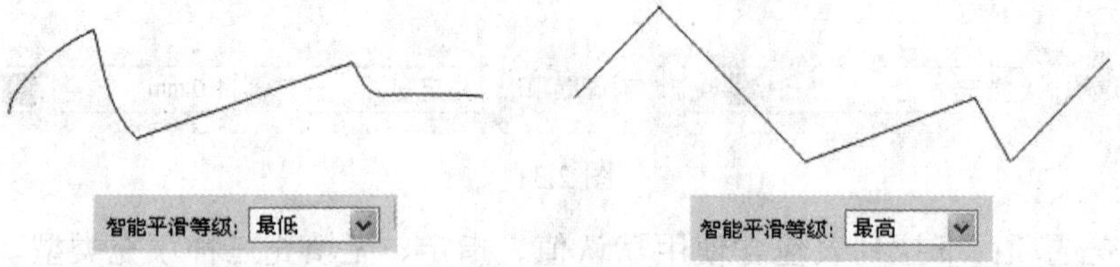

图 2.36

（3）智能绘图工具可以智能地将手绘的图形转化为相似的基本图形或曲线，如图 2.37 所示。

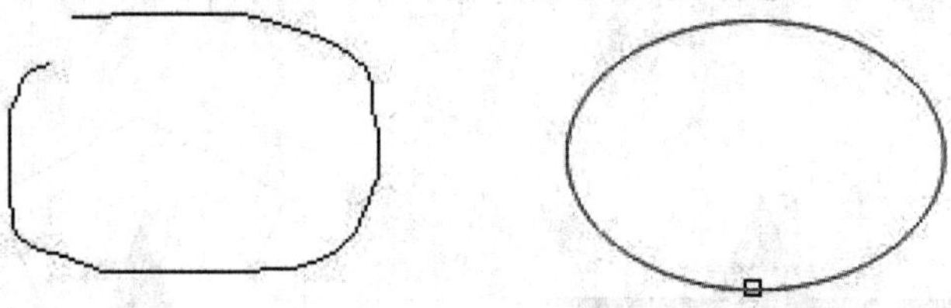

图 2.37

2.2 绘制几何图形

2.2.1 矩形工具的运用

（1）选择工具栏中的矩形工具，按住左键拖动到适合的位置，松开左键，即形成矩形，如图 2.38 所示。

（2）按住 Ctrl 键的同时按住左键拖动到适合的位置，松开左键，即形成正方形，如图 2.39 所示。

（3）按住 Shift 键的同时按住左键拖动，则可以以中心点为基准绘制矩形；同样按住 Shift 键和 Ctrl 键，而后按住左键拖动，则是以中心点为基准绘制正方形。

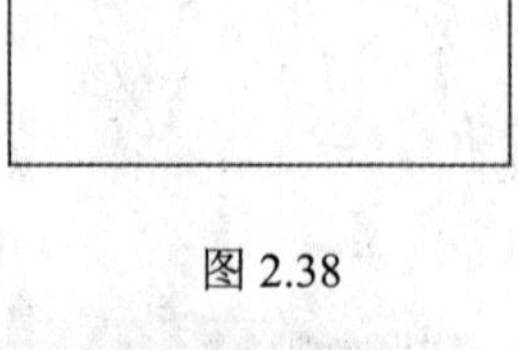

图 2.38

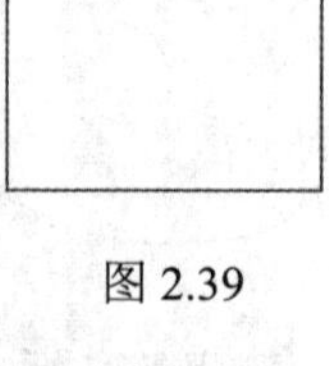

图 2.39

（4）属性栏，如图 2.40 所示。

图 2.40

1）

三项分别代表“矩形的位置”、“矩形的大小”和“缩放因素”（也就是长宽比例）；修改这几项的数据可对矩形进行编辑，单击🔒，则可以令上下两行数据等比例统一。

2）在旋转角度数值框 .0 °中输入数值，即可旋转矩形，如图 2.41 所示。

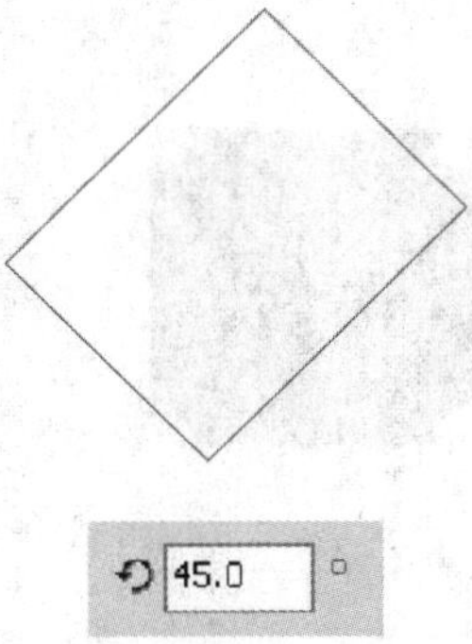

图 2.41

3）单击水平镜像按钮或垂直镜像按钮，可以使当前选择的图形水平或垂直镜像。

4）圆角按钮、扇形角、倒棱角按钮，可以设置圆角半径选项参数、矩形边角的变化样式，如图 2.42 所示。

图 2.42

另外选中矩形，单击工具箱中的形状工具，如图 2.43 所示，拖动任意一点，如图 2.44 所示，选中一点同时按 Shift 键，可暂时锁定该点，从而在别点进行编辑，如图 2.45 所示。

图 2.43

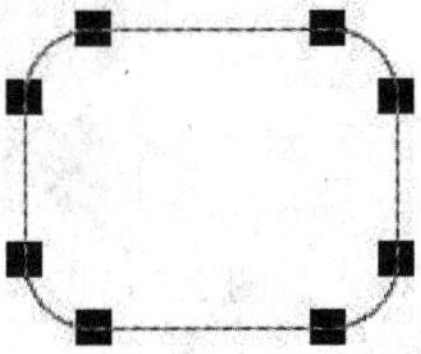

图 2.44

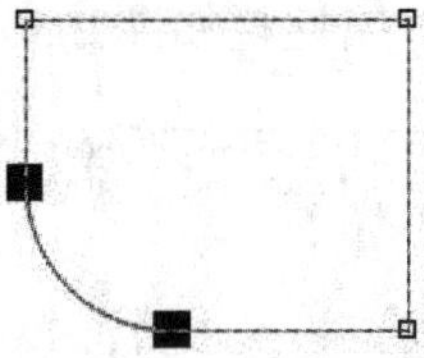

图 2.45

5）相对的角缩放按钮：单击该按钮，图形缩放时，其圆角半径也跟着缩放，否则圆角半径的数值在缩放时不发生变化。

6）单击 .2 mm ，在下拉菜单中可选择矩形的线宽。

7）转换为曲线按钮：可将不具备曲线性质的图形转换为具有曲线性质的图形，以便于对其形态进行调整，如图 2.46 所示。

2.2.2　3 点矩形工具

单击工具箱中的 3 点矩形工具，按住左键当作起点，拖动到适当位置当作终点，松开左键，再次拖动鼠标到其他位置，最后单击即可，此过程可创建任意角度的矩形，如图 2.47 所示。

图 2.46

图 2.47

2.2.3　椭圆工具

（1）选择工具栏中的椭圆工具，按住左键拖动到适合的位置，松开左键，即形成椭圆形，如图 2.48 所示。

（2）按住 Ctrl 键的同时按住左键拖动到适合的位置，松开左键，即形成正圆形，如图 2.49 所示。

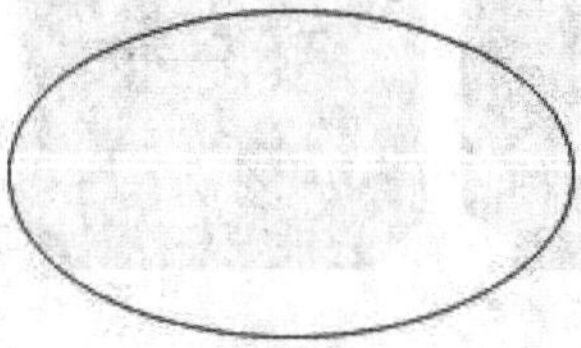

图 2.48

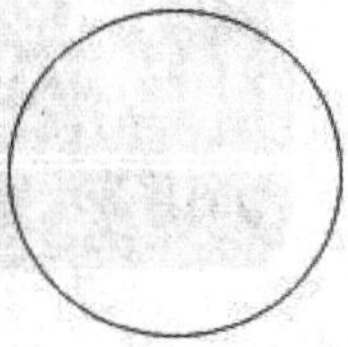

图 2.49

（3）按住 Shift 键的同时按住左键拖动，则可以以中心点为基准绘制椭圆形；同样按住 Shift 键和 Ctrl 键，而后按住左键拖动，则是以中心点为基准绘制正圆形。

（4）属性栏如图 2.50 所示。

图 2.50

1）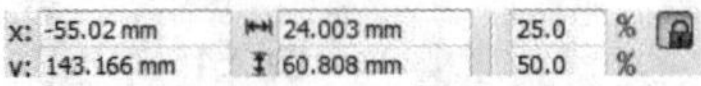

三项分别代表“椭圆的位置”、“椭圆的大小”和“缩放因素”；修改这几项的数据可对椭圆进行编辑，单击，则可以令上下两行数据等比例统一。

2）在旋转角度数值框 .0 °中输入数值，即可旋转椭圆。

3）单击饼形工具可使椭圆变为饼形，如图 2.51 所示；单击顺时针/逆时针弧形或饼图按钮，可将图形反方向替换，如图 2.52 所示；在属性栏的起始和结束角度栏 .0 ° 270.0 ° 中输入数值或选择形状工具可调整饼形角度，如图 2.53 所示。

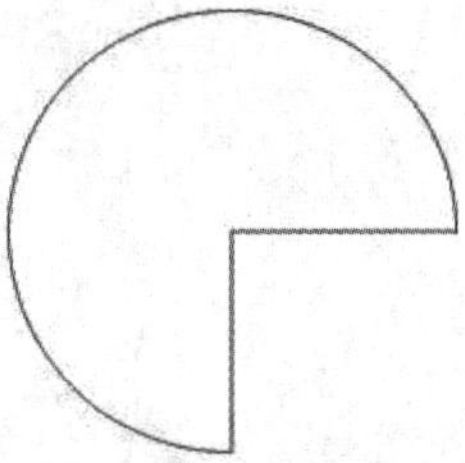

图 2.51

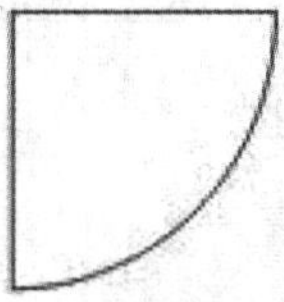

图 2.52

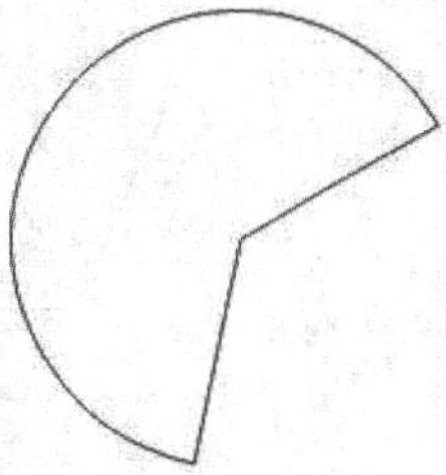

图 2.53

4）单击弧形工具可使椭圆变为饼形，如图 2.54 所示；单击顺时针/逆时针弧形或饼图按钮，可将图形反方向替换，如图 2.55 所示；在属性栏的起始和结束角度栏 .0 ° 270.0 ° 中输入数值或选择形状工具可调整弧形弧度，如图 2.56 所示。

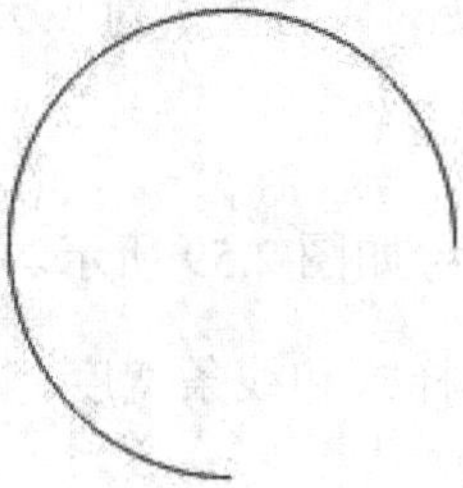

图 2.54

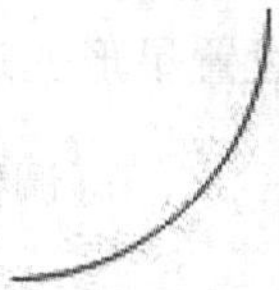

图 2.55

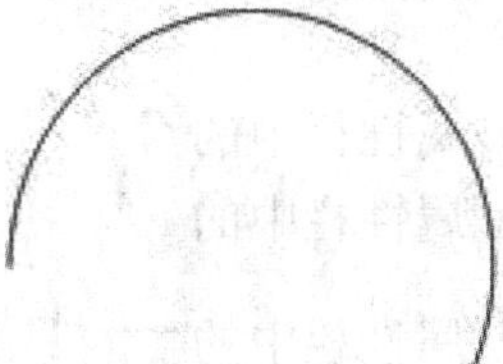

图 2.56

5）单击 .2 mm，在下拉菜单中可选择椭圆的线宽。

2.2.4　3 点椭圆工具

单击工具箱中的 3 点椭圆工具，按住左键当作起点，拖动到适当位置当作椭圆的一条直径，松开左键，再次拖动到其他位置确定椭圆的另外一条直径，最后单击即可；饼形与弧形的绘制方法与椭圆形相同。

2.3　绘制多边形

2.3.1　多边形工具

（1）单击工具箱的多边形工具，其属性栏如图 2.57 所示。

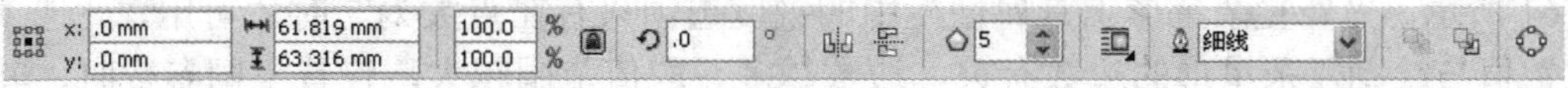

图 2.57

（2）在点数与边数选项设置好多边形的边数，然后在绘图窗口中按住左键拖行，松开左键后可绘制出多边形，如图 2.58 所示。

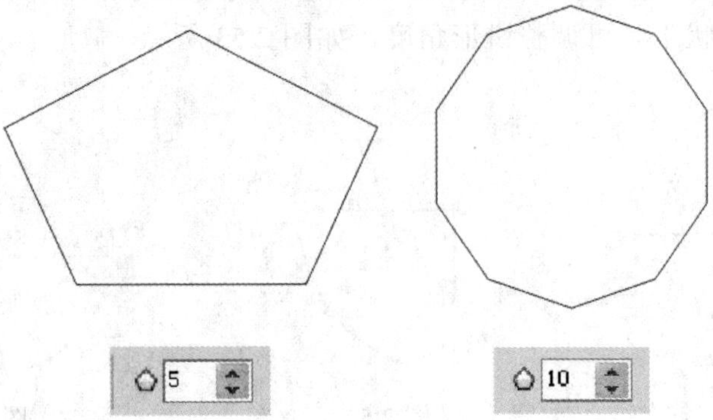

图 2.58

2.3.2 星形工具

（1）按住鼠标左键在多边形工具图标上，在弹出的菜单中单击 星形(S) 工具。

（2）属性栏中的 X: -646.152 mm Y: 331.938 mm 249.417 mm 56.554 mm 100.0 % 100.0 % 可以改变对象位置、对象大小、缩放因素。

（3）属性栏中的 .0 ° 可调整星形角度。

（4）属性栏中的 4 32 ，可设置星形的边数和锐度，如图 2.59 所示。

（5）属性栏中的 .2 mm ，可调整星形轮廓样式和线条宽度。

（6）按住左键拖动即可绘制星形。

绘制基本星形之后，利用形状工具选择星形的任意一控制点拖动，可以调整星形的锐化程度，如图 2.60 所示。

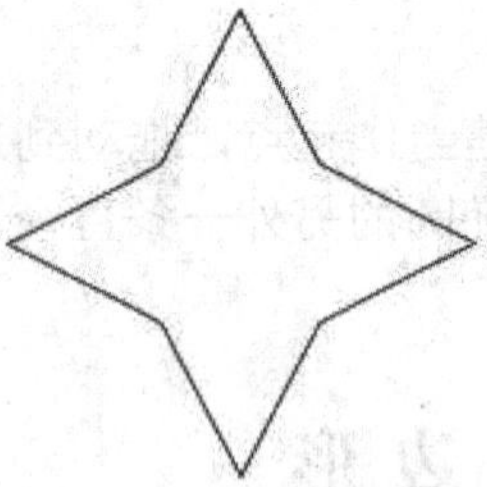

图 2.59

图 2.60

2.3.3 复杂星形工具

利用复杂星形工具可以绘制星形图形，但为其填充颜色时，相交区域不能被填充，如图 2.61 所示。另外复杂星形工具属性栏中的锐度选项只有在点数为 7 时才可用，此选项的最大数值与绘制复杂星形的边数有关，边数越多，取值范围越大，设置不同参数时，其效果如图 2.61 所示。

图 2.61

2.3.4　图纸工具

图纸工具主要用于绘制网格，在绘制曲线图或其他对象时辅助用户精确排列对象。它的绘制方法非常简单。

（1）按住左键在多边形工具图标上，在弹出的菜单中单击 图纸(G)　D 工具。

（2）属性栏中的 13 20，用于设置纵、横方向的网格数。

（3）按住左键拖动绘制即可，如图 2.62 所示；另外按住左键拖动，绘制的同时按住 Ctrl 键，可以绘制外框为正方形的图纸，如图 2.63 所示。

（4）若要单个挪动表格中的小方块，只需取消群组或者按住 Ctrl 键选择要挪动的小方块即可，如图 2.64 所示。

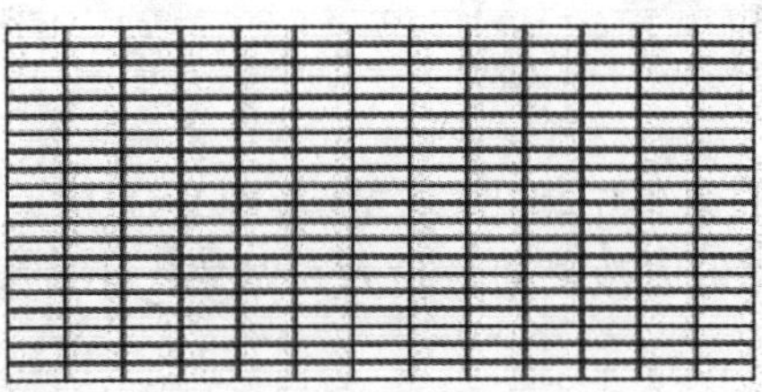

图 2.62

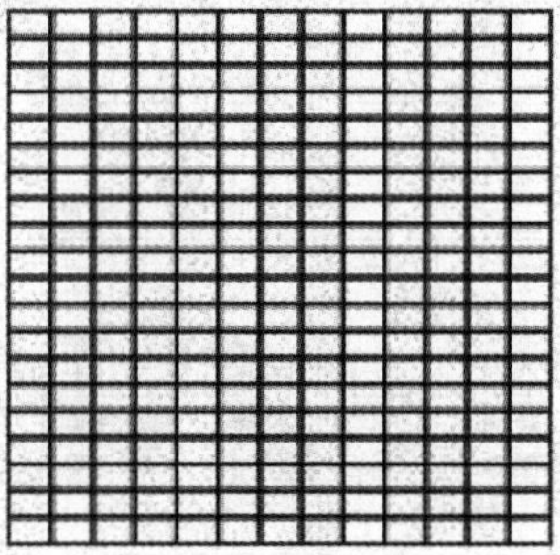

图 2.63

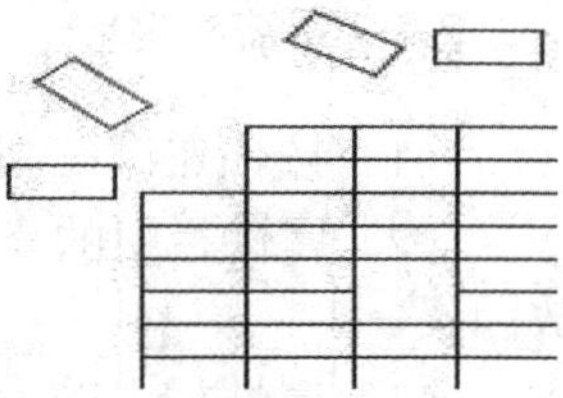

图 2.64

2.3.5　螺纹工具

螺纹工具是一种特殊的曲线工具。

（1）按住左键在多边形工具图标上，在弹出的菜单中单击 螺纹(S)　A 工具。

（2）设置属性栏中 8 的数值可确定螺纹回圈的数量。

（3）是对称式螺纹，如图 2.65 所示；是对数式螺纹，如图 2.66 所示。

（4）属性栏中的 100 是设置对数式螺纹的扩展参数，例如设置成 13 和 100，如图 2.67 所示。

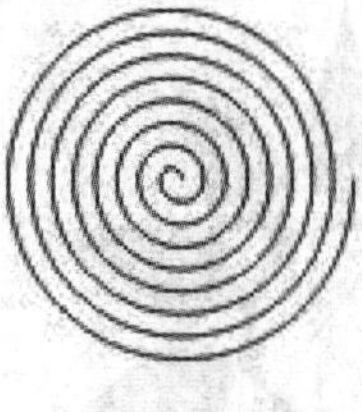

图 2.65

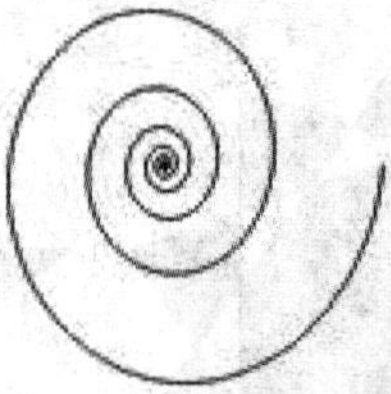

图 2.66

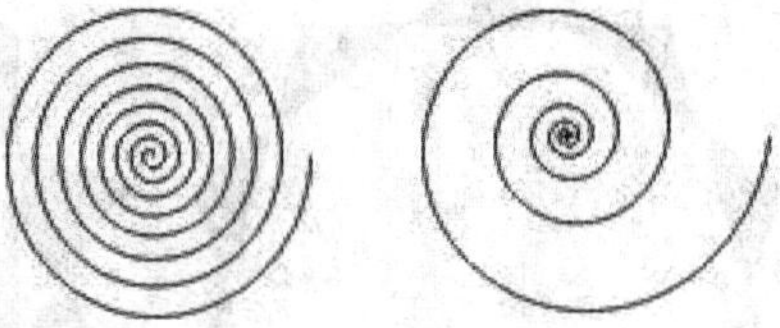

图 2.67

2.4 绘制基本形状

2.4.1 基本形状

（1）在工具栏里单击基本形状工具，其属性栏如图 2.68 所示。

图 2.68

（2）在完美形状里选择不同形状，其效果如图 2.69 所示。

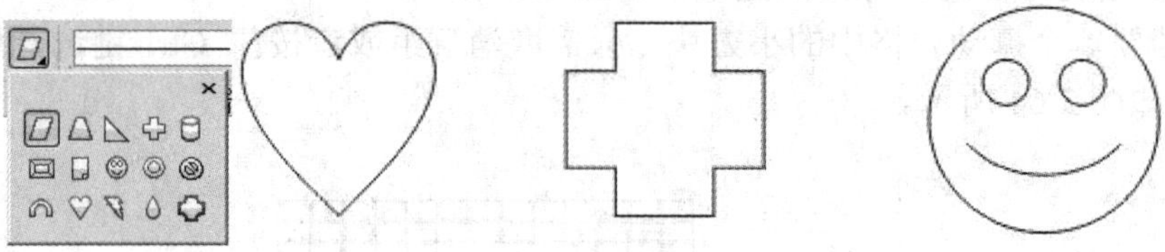

图 2.69

2.4.2 箭头形状

（1）按住左键在基本形状工具图标上，在弹出的菜单中单击 箭头形状(A) 工具。

（2）属性栏中的 x: -646.152 mm y: 331.938 mm 249.417 mm 56.554 mm 100.0 % 100.0 % 可以改变对象位置、对象大小、缩放因素。

（3）属性栏中的 .0 ° 可调整箭头角度。

（4）单击属性栏中的 ，可出现各种类型的箭头样式，如图 2.70 所示，选择一个需要的拖动鼠标绘制即可，如图 2.71 所示。

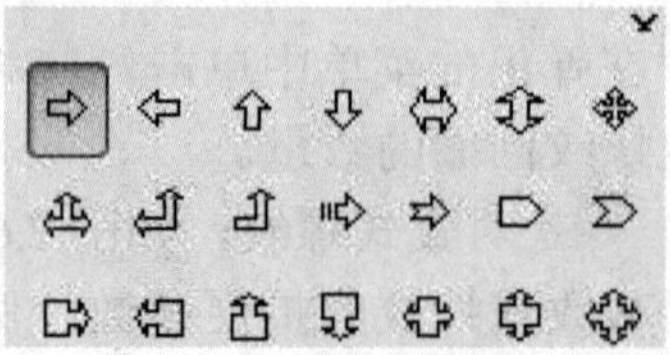

图 2.70

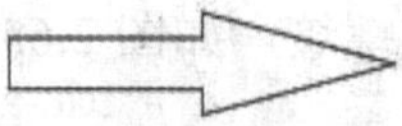

图 2.71

（5）属性栏中的，可调整箭头轮廓样式和线条宽度。

（6）属性栏中的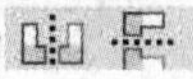是水平镜像和垂直镜像，分别如图 2.72、图 2-73 所示。

图 2.72

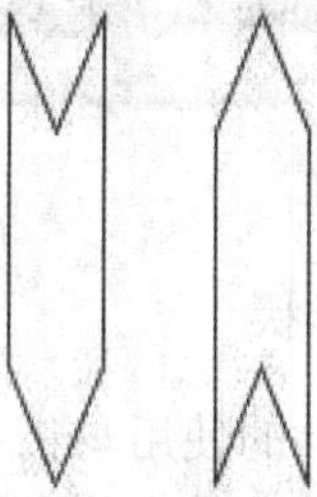
图 2.73

2.4.3 流程图形状

流程图常用于显示机构设置或表达工艺流程等方面，使其操作程序一目了然。利用“交互式连接工具”和下的“基本形状”工具，如图 2.74 所示，可以方便地运用连线及图框，表示流程图中各个元素间的关系，创建各种样式的流程图，如图 2.75 所示。

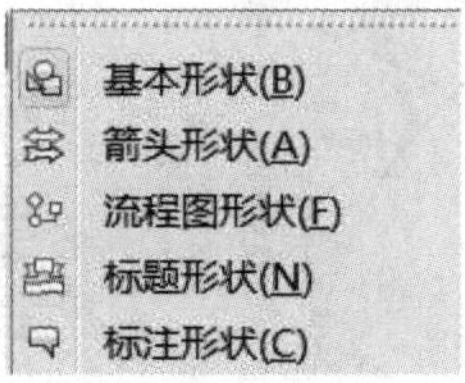

图 2.74

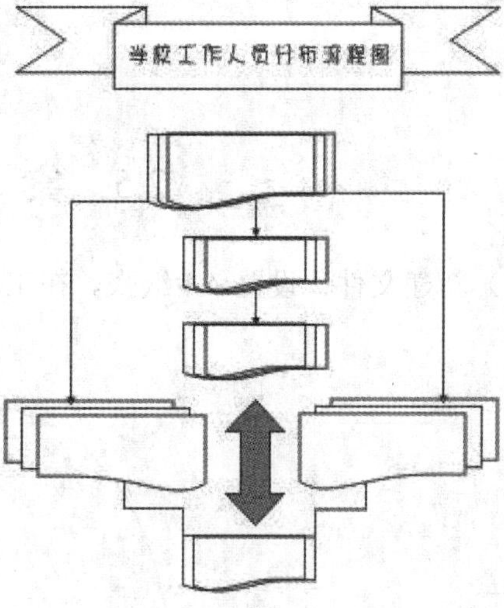
图 2.75

2.4.4 标题形状

（1）在工具栏里单击标题形状工具，其属性栏如图 2.76 所示。

图 2.76

（2）在完美形状里选择不同形状，其效果如图 2.77 所示。

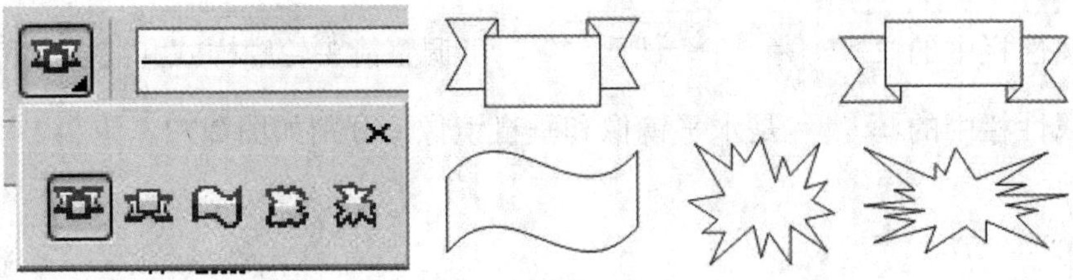

图 2.77

2.4.5 标注形状

（1）标注图示的使用与箭头和星形等图形的使用方法基本类似。

（2）按住左键在基本形状工具图标上，在弹出的菜单中单击 标注形状(C) 按钮。

（3）单击属性栏中的“完美形状”，出现 6 种选择图案，选择适合的图案拖动鼠标绘制即可（图 2.78）。

图 2.78

2.5 案 例 教 学

（1）新建文件，设置 A4 纸张。在工具箱中选择“椭圆”工具，绘制椭圆，如图 2.79 所示。

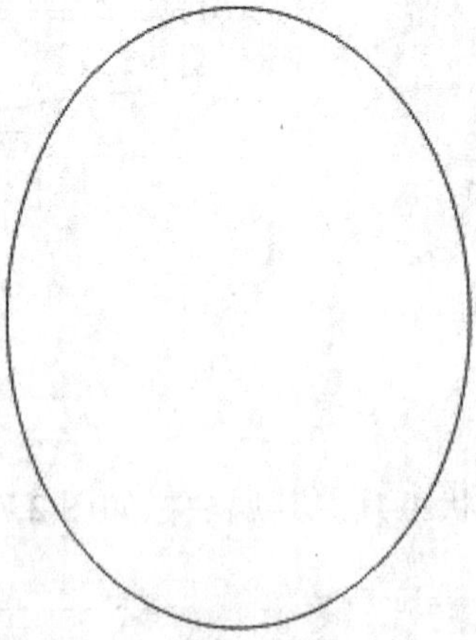

图 2.79

（2）将图形转化为曲线进行编辑。单击“排列/转化为曲线”命令，右击也可转化为曲线，然后用形状工具调整锚点来勾画脸的轮廓，如图 2.80 所示。在调色板中选择合适的颜色进行填充，效果如图 2.81 所示。

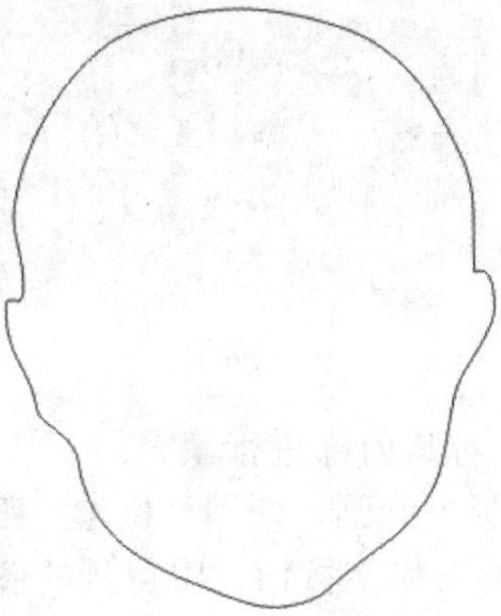

图 2.80

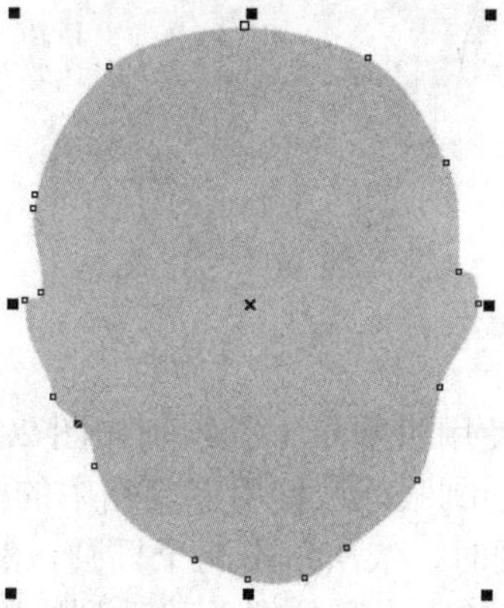

图 2.81

（3）头发的绘制。使用工具箱中的“贝塞尔”工具或者“钢笔”工具，绘制如图 2.82 所示的路径图形，并填充以黑色。同样用贝塞尔工具绘制脸颊暗部形状，填充颜色如图 2.83 所示。

图 2.82

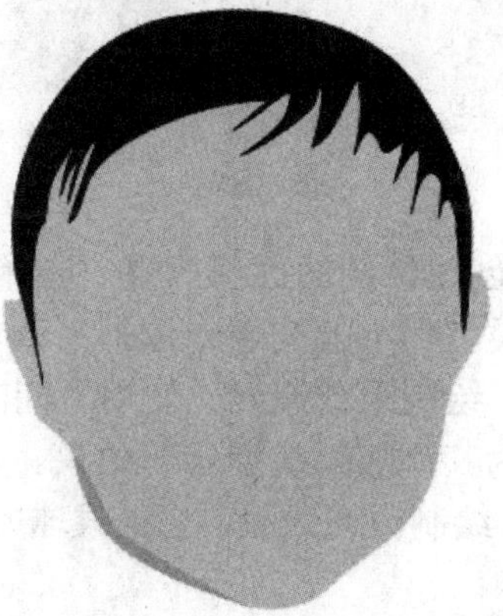

图 2.83

（4）新建图层，在“对象管理器” 泊坞窗中，单击泊坞窗左下角的新建图层按钮，新建一个图层，将其重命名为“五官”，拖到图层 1 的上面，如图 2.84 所示。

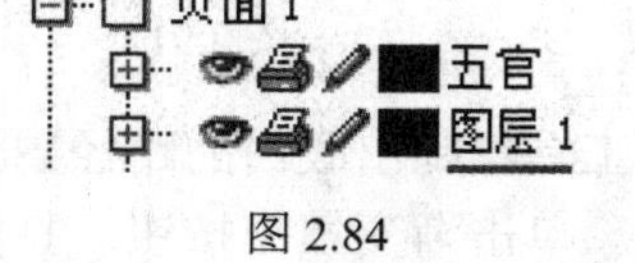

图 2.84

（5）使用贝塞尔工具绘制如图 2.85 所示的路径，对其内部进行填充。

图 2.85

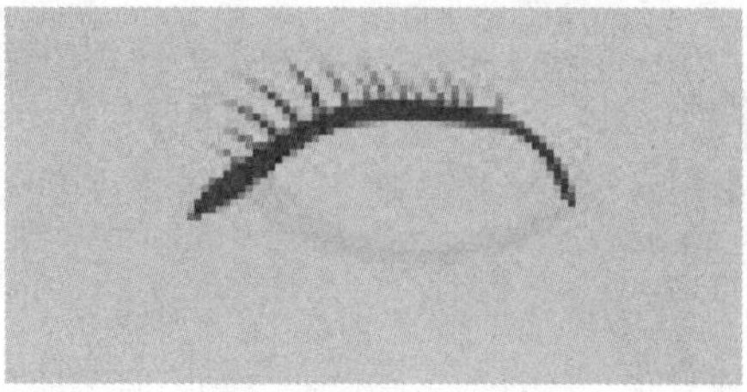

图 2.86

（6）使用贝塞尔工具绘制如图 2.86 所示的路径，对其内部进行填充。

（7）绘制眼球，使用工具箱中的椭圆工具，绘制两个椭圆，使用“挑选”工具，按住 Shift 键的同时，依次单击两个椭圆，然后在属性栏中单击相交按钮，将得到的图形填充为黑色，调整其大小和位置并移动到绘制好的眼睑中，效果如图 2.87 所示。

（8）绘制眼球反光。使用贝塞尔工具，绘制如图 2.88 所示的路径，对其内部进行填充。

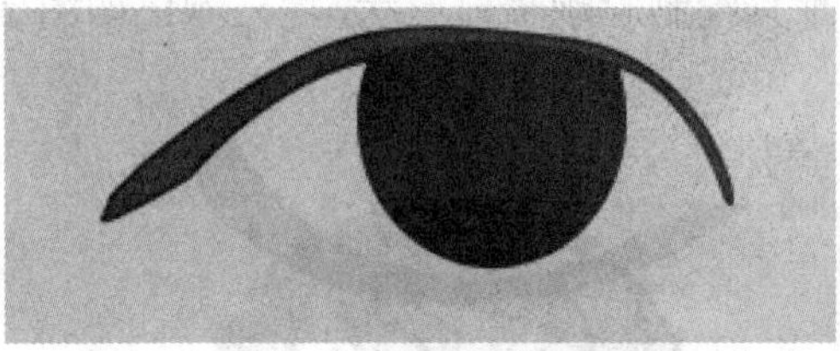

图 2.87

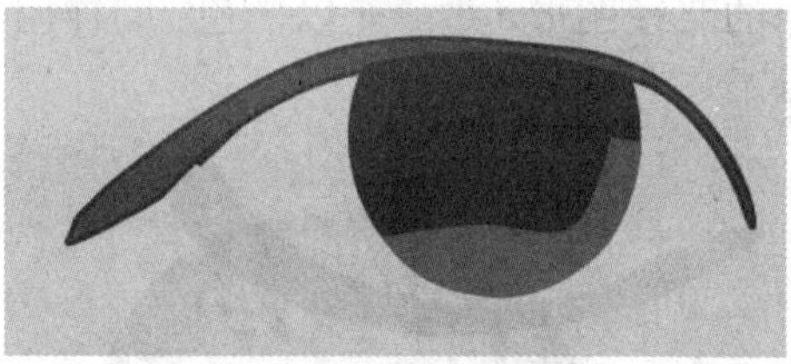

图 2.88

（9）创建位图的透明效果。选择工具箱中的“交互式透明”工具，然后在其属性中的“透明度类型”下拉列表中选择“线性”选项，效果如图 2.89 所示。

（10）绘制眼球高光。使用“椭圆”工具，绘制一个小椭圆，放置到如图 2.90 所示的位置，并为其添加射线型透明效果。

（11）绘制反光效果。绘制眼球的反光路径图形，并为其添加线性透明效果，如图 2.91 所示。

图 2.89

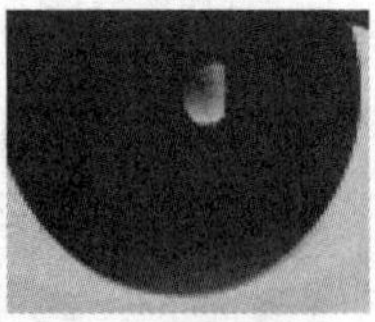

图 2.90

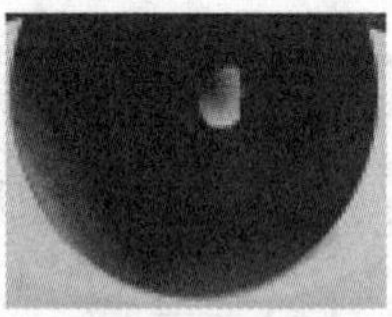

图 2.91

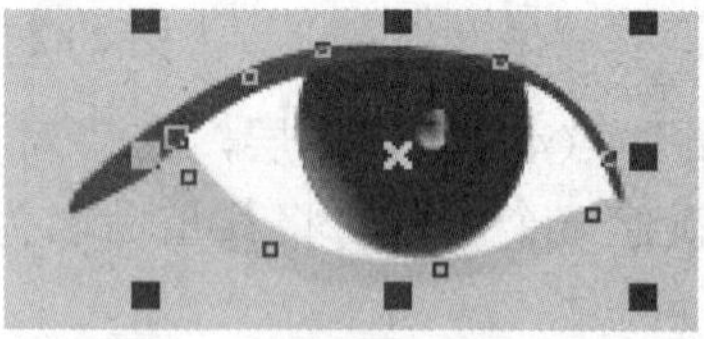

图 2.92

（12）绘制眼白。使用路径工具绘制出眼白的路径图形，如图 2.92 所示。

（13）给眼白添加渐变效果。单击渐变填充按钮，打开“渐变填充方式”对话框，设置线性渐变，为绘制的眼白路径图形进行渐变填充，如图 2.93 所示。

（14）在眼白的一侧绘制如图 2.94 所示的路径图形，填充内部颜色，并将填充色后的路径置于所有眼睛图形最下面。

（15）绘制眼睫毛，首先使用路径绘制工具，绘制出睫毛形状，然后填充为黑色，如图 2.95 所示。将绘制的睫毛复制出多份，分别调整其大小及旋转角度后，将它们分布到眼皮上，完成眼睫毛的编辑，如图 2.96 所示。

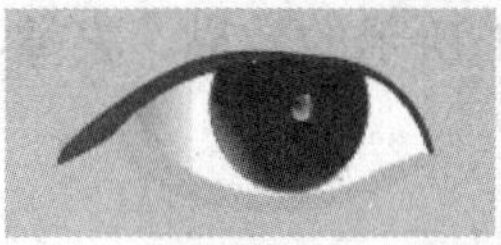
图 2.93

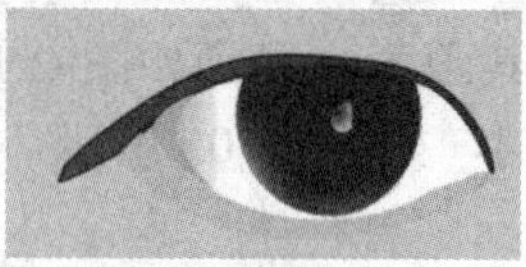
图 2.94

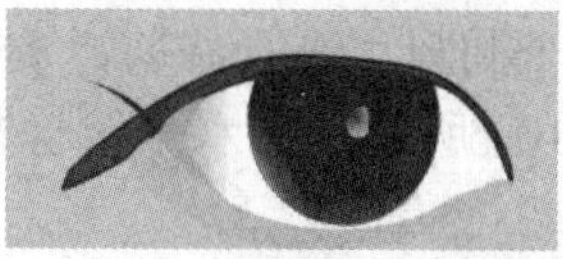
图 2.95

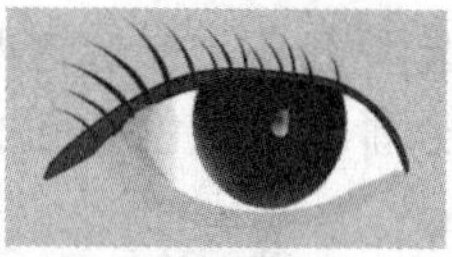
图 2.96

（16）使用贝塞尔工具绘制如图 2.97 所示的路径，填充合适的颜色。选择工具箱中的“交互式透明”工具，在“透明度类型”下拉列表中选择“射线”选项，按下 Enter 键确认，效果如图 2.98 所示。

（17）绘制眉毛效果。使用“艺术笔”工具绘制如图 2.99 所示的效果。

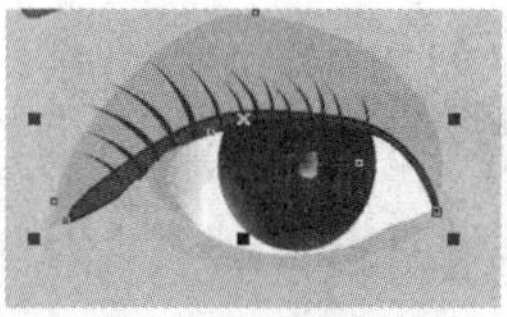
图 2.97

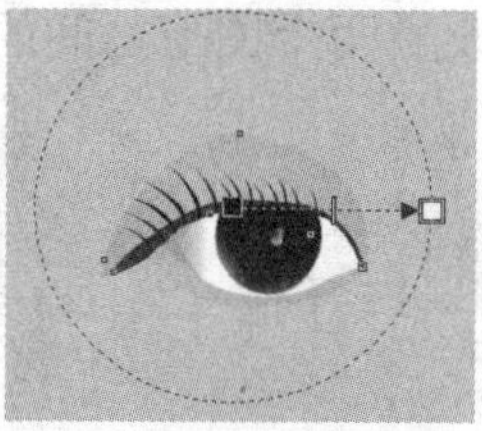
图 2.98

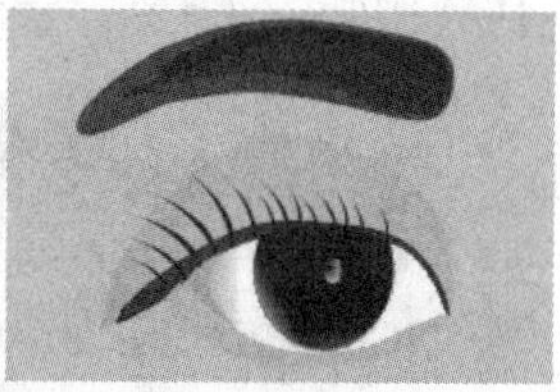
图 2.99

（18）水平镜像复制眼睛与眉毛，并粘贴到另一边，调整大小与角度，如图 2.100 所示。

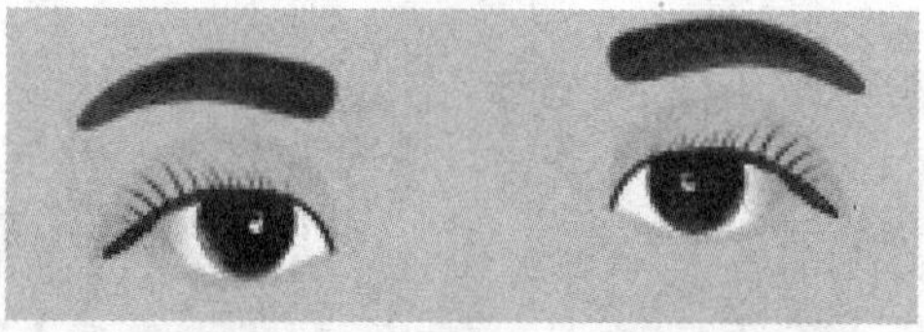
图 2.100

（19）绘制嘴巴。使用椭圆工具绘制一个椭圆并转换为曲线，使用“形状”工具进行调整。之后填充该路径，并去掉轮廓线，如图 2.101 所示。

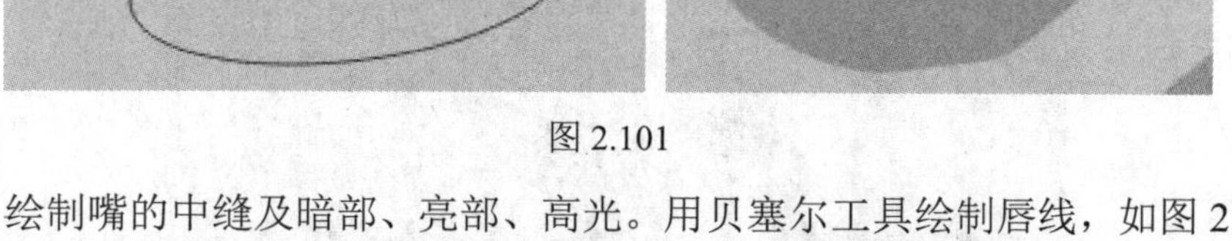
图 2.101

（20）绘制嘴的中缝及暗部、亮部、高光。用贝塞尔工具绘制唇线，如图 2.102 所示。依据以上绘制路径图形和填充颜色的方法，分别绘制出嘴唇的暗部、亮部以及高光部图形，并对它们分别填充颜色，完成嘴唇的绘制，如图 2.103 所示。

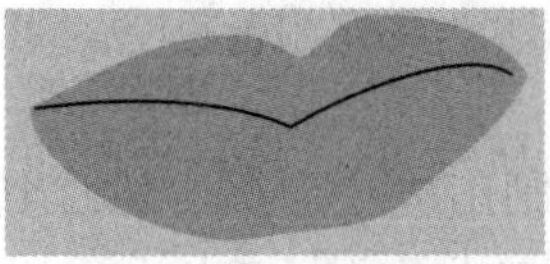
图 2.102

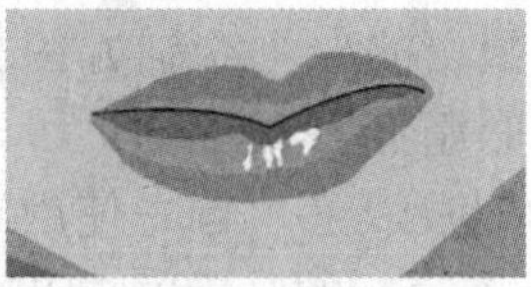
图 2.103

（21）绘制鼻子。使用工具箱中的“椭圆”工具，在页面上绘制两个椭圆，使用“挑选”工具，框选这两个椭圆，进行修剪，旋转其角度，得到如图 2.104 所示的效果，去掉轮廓，填充色如图 2.104 所示。并水平镜像复制，如图 2.105 所示。

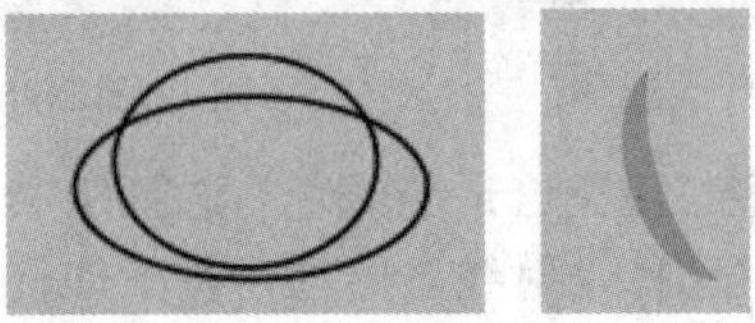
图 2.104

图 2.105

（22）绘制鼻孔。绘制如图 2.106 所示的两个图形并填充内部颜色。选择工具箱中的“交互式调和”工具，在其属性中设置两个图形之间的调和步长为 1，如图 2.107 所示。

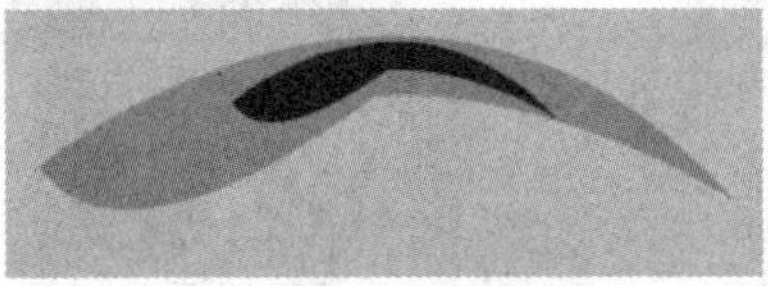
图 2.106

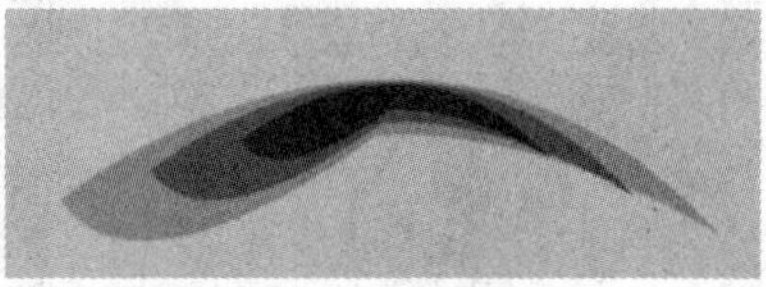
图 2.107

（23）使用“挑选”工具，将调和的图形框选，水平镜像复制，并调整其大小和角度，移动到合适的位置，如图 2.108 所示。

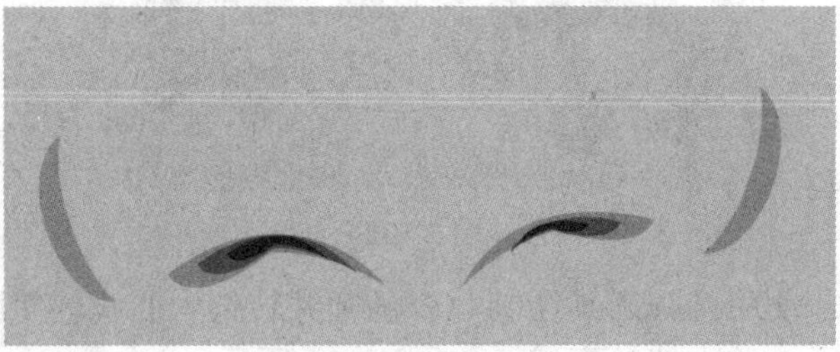
图 2.108

（24）在鼻孔的下面绘制鼻子的阴影图形，将其填充颜色如图 2.109 所示。

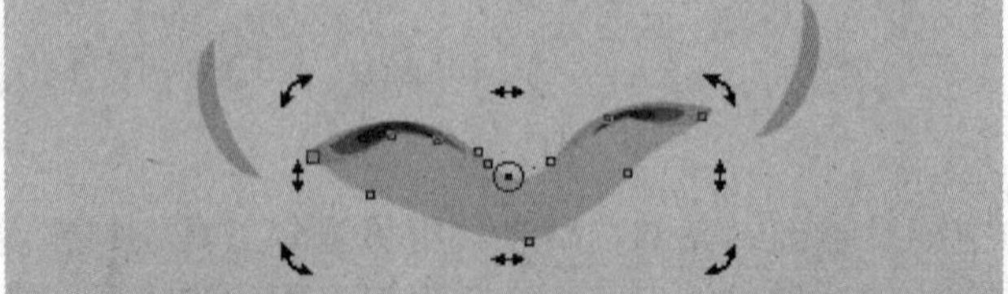
图 2.109

（25）绘制耳朵的形状，如图 2.110 所示。

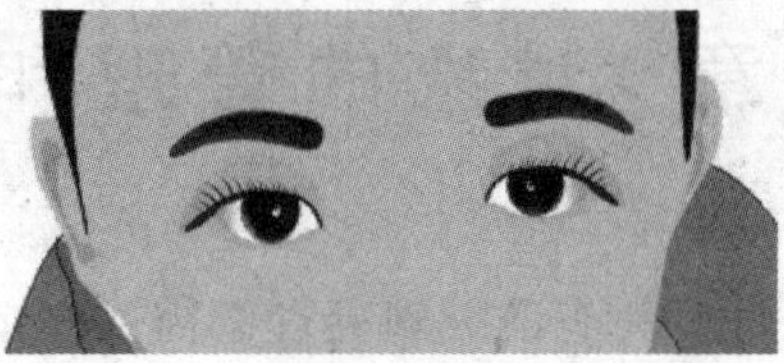

图 2.110

（26）新建图层，命名为“衣领”，并拖到图层 1 下面。绘制衣领，如图 2.111 所示。

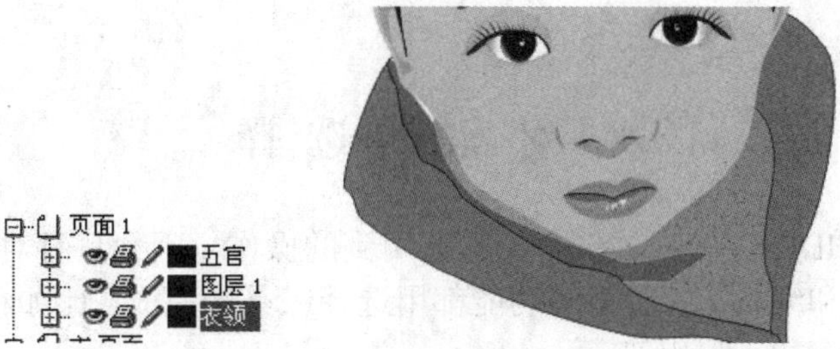

图 2.111

（27）设置页面背景颜色，最终效果如图 2.112 所示。

图 2.112

本 章 小 结

应用 CorelDRAW X6 软件进行图形设计，很大一部分要借助线形、矩形、椭圆形、星形等一系列工具，所以系统地掌握这些工具的性能和应用至关重要。本章主要介绍了这些几何图形的绘制方法，为以后绘制复杂的图形奠定了坚实的基础。

第 3 章　对象的管理和编辑

在 CorelDRAW X6 软件里，所有的编辑处理都需要在选择对象的基础上进行，所以选择对象是进行图形编辑的第一步，在绘图过程中，通常都需要将对象进行复制、旋转、缩放等操作，才能得到理想的绘图效果。本章主要学习对象的管理与编辑，通过对选择对象的相关编辑操作训练，使学生能够更有效地管理图形文件，创意出复杂的图形。本章建议 4 学时。

3.1　对象的选择

选择对象是 CorelDRAW X6 软件中经常要用到的操作，因为只有对象处于选中状态，才可以对它进行处理和编辑，并且很多功能都用选择工具来完成，比如移动、旋转、缩放、删除、扭曲、镜像、缩放、群组等。

3.1.1　选取常规对象

（1）单击选择工具 ，将光标放置在想要编辑的对象上单击，则对象被选中，在空白处单击，则取消选择对象，如图 3.1 所示。

图 3.1

（2）对象若处于组合状态，则可以按住 Ctrl 键的同时，单击对象，则组合状态下的图形被选中，如图 3.2 所示。

（3）单击选择工具，按住左键拖动出一个虚线框，运用圈选的方式可以选中单个或多个对象。

图 3.2

（4）运用选择工具，单击其中一个对象，按住 Shift 键，继续单击其他对象，则可以同时选取多个对象，如图 3.3 所示。

图 3.3

（5）按住 Alt 键拖动鼠标，拖动出的虚线框所接触的对象都会被选择，如图 3.4 所示。

图 3.4

（6）双击工具箱中的选择工具，或者按快捷键 Ctrl+A，也可以选取全部对象。

3.1.2 选取特殊对象

（1）单击选择工具，按 Tab 键，可以直接选中最后绘制的图形，再次按 Tab 键，系统会按照用户绘制图形的先后顺序从后到前逐步选取对象，如图 3.5 所示。

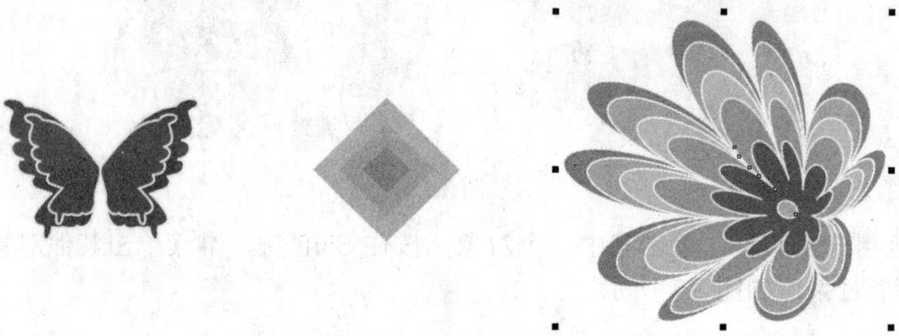

图 3.5

（2）单击选择工具，按住 Shift 键的同时按 Tab 键一次或多次，会从创建的第一个对象开始依次选中对象，如图 3.6 所示。

图 3.6

（3）当多个对象重叠在一起时，按住 Alt 键，可以选择最上边对象的下面一个对象，如图 3.7 所示。

图 3.7

3.2 对象的变换

在绘制图形时经常要对图形进行位置的移动、大小的缩放、比例的调整、形状的旋转、镜像的调整等编辑，CorelDRAW X6 中在“排列/变换”命令里，展开子菜单中的命令，弹出泊坞窗可以对图形进行以上操作编辑。

3.2.1 移动对象

（1）选择对象，按住左键拖动到需要的位置进行移动，或者使用键盘上的方向键进行位置的微调。若需要对微调距离进行设置，单击选择工具，在属性栏的微调偏移框中输入数值即可，如图 3.8 所示。

图 3.8

（2）选择排列/变换/位置命令，弹出变换泊坞窗，如图 3.9 和图 3.10 所示。

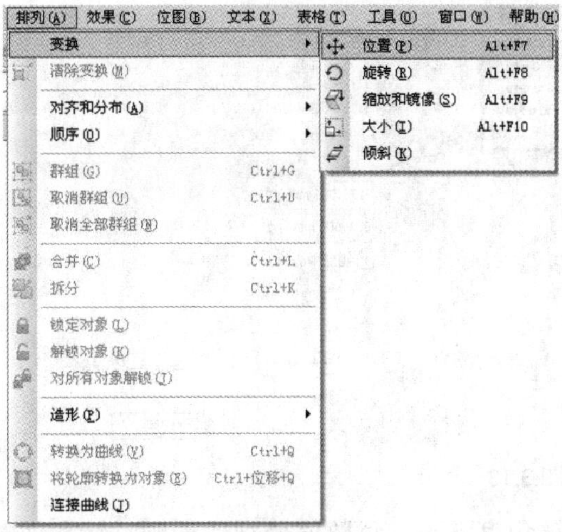

图 3.9

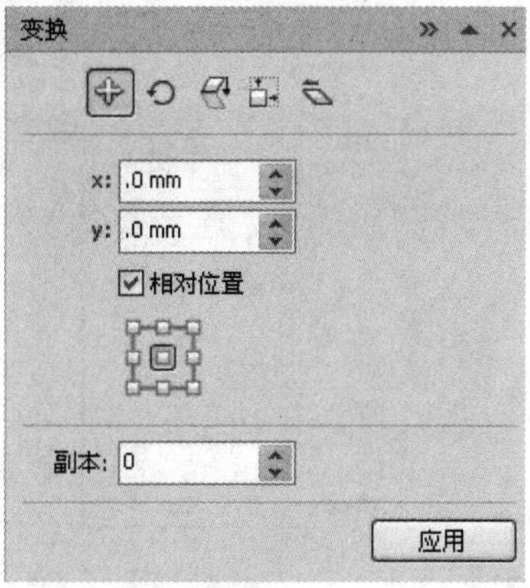

图 3.10

1）X/Y：用于设置图形在水平/垂直方向上移动的距离。

2）相对位置：指对象或者对象副本以原对象的锚点作为相对的坐标原点，沿某一方向移动到相对于原位置指定距离的新位置。

3）副本：设置要复制的份数。

4）应用：确定图形移动至设置的位置。

3.2.2 旋转对象

（1）使用选择工具，双击对象，对象四周控制点将变成双箭头形状，选择控制点，按住左键沿顺时针或逆时针方向拖动，如图 3.11 所示。

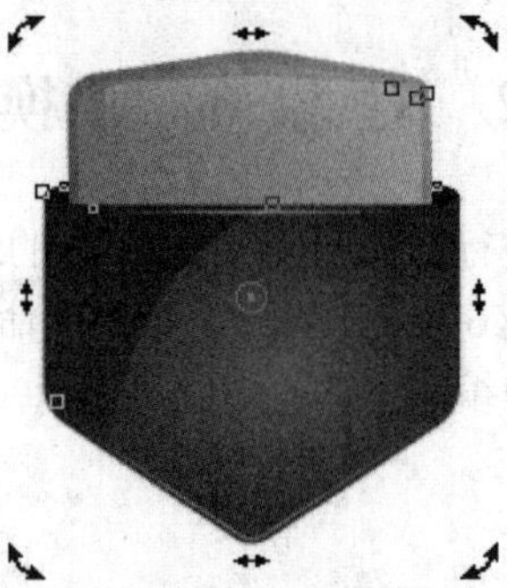

图 3.11

（2）选择对象，在属性栏里设置数值进行精确旋转，如图 3.12 所示。

图 3.12

（3）选择“排列/变换/旋转”命令，弹出旋转泊坞窗，如图 3.13 所示。

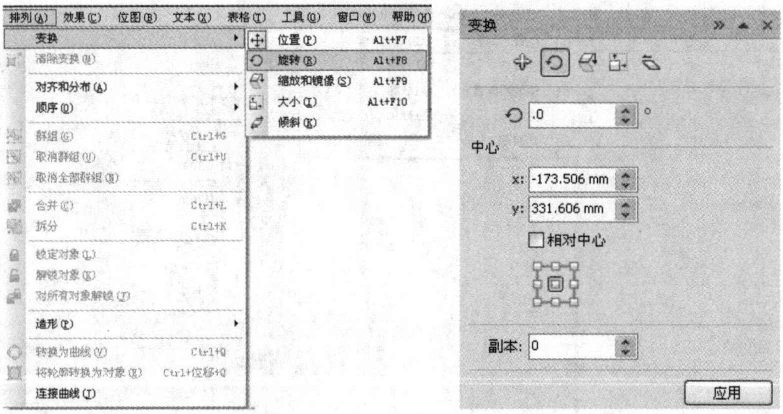

图 3.13

1）“角度”选项：用于设置图形的旋转角度，正、负数值分别代表顺时针和逆时针方向旋转。

2）“中心”选项：默认状态下，图形是围绕中心旋转的，可以设置图形旋转的中心位置。

3）“相对中心”选项：可以设置旋转中心的相对位置，即旋转中心点位于图形自身的哪一个位置。

3.2.3 缩放和镜像对象

（1）选择对象，在属性栏里设置数值进行比例缩放或者镜像，如图 3.14 所示。

图 3.14

（2）选择“排列/变换/缩放和镜像”，弹出缩放和镜像泊坞窗，如图 3.15、图 3.16 所示。

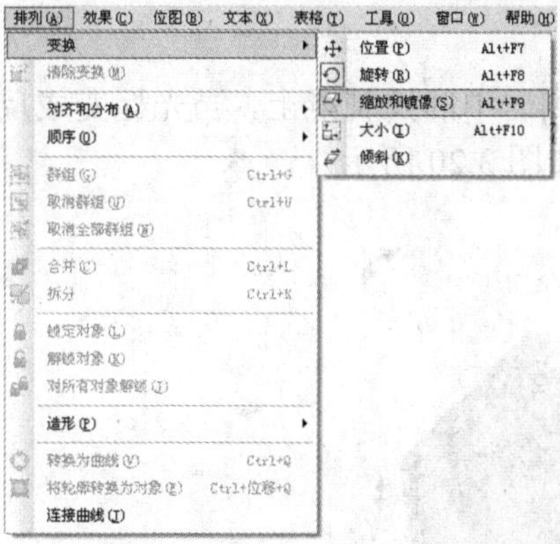

图 3.15

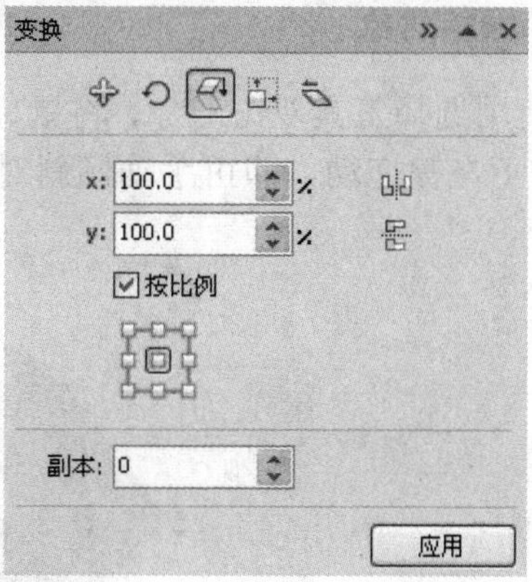

图 3.16

1）缩放：调整对象在水平和垂直方向上的缩放比例。

2）镜像：使对象在水平或垂直方向上翻转。单击水平镜像按钮，可使对象水平镜像，单击垂直镜像按钮，则使对象垂直镜像，也可以同时进行水平和垂直镜像。

3）按比例：设置是否等比例缩放。

4）单击方框，可以设置所选图形在缩放或镜像变换时按图形自身的某一位置进行变换。

3.2.4 调整对象大小

（1）使用选择工具单击对象，拖动控制点，可以调整对象大小。

（2）选择对象，在属性栏里设置数值进行对象大小调整，如图 3.17 所示。

图 3.17

（3）选择“排列/变换/大小”命令，弹出大小泊坞窗，如图 3.18 和图 3.19 所示。

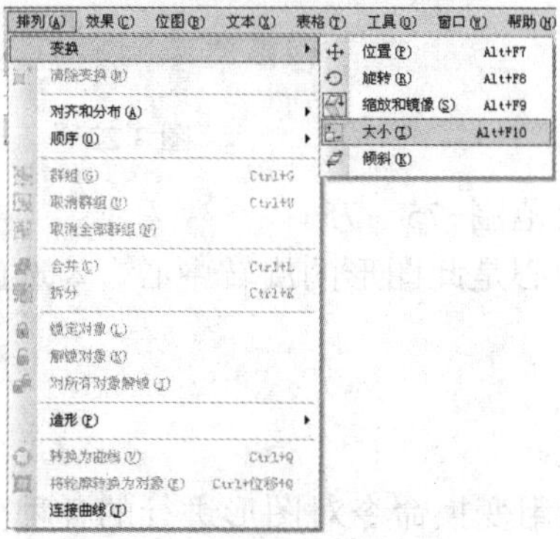

图 3.18

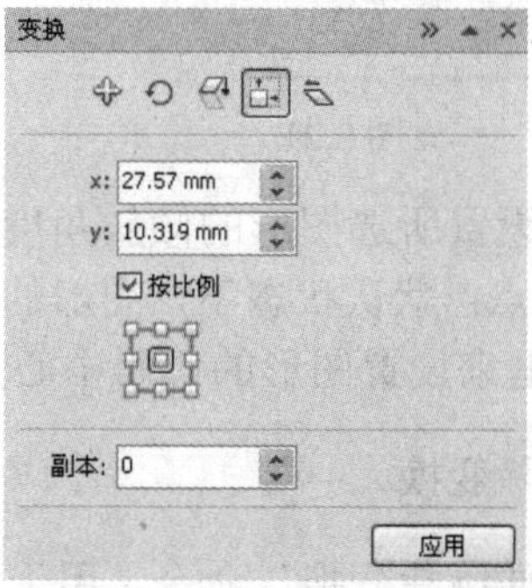

图 3.19

1）X/Y：设置所选图形缩放后的宽度和高度。

2）按比例：设置是否等比例调整图形大小。

3.2.5 倾斜对象

（1）使用选择工具双击对象，将鼠标移动到居中的控制点上，当光标变成反方向的双箭头时，按下左键拖动，即可手动倾斜对象，如图 3.20 所示。

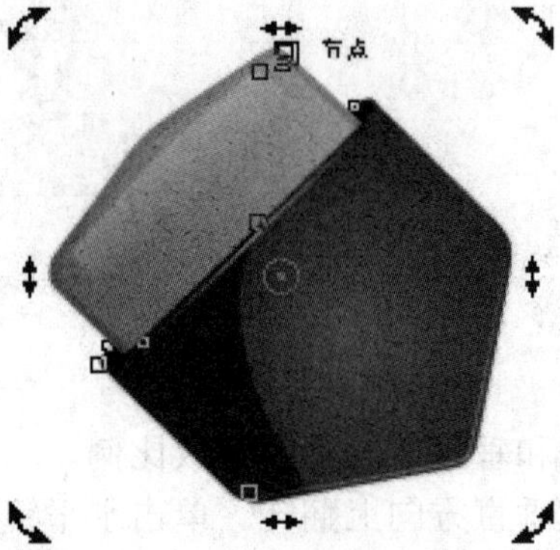

图 3.20

（2）选择“排列/变换/倾斜”命令，弹出倾斜泊坞窗，如图 3.21 和图 3.22 所示。

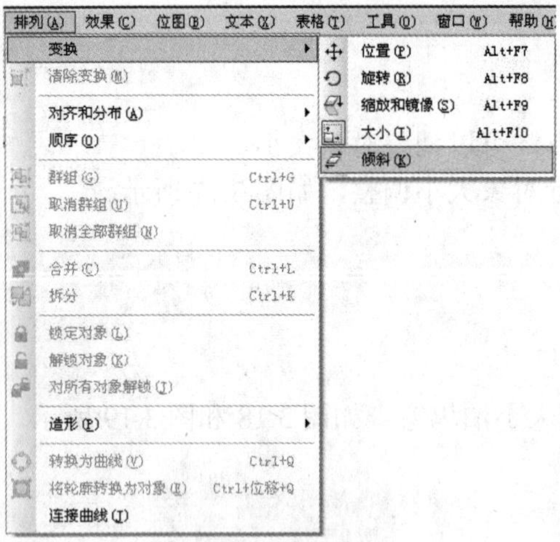

图 3.21

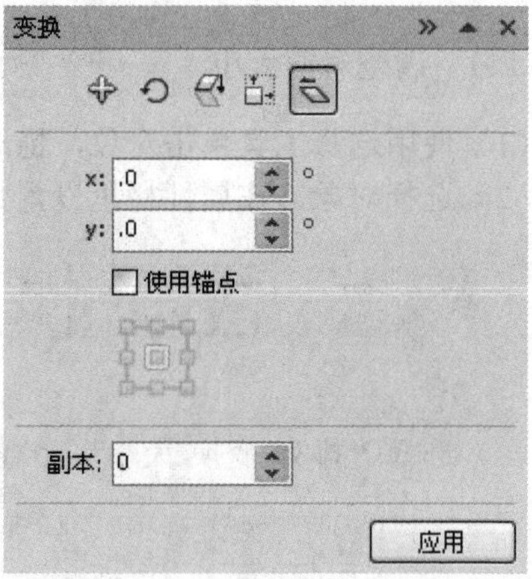

图 3.22

1）X/Y：设置所选图形的倾斜角度，取值范围-75～75。

2）使用锚点：默认状态下，图形的倾斜中心是此图形的旋转中心，勾选此选项后，可单击下方的方框来设置图形的倾斜中心点。

3.2.6 清除变换

选择“排列/清除变换”命令，用于清除利用变换命令对图形进行的各种变换操作，如图 3.23 所示。

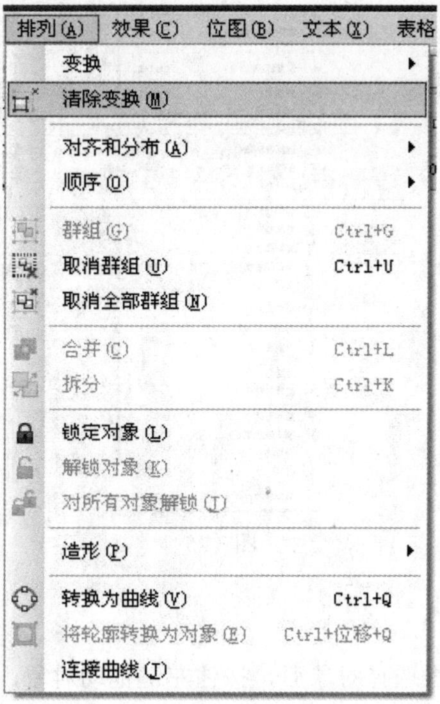

图 3.23

3.3 对象的复制

在绘制图形时难免会遇到对象的重复应用或者某个颜色、形状的重复使用，鉴于此需求，CorelDRAW X6 里提供了多种复制方法，包括对象的基本复制、再制和复制对象的属性等，并且可以运用不同的手法实现以上操作。

3.3.1 对象的复制

（1）选择对象后，按下快捷键 Ctrl+C 对对象进行复制，到指定的页面按下 Ctrl+V 键粘贴。

（2）选择对象后，单击标准工具栏中的复制按钮，再单击粘贴按钮到指定的页面，如图 3.24 所示。

图 3.24

（3）单击选择对象后，按住左键拖动对象，到指定的位置松开并右击。

（4）选择对象后，按下小键盘上的“+”键，即可在原位置上迅速复制一个新对象。

（5）选择对象后，单击菜单“编辑/复制”命令，再到指定的页面执行“编辑/粘贴”命令，则可复制该对象，如图 3.25 所示。

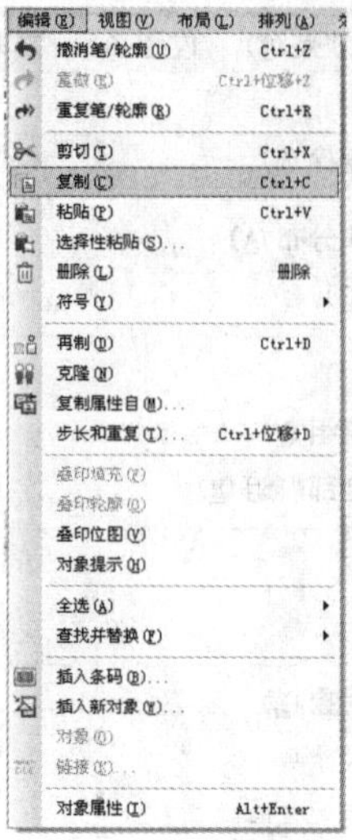

图 3.25

3.3.2 对象的再制

（1）选择对象后，单击选择对象后，按住左键拖动对象，到指定的位置松开并右击，即可将对象在当前位置复制一个副本对象。单击“编辑/再制”命令，或者快捷键 Ctrl+D，即可按上一步复制对象的间距和角度复制出一个副本，如图 3.26～图 3.28 所示。

图 3.26

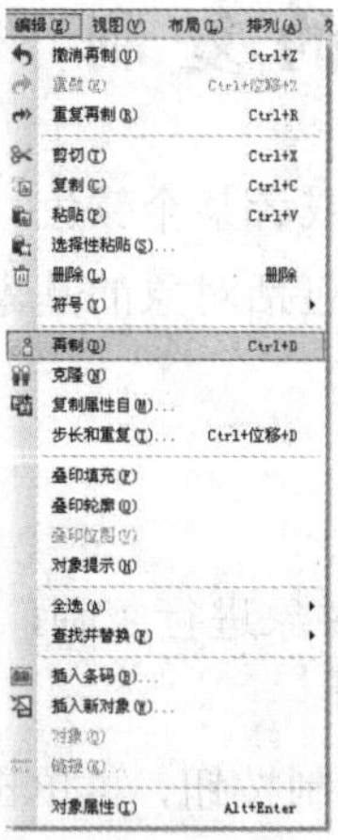

图 3.27

图 3.28

（2）单击绘图页面空白处，设置好属性栏中的再制距离 X/Y 的数值，选择需要再制的对象，按下快捷键 Ctrl+D，则以设置的距离再制对象，如图 3.29 所示。

图 3.29

（3）选中对象，单击“排列/变换”子菜单中的位置、旋转、缩放和镜像、大小、倾斜等泊坞窗命令，设置好相关的参数，则会使对象进行位置、缩放、角度等改变的再制，如图 3.30、图 3.31 所示。

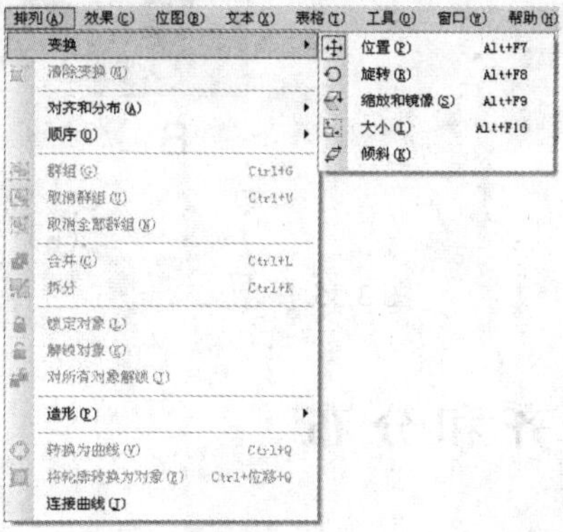

图 3.30

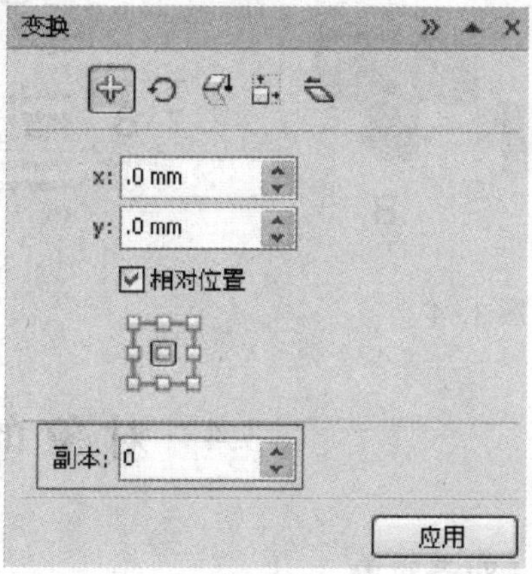

图 3.31

3.3.3 对象属性的复制

在绘制图形时，经常会遇到将原图形的轮廓笔、轮廓色、填充和文本属性等应用到新图形上，CorelDRAW X6 提供了对象属性的快捷复制方法。

（1）选中 A 对象，如图 3.32 所示，单击“编辑/复制属性自”命令，弹出“复制属性”对话框，如图 3.33 所示。选择需要复制的对象属性选项轮廓笔、轮廓色、填充等，单击确定，当光标变成箭头时，单击用于复制属性的 B 对象，结果如图 3.34 所示。

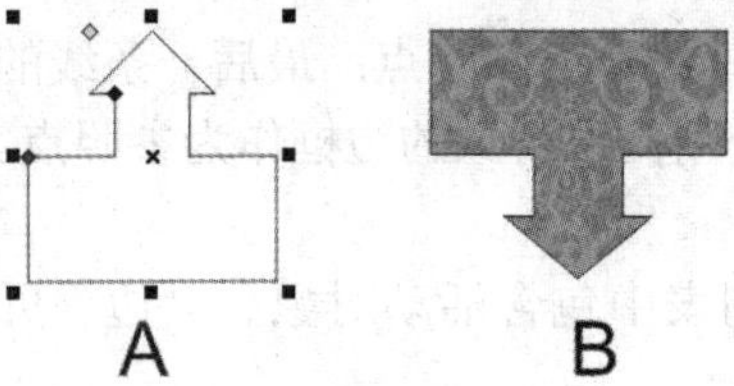

图 3.32

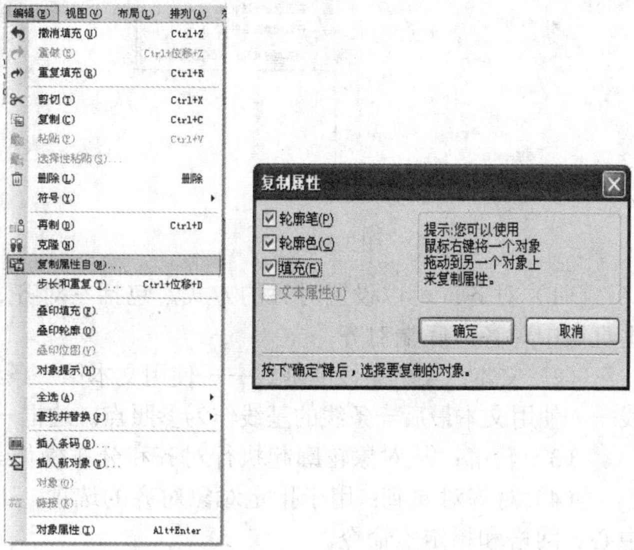

图 3.33

（2）使用鼠标右键拖动 A 对象到 B 对象上，松开鼠标，则弹出菜单，如图 3.35（a）所示，则可以将 A 对象的属性包括填充、轮廓线或所有属性复制到 B 对象上，如图 3.35（b）所示。

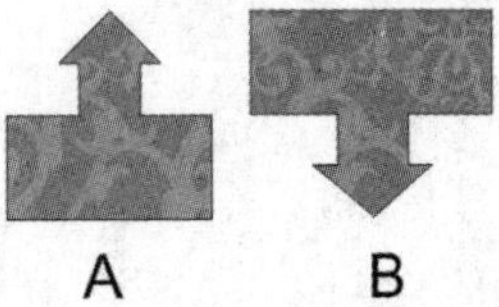

图 3.34

（a）　　（b）

图 3.35

3.4　对象的对齐和分布

3.4.1　对齐对象

选中需要对齐的对象，选择“排列/对齐和分布”命令，弹出子菜单，如图 3.36 所示，单击“对齐与分布”选项，在弹出的对话框中，如图 3.37 所示进行编辑即可。

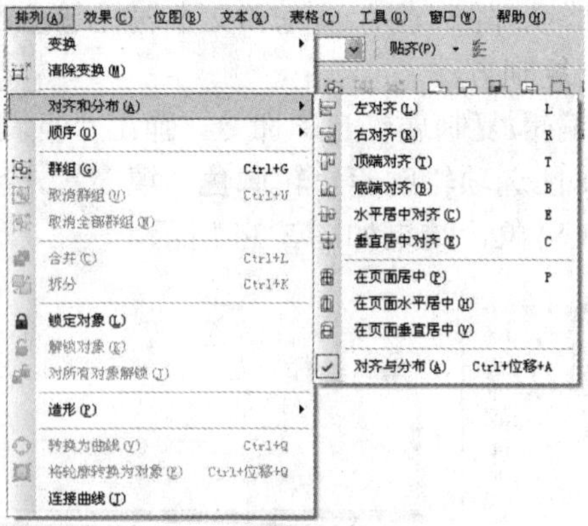

图 3.36

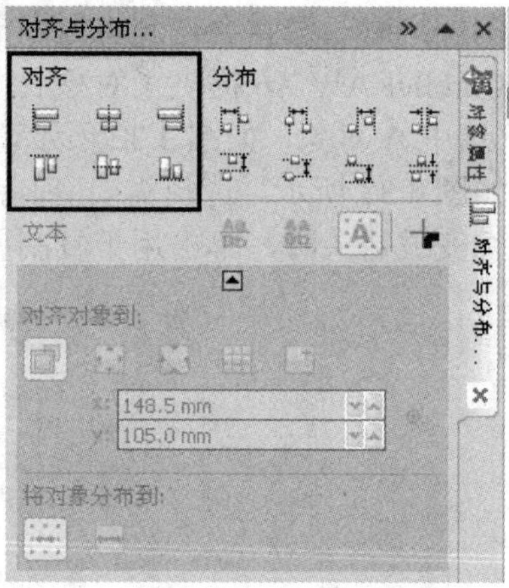

图 3.37

（1）对齐：可以设置对齐的方式，包括左对齐、水平居中对齐、右对齐、顶端对齐、垂直居中对齐、底端对齐。

（2）文本：第一条线的基线——使用文本第一条线的基线作为参照点；最后一条线的基线——使用文本最后一条线的基线作为参照点；边框——使用文本对象的边框作为参照点。

（3）轮廓：从对象轮廓起执行对齐和分布操作。

（4）对齐对象到：用于指定对象对齐的选项，下拉列表中包含活动对象、页边、页面中心、网格和指定点命令。

3.4.2　分布对象

选中需要对齐的对象，选择“排列/对齐和分布”命令，弹出子菜单，如图 3.38 所示，单击“对齐与分布”选项，在弹出的对话框中，分别如图 3.39 所示进行编辑即可。

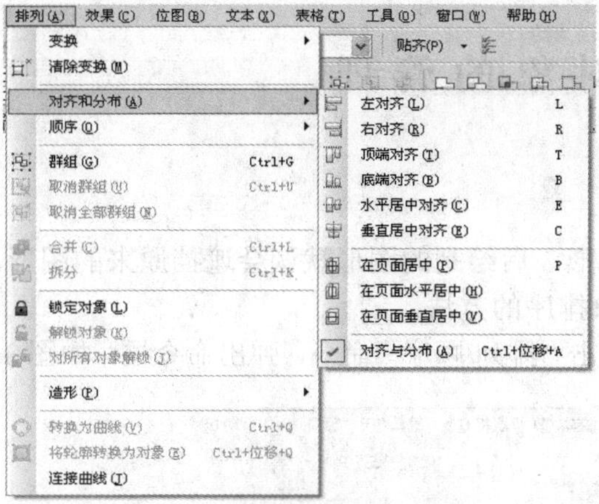

图 3.38

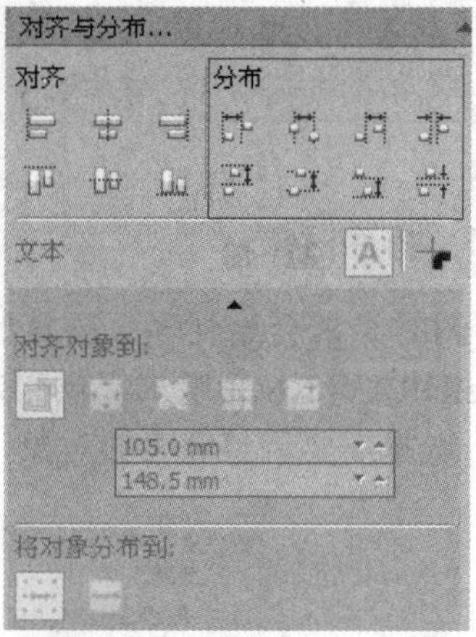

图 3.39

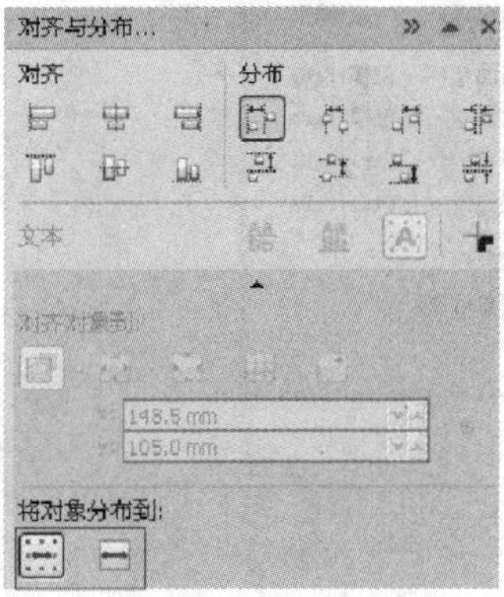

图 3.40

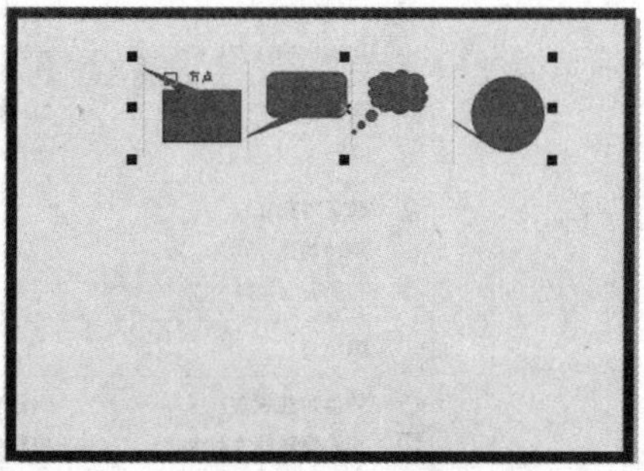

图 3.41

（1）分布：可以设置分布的方式，包括左分散排列、水平分散排列中心、右分散排列、水平分散排列间距、顶端分散排列、垂直分散排列中心、底端分散排列、垂直分散排列间距，如图 3.40 所示。

（2）将对象分布到：选定的范围——在环绕对象的边框区域上分布对象，如图 3.41 所示；页面的范围——在绘图页面上分布对象，如图 3.42、图 3.43 所示。

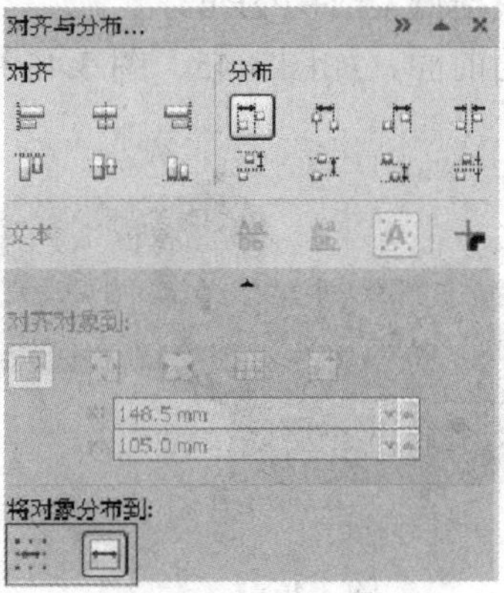

图 3.42

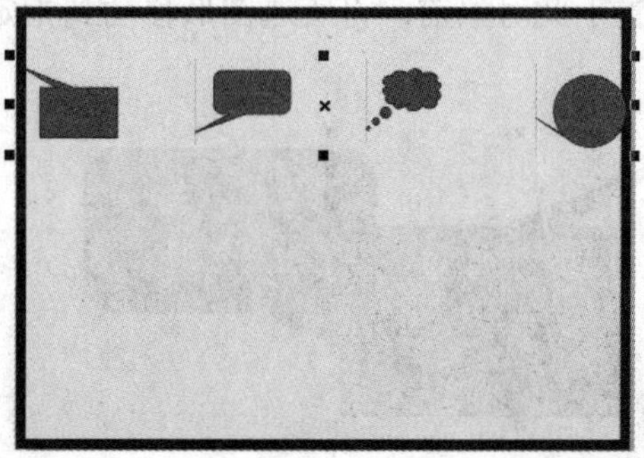

图 3.43

3.5 对象的管理

3.5.1 排序对象

在绘图时经常会绘制多个层叠的图形，后绘制的图形默认会遮挡原来的图形，这时就需要 CorelDRAW X6 为用户提供为对象排序的方法。

（1）选择需要调整顺序的对象，单击“排列/顺序”命令，弹出命令框，如图 3.44 所示。

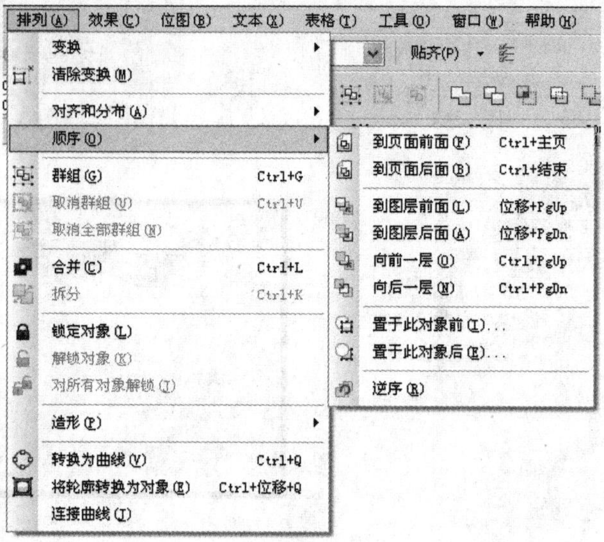

图 3.44

1）到页面前面：将所选择图形移动到当前页面所有图形上面，快捷键 Ctrl+Home。

2）到页面后面：将所选择图形移动到当前页面所有图形下面，快捷键 Ctrl+End。

3）到图层前面：将所选择图形移动到当前图层所有图形上面，快捷键 Shift+PgUp。

4）到图层后面：将所选择图形移动到当前图层所有图形下面，快捷键 Shift+PgDn。

5）向前一层：将所选择图形向前移动一个位置，快捷键 Ctrl+ PgUp。

6）向后一层：将所选择图形向后移动一个位置，快捷键 Ctrl+ PgDn。

7）置于此对象前：将所选图形移动到指定的图形的前面，如图 3.45、图 3.46 所示。

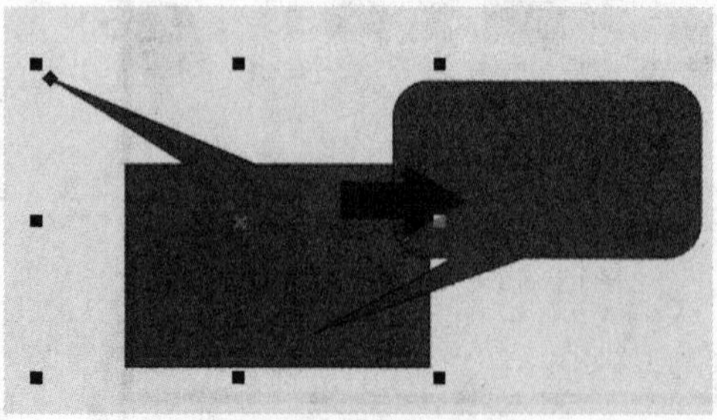

图 3.45

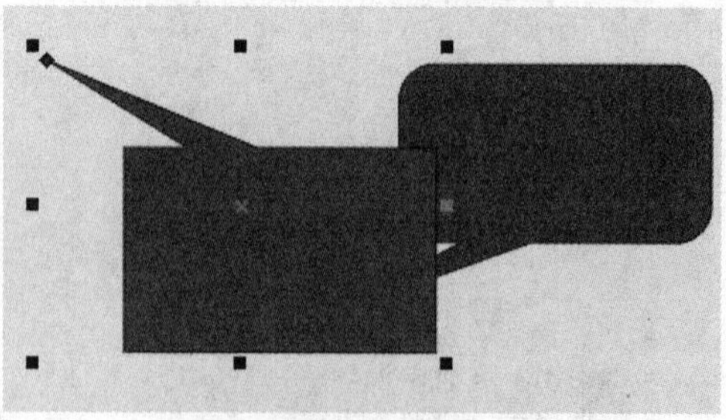

图 3.46

8）置于此对象后：将所选图形移动到指定的图形的后面。

9）逆序：将当前选择的一组图形的堆叠顺序进行反方向颠倒排列。

（2）使用选择工具，右击对象，在弹出的菜单中选择“顺序”命令后的子命令，如图3.47所示。

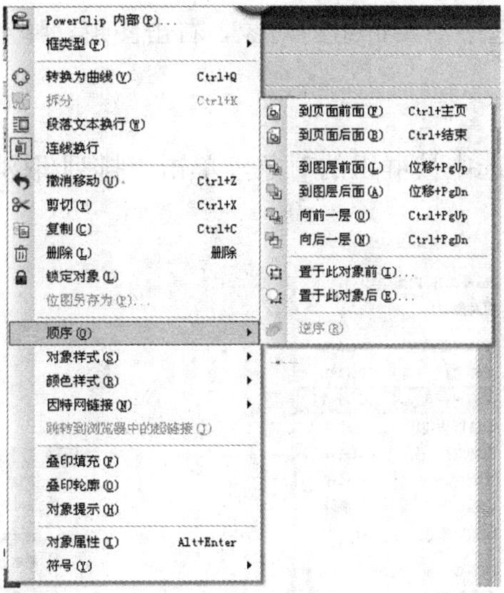

图 3.47

3.5.2 群组与取消群组对象

当绘制一个整体图形时，可能需要很多单元图形进行组合，为了方便操作，可以对单元图形进行群组，然后进行整体移动、复制、填色等编辑。

1. 进行群组的方法

（1）使用选择工具，选中需要群组的对象，单击“排列/群组”命令，或者按快捷键Ctrl+G，如图3.48、图3.49所示。

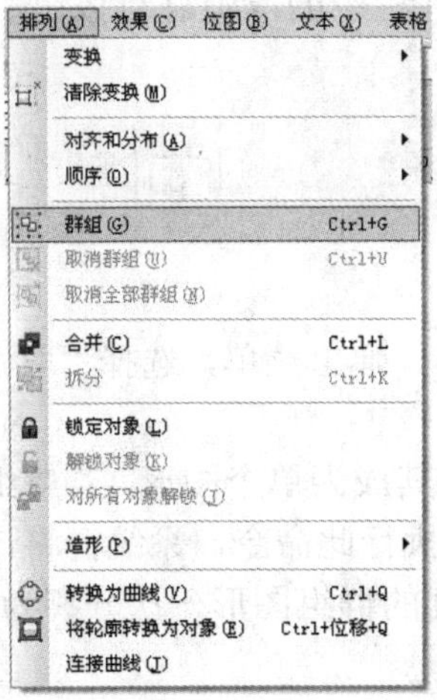

图 3.48

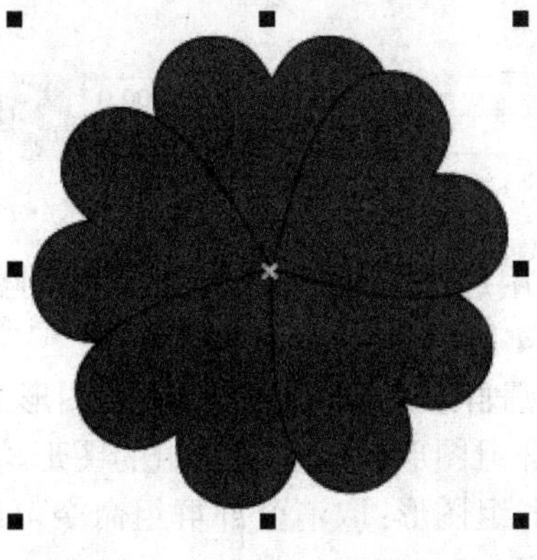

图 3.49

（2）使用选择工具，选中需要群组的对象，单击属性栏中群组按钮，如图 3.50 所示。

图 3.50

（3）使用选择工具，选中需要群组的对象，右击图形，弹出菜单，选择“群组”命令。如图 3.51 所示。

2. 取消群组的方法

（1）使用选择工具，选中被群组的对象，单击“排列/取消群组”命令，或者按快捷键 Ctrl+U，如图 3.52 所示。

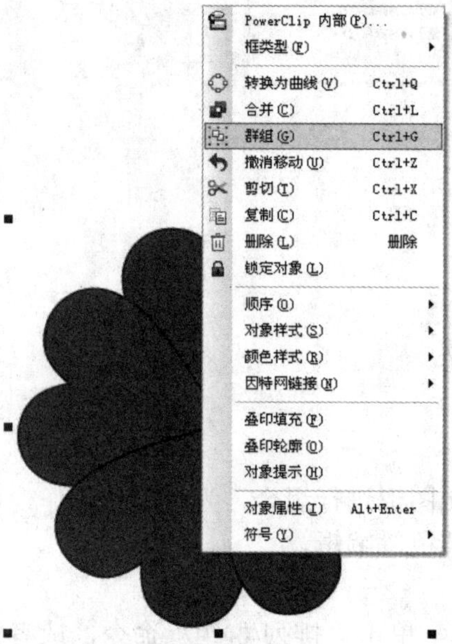

图 3.51

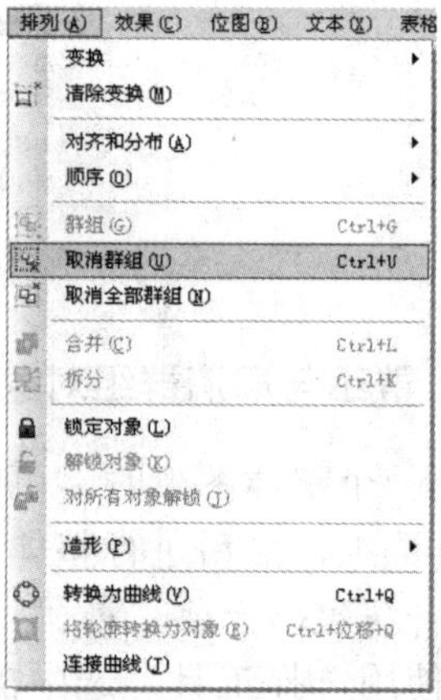

图 3.52

（2）使用选择工具，选中被群组的对象，单击属性栏中的取消群组按钮，如图 3.53 所示。

图 3.53

（3）使用选择工具，选中被群组的对象，右击图形，弹出菜单，选择“取消群组”命令，如图 3.54 所示。

（4）取消群组命令可将群组后的图形进行解组，使其成为单个图形，若解组的图形为多次嵌套的群组图形（即多套群组的图形再次群组），执行此命令，系统会将该群组图形拆分为单个群组图形；取消全部群组命令可以将多次嵌套的群组图形一次分离为单个图形，如图 3.55 所示。

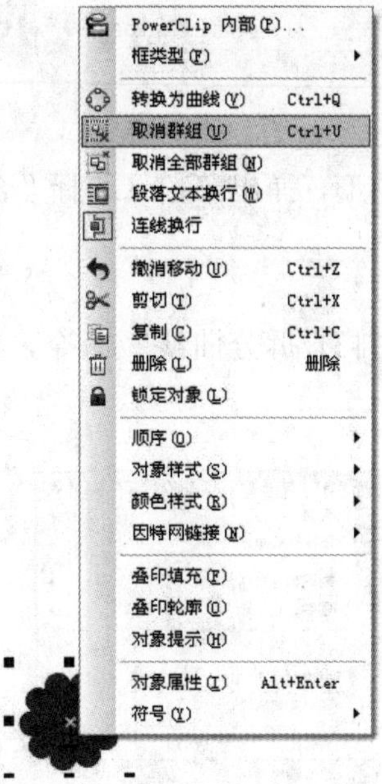

图 3.54

图 3.55

3.5.3 合并与拆分对象

合并命令可以将选取的多个图形融合在一起作为一个整体，图形之间重合的部分将显示为透空状态，而群组则是将多个不同对象组合在一起，其属性未发生变化。

1. 合并对象的方法

（1）使用选择工具，选中需要合并的图形，单击“排列/合并”命令，或者按快捷键Ctrl+L，如图 3.56、图 3.57 所示。

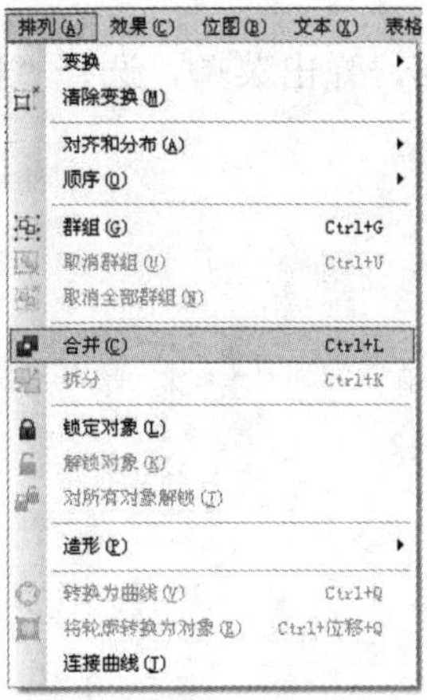

图 3.56

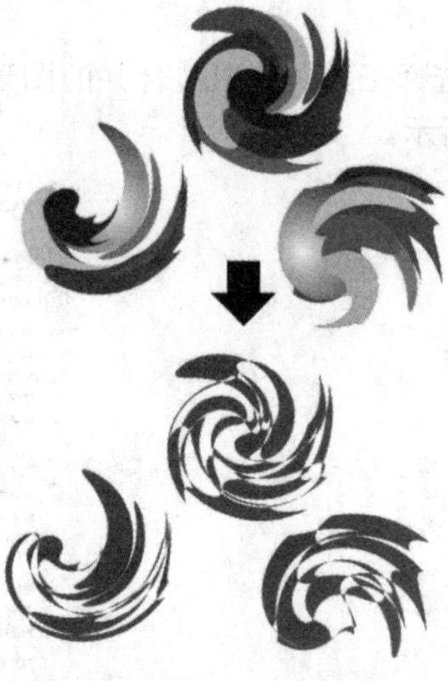

图 3.57

（2）使用选择工具，选中需要合并的图形，单击属性栏中的合并按钮，如图 3.58 所示。

图 3.58

（3）使用选择工具，选中需要合并的图形，右击图形，弹出菜单，选择“合并”命令，如图 3.59 所示。

2. 拆分对象的方法

（1）使用选择工具，选中被合并的图形，单击“排列/拆分曲线”命令，或者按快捷键 Ctrl+K，如图 3.60 所示。

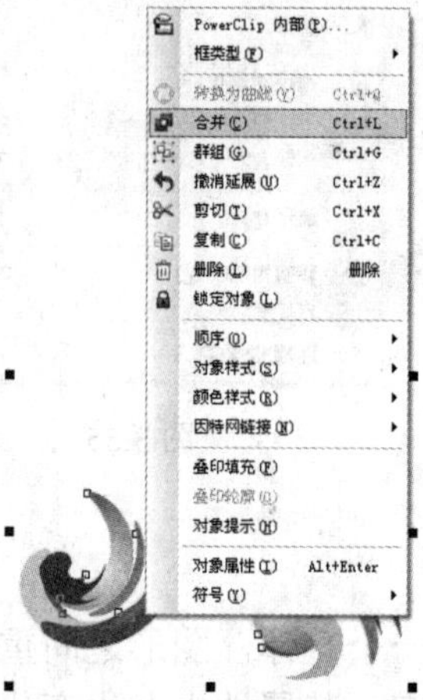

图 3.59

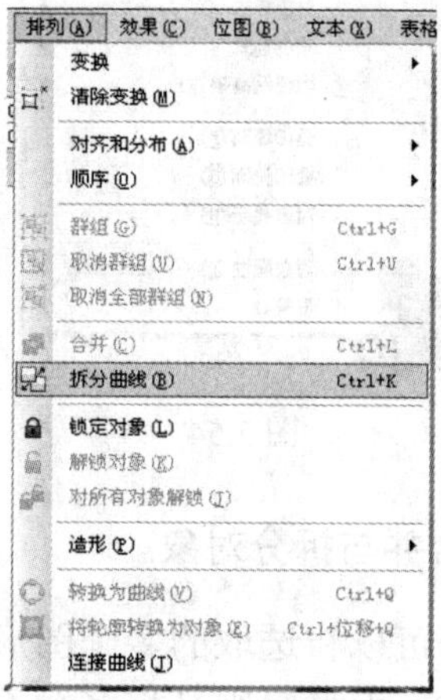

图 3.60

（2）使用选择工具，选中被合并的图形，单击属性栏中的拆分按钮，如图 3.61 所示。

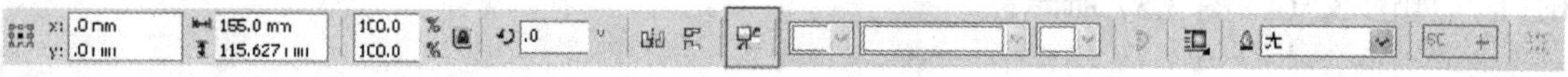

图 3.61

（3）使用选择工具，选中被合并的图形，右击图形，弹出菜单，选择“拆分曲线”命令，如图 3.62 所示。

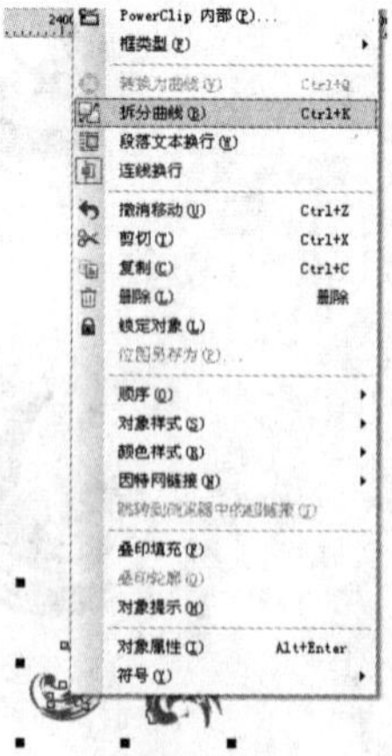

图 3.62

3.5.4 锁定与解锁对象

对已经编辑好的图形，可以对其进行锁定，以避免对象受到操作的影响，同时也可以对其进行解锁，然后继续进行编辑操作。

1. 锁定对象的方法

（1）使用选择工具，选中需要锁定的图形，单击“排列/锁定对象”命令，如图 3.63、图 3.64 所示。

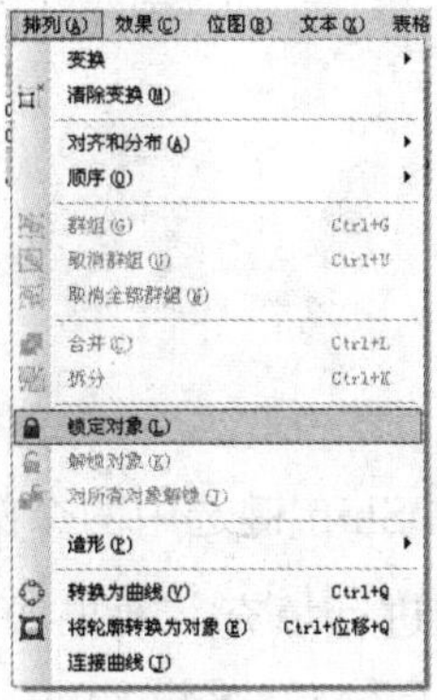

图 3.63

图 3.64

（2）使用选择工具，选中需要锁定的图形，右击图形，弹出菜单，选择“锁定对象”命令，如图 3.65 所示。

2. 解锁对象的方法

（1）使用选择工具，选中被锁定的图形，单击“排列/解锁对象”命令，如图 3.66 所示。

（2）使用选择工具，选中被锁定的图形，右击图形，弹出菜单，选择“解锁对象”命令，如图 3.67 所示。

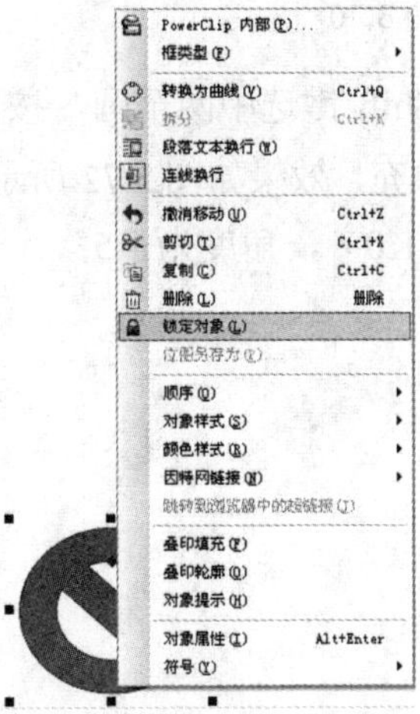

图 3.65

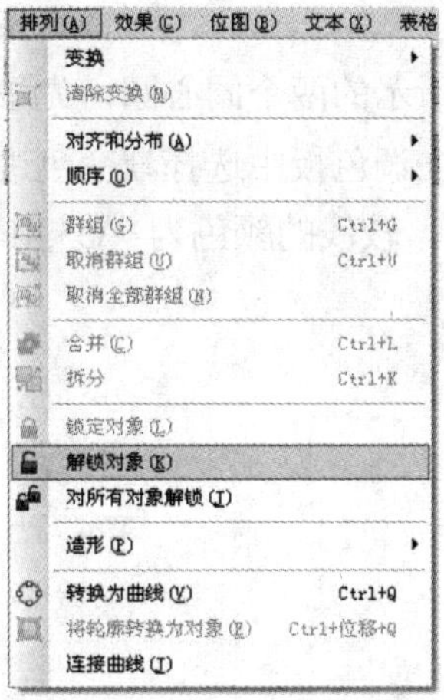

图 3.66

图 3.67

（3）使用“对所有对象解锁”命令可以将所有被锁定的对象同时解锁。

3.6 案 例 教 学

（1）新建文件，设置 A4 纸张。在工具箱中选择“椭圆”工具，按住 Ctrl 键绘制圆，如图 3.68 所示。

图 3.68

（2）复制一个圆然后缩放，如图 3.69 所示。先按住 Shift 键选中两个圆，按下属性栏“移去前面对象”按钮，然后在调色板中选择渐变色进行填充，效果如图 3.70 所示。其中较浅的颜色为（C1,M18,Y35,K0），较深的颜色为（C7,M24,Y42,K0），角度为-45°。

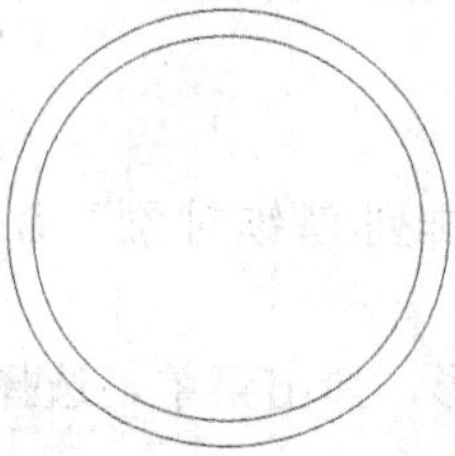

图 3.69

图 3.70

（3）倒角的绘制。绘制如图 3.71 所示的两个同心圆，先按住 Shift 键选中两个圆，按下属性栏“移去前面对象”按钮，然后在调色板中选择渐变色进行填充，效果如图 3.72 所示。其中较深的颜色为（C41,M35,Y40,K0），较浅的颜色为（C3,M4,Y0,K0），角度为-45°。

图 3.71

图 3.72

（4）再画一个圆，如图 3.73 所示。用渐变色填充，效果如图 3.74 所示，其中较深的颜色为（C14,M11,Y12,K0），较浅的颜色为（C4,M4,Y4,K0），角度为-45°。

图 3.73

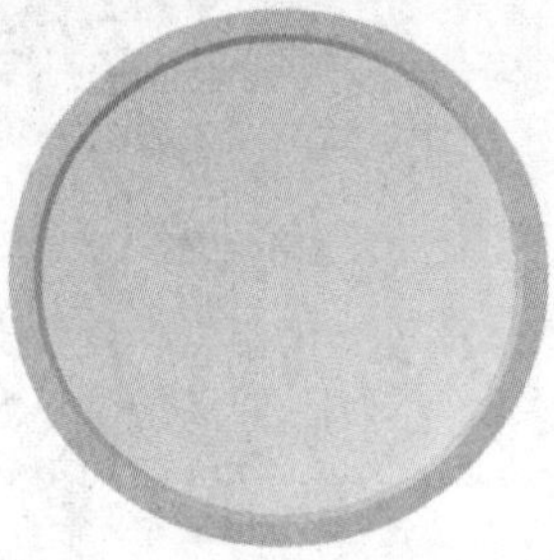

图 3.74

（5）移入一条辅助线到圆的中点位置，如图 3.75 所示，先在圆心绘制一个小同心圆填充黑色，用矩形工具绘制一个小长方形并填充黑色，效果如图 3.76 所示。

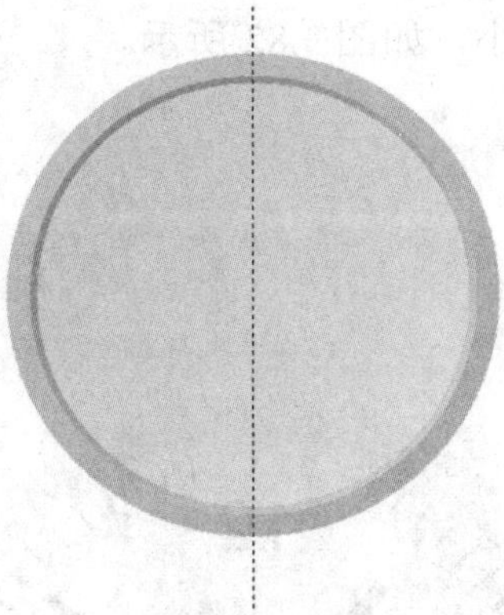

图 3.75

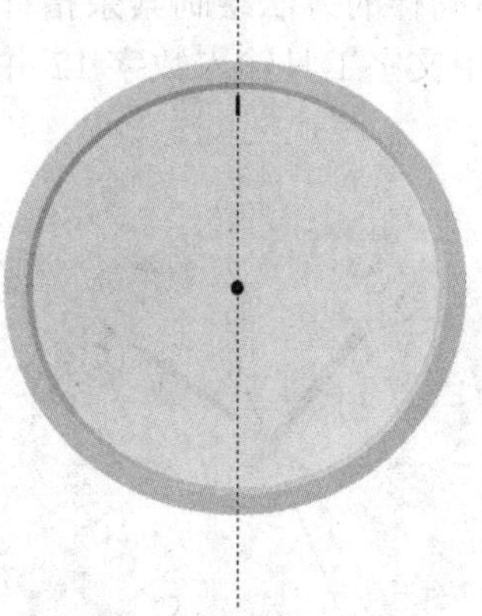

图 3.76

（6）先选中小黑圆，再按住 Shift 键选中小矩形，在菜单栏中选择“排列/变换/旋转”命令，设置如图 3.77 所示，单击应用，效果如图 3.78 所示。

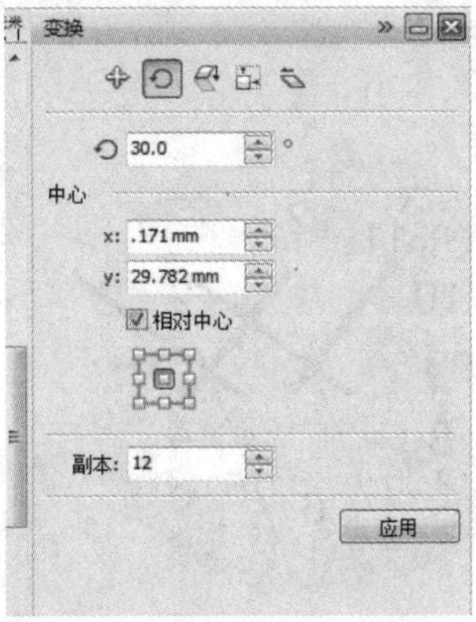

图 3.77

图 3.78

（7）用同样的方法，绘制如图 3.79 所示的效果。

图 3.79

图 3.80

（8）用矩形工具绘制一个指针，用渐变色填充，效果如图 3.80 所示，其中较深的颜色为（C77,M72,Y71,K40），较浅的颜色为（C78,M76,Y73,K50），角度为-45°。

（9）用同样的方法绘制其余指针，如图 3.81 所示。

（10）用文字工具输入数字 12 并调整到合适大小，如图 3.82 所示。

图 3.81

图 3.82

（11）用同样的方法做出其余数字，并逐个右击，选择“转换为曲线”命令，效果如图 3.83 所示。

图 3.83

图 3.84

（12）绘制指针阴影。按住 Shift 键选中 3 根指针，复制拖出，如图 3.84 所示。然后在工具栏中单击“交互式透明工具”按钮，在属性栏中设置参数如图 3.85 所示，按 Enter 键。把透明指针调整到如图 3.86 所示的位置。

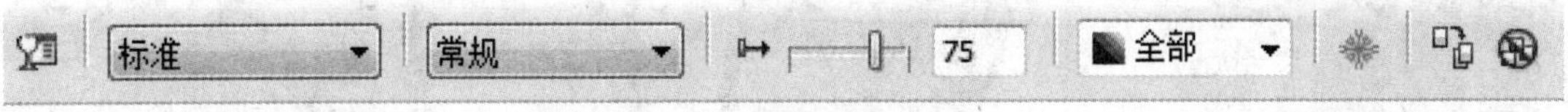

图 3.85

（13）画一个圆然后复制，调整位置如图 3.87 所示，按下属性栏“移去前面对象”按钮，效果如图 3.88 所示。

图 3.86

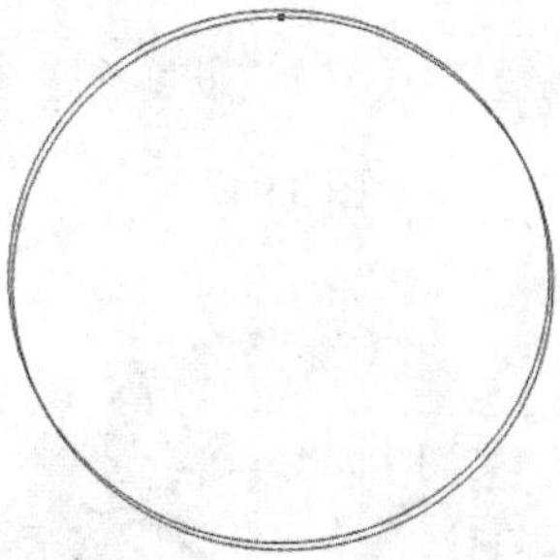

图 3.87

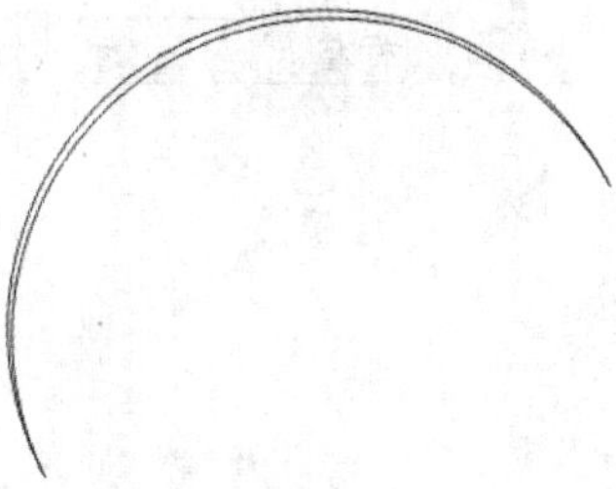

图 3.88

（14）把新图形调整到如图 3.89 所示的位置和大小。填充颜色，效果如图 3.90 所示，颜色为（C4,M26,Y40,K0）。

图 3.89

图 3.90

（15）画一个圆，再复制调整位置，如图 3.91 所示，先按住 Shift 键选中两个圆，按下属性栏“移去前面对象”按钮，效果如图 3.92 所示。

（16）用渐变色填充，效果如图 3.93 所示，其中 0 的位置颜色为（C0,M0,Y0,K90），10 的位置颜色为（C37,M31,Y33,K50），100 的位置颜色为（C9,M7,Y7,K0），角度为 0°。

图 3.91

图 3.92

图 3.93

（17）选中新图形，在工具栏中单击“交互式透明工具”按钮，在属性栏中设置参数如图 3.94 所示。按 Enter 键，效果如图 3.95 所示。

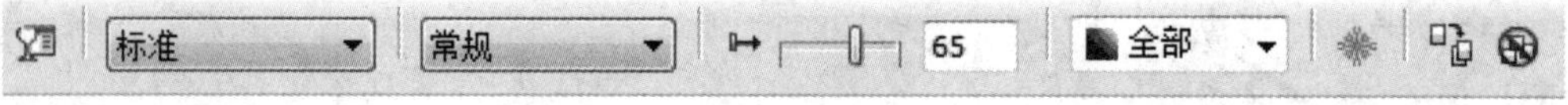

图 3.94

图 3.95

本 章 小 结

本章主要讲述了编辑对象过程中的一些操作，要求重点掌握在具体设计中的应用，在案例教学中，强调了图形的制作要领，通过本章的学习，使学生能够运用所学工具进行图形的创意设计。

第 4 章　图 形 的 编 辑

本章主要讲解图形编辑工具的使用，绘制不规则图形的时候，这些编辑节点的工具就显得尤其重要，熟练掌握这些工具能够使学生绘制形式多样的设计图形。本章建议 6 学时。

4.1　编　辑　曲　线

4.1.1　选取节点

在编辑节点之前，要先选中所要编辑的节点，用手绘工具画任意曲线，如图 4.1 所示，单击工具箱中的形状工具按钮，其属性栏如图 4.2 所示，出现曲线的节点。

（1）选择矩形节点，选择方式矩形，通过拖动可以绘制出一个矩形虚线框，松开左键后，包围在矩形框内的节点会被选中，如图 4.3 所示。

（2）选择手绘节点，选择方式手绘，可以按照自由绘制的方式绘制不规则的虚线状区域，松开左键后，包围在虚线区域内的节点会被选中，如图 4.4 所示。

（3）单击任意想要编辑的节点以选取该节点。

（4）按住 Shift 键单击节点，可一次选中多个节点。

（5）同时按住 Ctrl+Shift 键单击节点，可一次选中所有节点。

（6）取消节点选择，在工作区的空白处单击或者按 Esc 键即可。

图 4.2

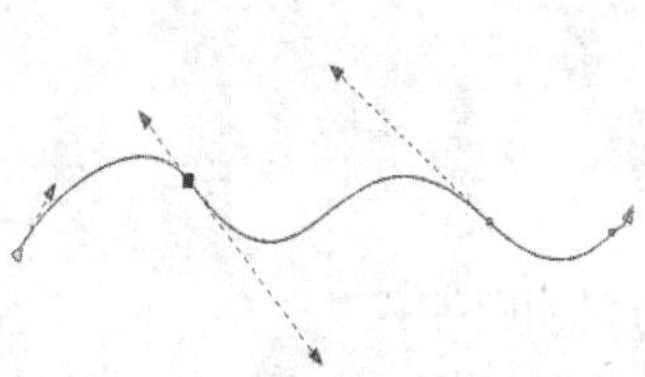

图 4.1

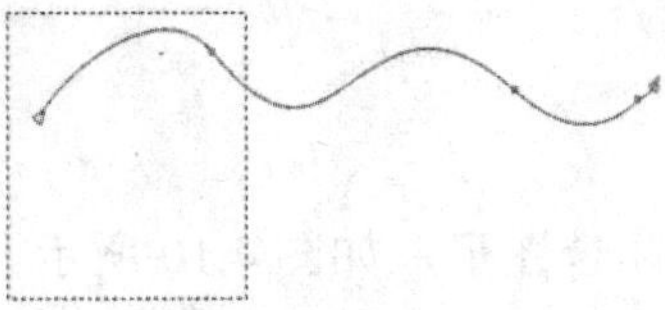

图 4.3

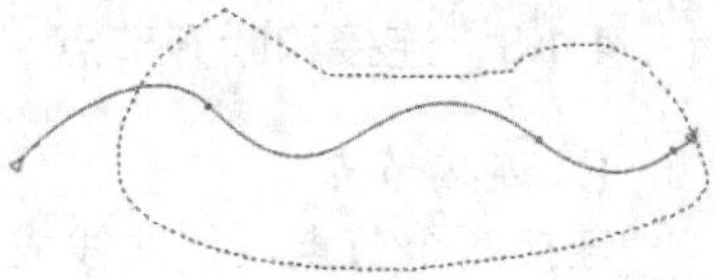

图 4.4

4.1.2　添加和删除节点

1. 添加节点

（1）用形状工具在将要编辑的图形上任意位置双击即添加一个节点，当然也可以随意添加多个节点。

（2）用形状工具在将要编辑的图形上任意位置单击，然后按小键盘上的“+”键。

（3）在画好的直线上任意位置单击，单击属性栏中的添加节点按钮，即可创建一个节点，如图 4.5、图 4.6 所示。

（4）再次单击属性栏中的添加节点按钮，可将线段按比例等分，如图 4.7 所示。多次单击可多次等分（图 4.8）。

图 4.5

图 4.6

图 4.7

图 4.8

2. 删除节点

有三种方法删除，首先选中曲线中想要删除的节点，然后进行下列操作：

（1）单击属性栏中的删除节点按钮，如图 4.9 所示。

（2）按 Delete 键或者小键盘上的“-”键进行删除。

（3）右击选择“删除”命令。

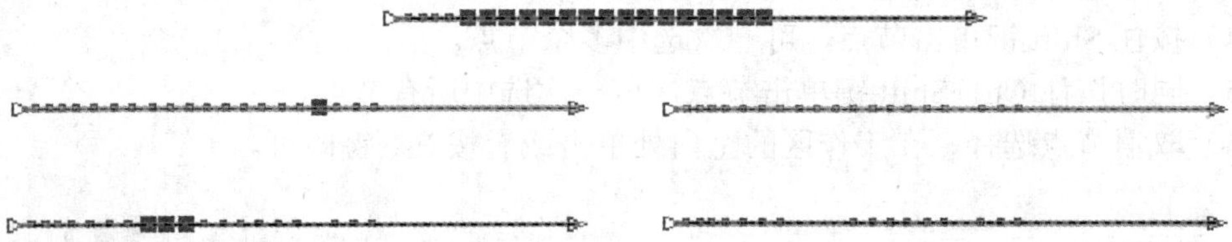

图 4.9

4.1.3 连接和断开节点

1. 连接节点

连接两个节点，使曲线成为闭合图形，如图 4.10 所示。方法如下：

（1）选中起点和终点，点击属性栏中的“连接两个节点”按钮，如图 4.11 所示。

（2）选中起点和终点，点击属性栏中的“延长曲线使之闭合”按钮，或者自动闭合曲线按钮，如图 4.12 所示。

2. 断开曲线

选中节点，单击属性栏中的“断开曲线”按钮，在选中的节点上双击即可断开曲线，如图 4.13 所示；如要断开反方向的节点，点击属性栏中的“反转选定子路径的曲线方向”按钮即可，如图 4.14 所示。

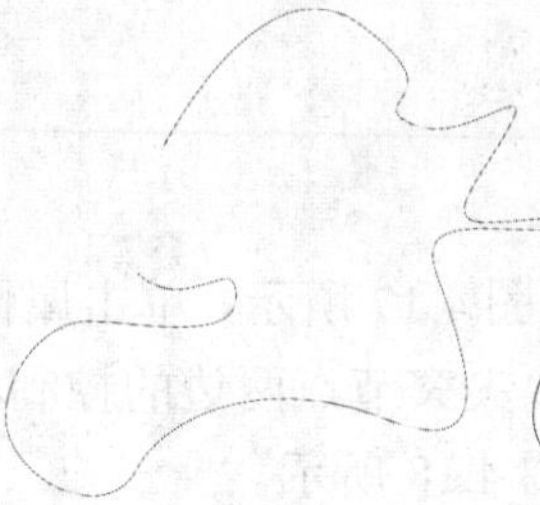

图 4.10

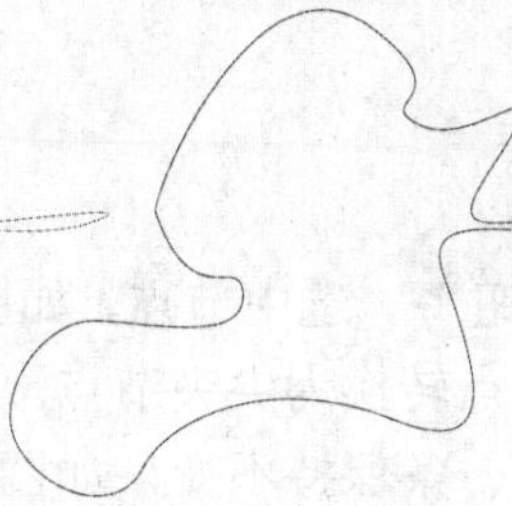

图 4.11

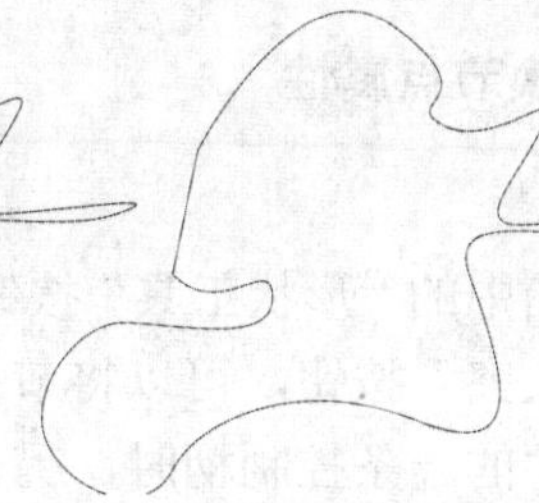

图 4.12

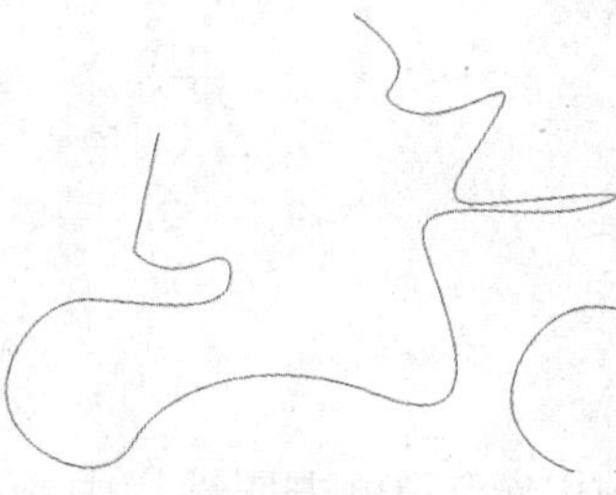

图 4.13

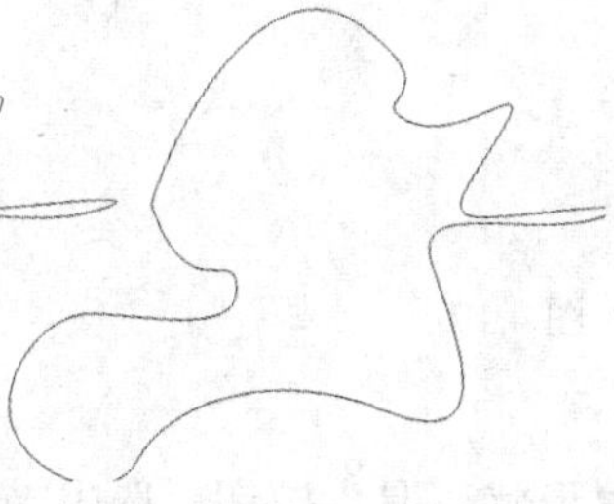

图 4.14

4.1.4　直线与曲线的相互转换

1. 曲线转换为直线

单击工具箱中的“形状工具”按钮，选中所要编辑的节点，点击属性栏中的“转换曲线为直线”按钮即可，如图 4.15 所示。

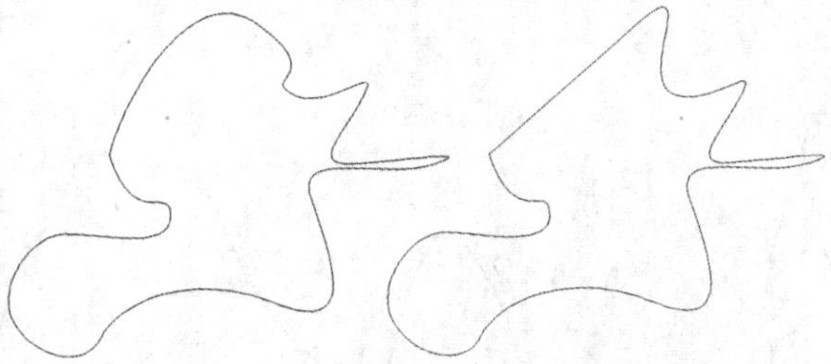

图 4.15

2. 直线转换为曲线

单击工具箱中的“形状工具”按钮，选中所要编辑的节点，单击属性栏中的“转换直线为曲线”按钮，拖动选中节点上出现的调节杆即可（图 4.16）。

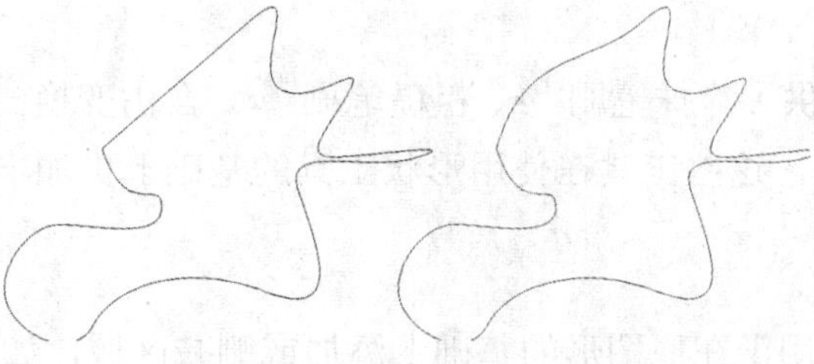

图 4.16

4.1.5 转换节点属性

1. 尖突节点

单击工具箱中的“形状工具”按钮，选中节点，如图 4.17 所示，单击属性栏中的“使节点变为尖突”按钮，可以将节点转换为尖突节点。尖突节点两边的控制柄是独立调整的，调整其中的一条控制柄时，另一条保持不变，如图 4.18 所示。

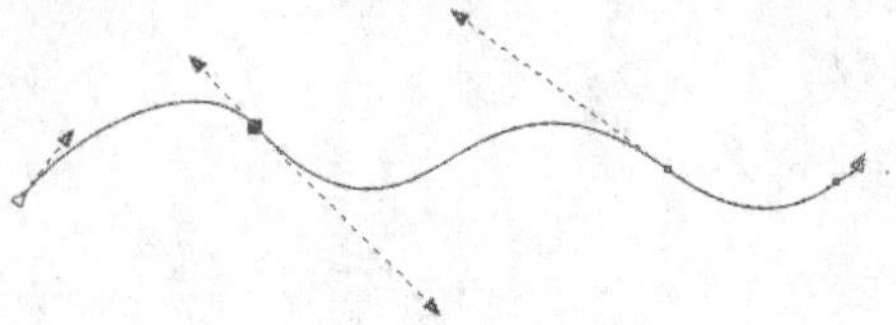

图 4.17

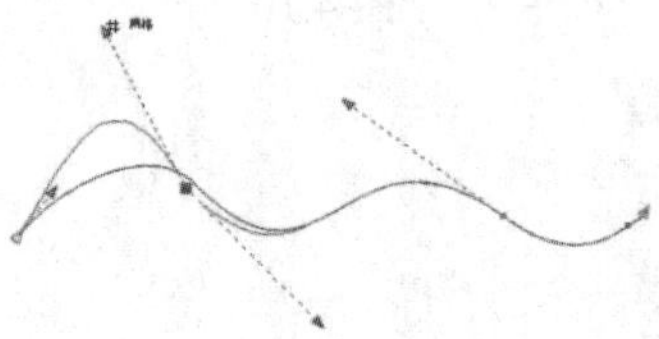

图 4.18

2. 平滑节点

单击工具箱中的“形状工具”按钮，选中节点，单击属性栏中的“平滑节点”按钮，可以将节点转换为平滑节点。平滑节点两边的控制柄长度不同，当调整其中的一条控制柄时，另一条也会以相同比例跟着调整，如图 4.19 所示。

3. 对称节点

单击工具箱中的“形状工具”按钮，选中节点，点击属性栏中的对称节点按钮，可以将节点转换为对称节点。对称节点两边的控制柄长度相同，当调整其中的一条控制柄时，另一条也会以相同的比例跟着调整，如图 4.20 所示。

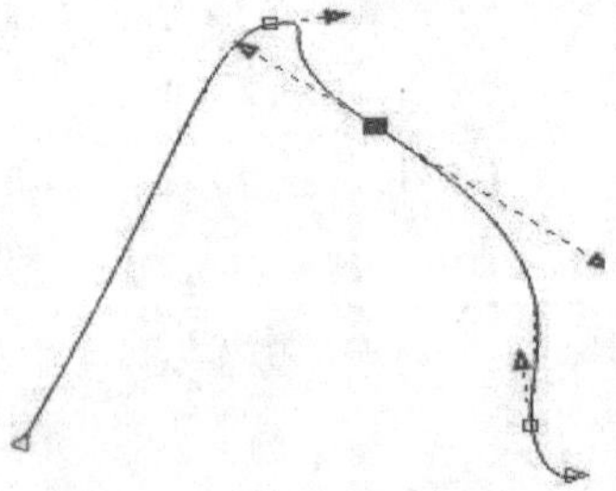

图 4.19

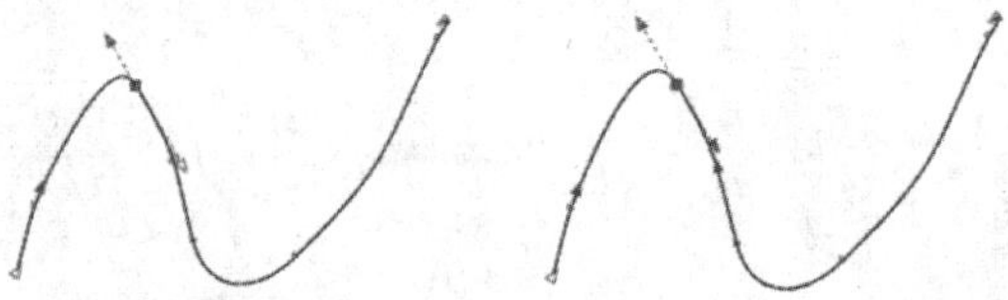

图 4.20

4. 线条节点

4.2 修 饰 图 形

CorelDRAW X6 提供了涂抹笔刷、粗糙笔刷、自由变换、涂抹、转动、吸引和排斥工具，这些工具在使用形状工具的基础上更加丰富了图形的修饰方法。

4.2.1 涂抹笔刷

“涂抹笔刷”工具用于在原图形的基础上添加或删减区域，如果笔刷的中心点在图形的外部，则删减图形区域；如果笔刷的中心点在图形的内部，则添加图形区域。“涂抹笔刷”工具只能对曲线对象变形，不能对矢量图形、段落文本及位图等其他对象进行变形。

单击工具箱中涂抹笔刷工具，属性栏如图 4.21 所示。

图 4.21

（1）笔尖大小 ：用于设置笔刷的大小，可以输入数值，如图 4.22 所示。

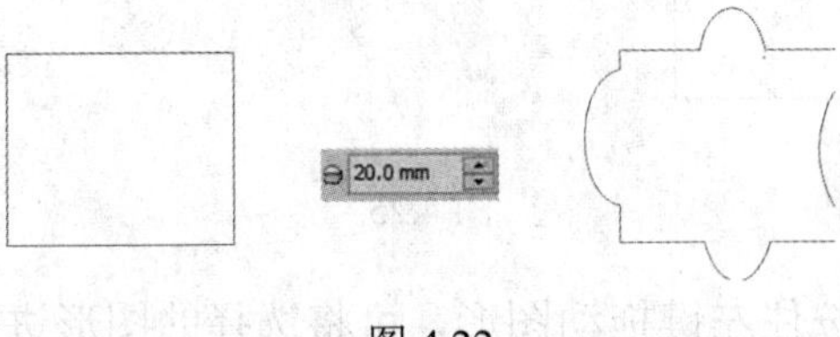

图 4.22

（2）笔压 ：与数位板连接，该按钮可用，根据用笔的压力来更改涂抹效果的宽度。

（3）水分浓度 ：数值为正数时，涂抹线条由粗及细，数值为负值时，涂抹线条由细及粗。

（4）斜移 ：设置笔刷的形状，数值越大其笔刷形状越接近圆形。

（5）方位 ：用于设置笔刷的角度。

4.2.2　粗糙笔刷

“粗糙笔刷”工具用于将平滑的直线、曲线或规则区域转换为锯齿形的线段或不规则的区域，从而产生尖锐的边缘效果。

单击工具箱中粗糙笔刷工具，属性栏如图 4.23 所示。

图 4.23

（1）笔尖大小 ：用于设置笔刷的大小，可以输入数值。

（2）尖突频率：设置图形边缘生成锯齿的数量，数值越小锯齿越少，数值越大锯齿越多。

（3）水分浓度 ：拖动时增加粗糙尖突的数量，数值越大，增加的尖突数量越多。

（4）斜移 ：设置锯齿的高度，数值越小，生成的锯齿的高度越高。

（5）尖突方向 ：更改生成锯齿的倾斜方向，自动时方向随机，固定方向则可以在笔方位选项中输入角度数值。

4.2.3　自由变换工具

使用“自由变换工具”，可以对当前对象进行旋转、镜像、缩放和倾斜等变换操作。

单击工具箱中的自由变换工具，其属性栏如图 4.24 所示。

图 4.24

（1）自由旋转：按住左键拖动图形，图形则以按下点为中心进行旋转。

（2）自由角度反射：按住左键拖动图形，图形则以单击的位置为锚点，鼠标移动的方向为镜像对称轴对图形进行镜像，如图 4.25 所示。

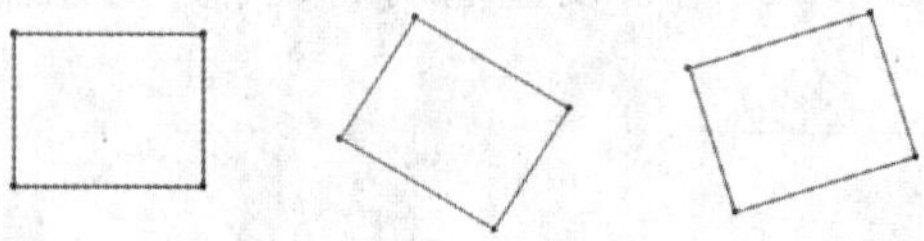

图 4.25

（3）自由缩放：按住左键拖动图形，可将选择的图形进行水平或垂直缩放，按住 Ctrl 键向上拖动则使等比例放大，反之则缩小，如图 4.26 所示。

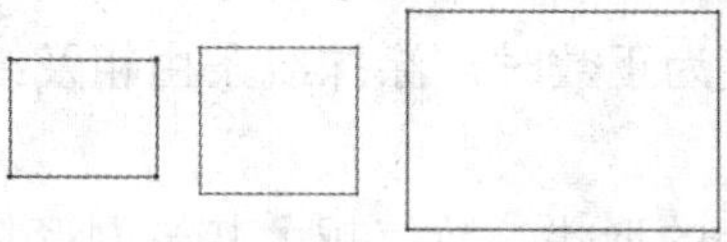

图 4.26

（4）自由倾斜：按住左键拖动图形，可将选择的图形进行扭曲变形，如图 4.27 所示。

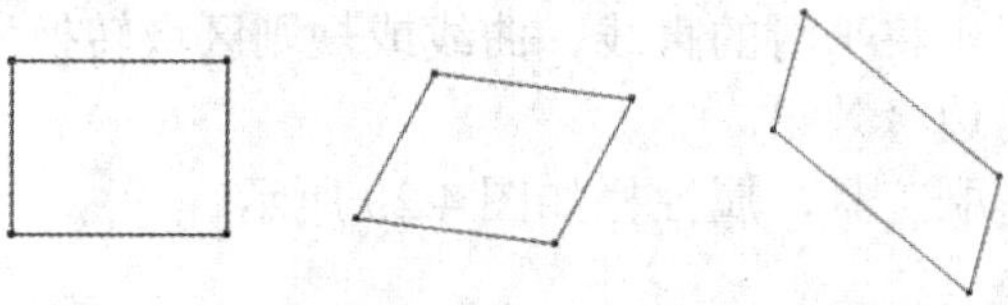

图 4.27

（5）旋转中心：用于设置图形旋转中心的位置。

（6）倾斜角度：用于设置图形在水平和垂直方向上的倾斜角度，如图 4.28 所示。

（7）应用到再制：软件会复制一个新的变换图形，如图 4.29 所示。

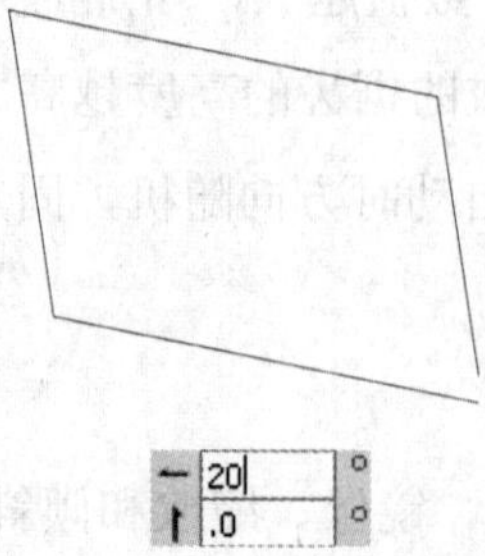

图 4.28

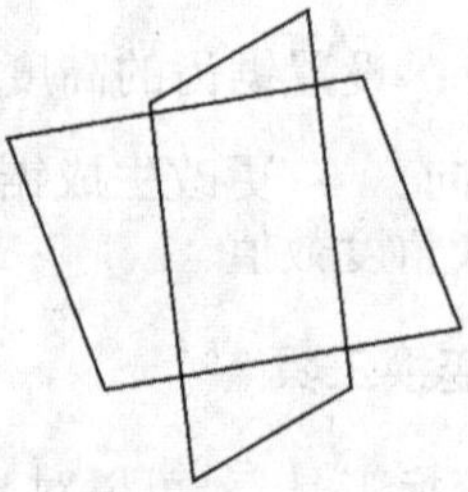

图 4.29

（8）相对于对象：激活该按钮，在属性栏中的 X/Y 轴输入数值，按 Enter 键，则图形相当于之前的位置在 X/Y 轴移动了数值的单位。

4.2.4　涂抹

涂抹和涂抹笔刷类似，涂抹工具可使图形沿对象的轮廓延长或缩进来绘制对象形状，且较之涂抹笔刷更加流畅，宽度减少。

单击工具箱中的涂抹工具，其属性栏如图 4.30 所示。

图 4.30

（1）笔尖半径：设置笔尖大小。如图 4.31 所示为。

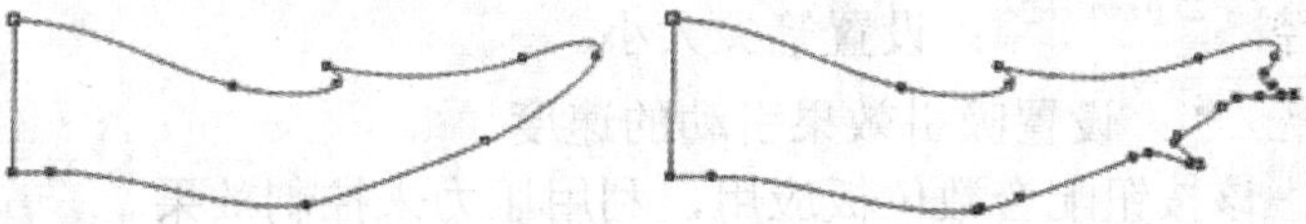

图 4.31

（2）压力：设置涂抹效果的强度，如图 4.32 所示。

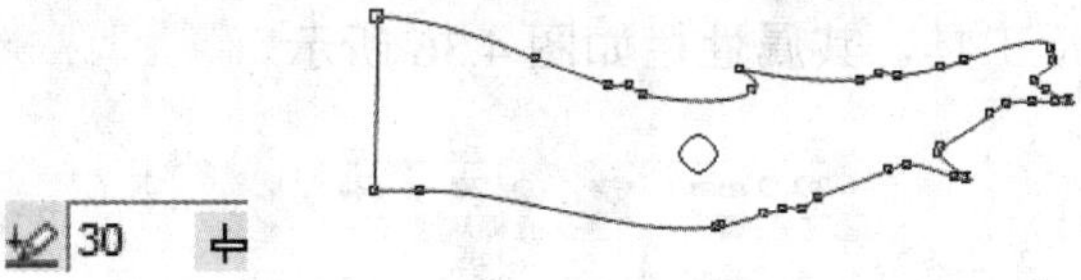

图 4.32

（3）笔压：该按钮配合数位板应用，利用压力来控制效果。
（4）平滑涂抹：设置涂抹图形的外轮廓形状为平滑曲线。
（5）尖状涂抹：设置涂抹图形的外轮廓形状为带有尖突的曲线，如图 4.33 所示。

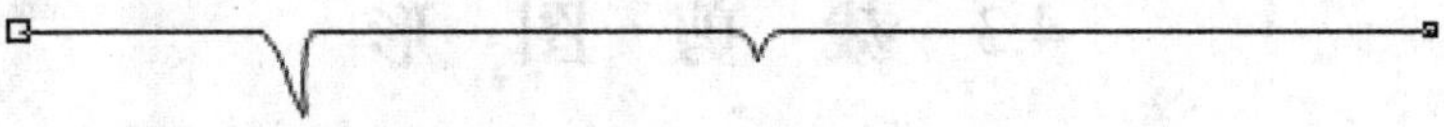

图 4.33

4.2.5　转动

转动工具可沿对象的边拖动来创建转动效果。

单击工具箱中的涂抹工具，其属性栏如图 4.34 所示。

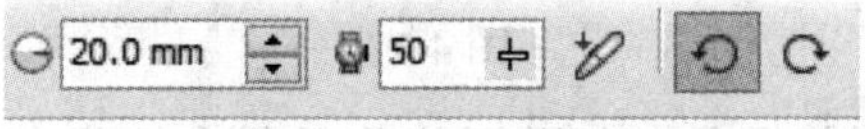

图 4.34

（1）笔尖半径：设置笔尖大小。

（2）速度：设置转动效果的速度。

（3）笔压：该按钮配合数位板应用，利用压力来控制效果。

（4）逆时针转动：设置图形转动方向为逆时针。

（5）顺时针转动：设置图形转动方向为顺时针。

4.2.6 吸引

将节点吸引至光标绘制对象形状。

单击工具箱中的吸引工具，其属性栏如图 4.35 所示。

图 4.35

（1）笔尖半径：设置笔尖大小。

（2）速度：设置吸引效果引动的速度。

（3）笔压：该按钮配合数位板应用，利用压力来控制效果。

4.2.7 排斥

吸引和排斥工具是一对相反的工具组，吸引是将节点吸引至光标来绘制对象形状。而排斥则使将节点推离光标来标绘制对象形状。

单击工具箱中的排斥工具，其属性栏如图 4.36 所示。

图 4.36

（1）笔尖半径：设置笔尖大小。

（2）速度：设置排斥效果推离的速度。

（3）笔压：该按钮配合数位板应用，利用压力来控制效果。

4.3 裁 剪 图 形

4.3.1 裁剪工具

裁剪工具可以从对象移除不需要的区域，单击工具箱中的裁剪工具，其属性栏如图 4.37 所示。

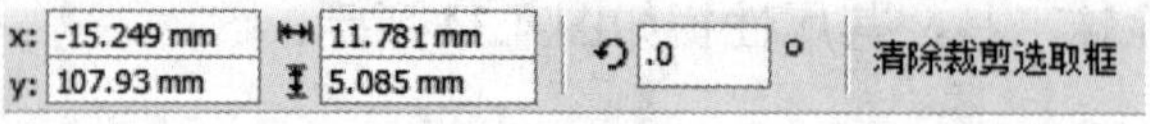

图 4.37

（1）单击工具箱里的裁剪工具，在需要裁剪对象上按住左键进行拖动，出现一个裁剪框，如图 4.38 所示。

（2）根据需要，在属性栏里设置裁剪框的位置、大小、角度等数值，或者手动拖动旋转来确定裁剪框。

（3）确定裁剪框后在裁剪框内双击，则完成图像的裁剪，而且裁剪框以外的图像将被删除，如图 4.39 所示。

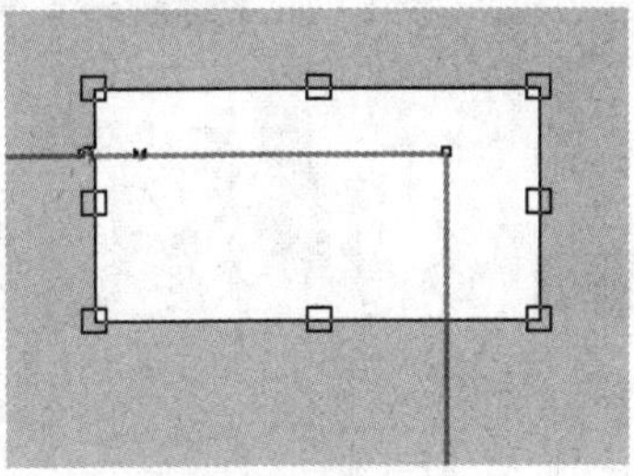

图 4.38

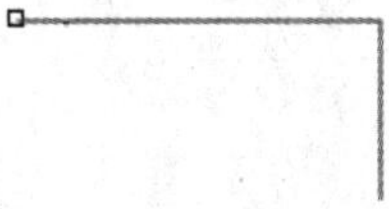

图 4.39

4.3.2　刻刀工具

“刻刀工具”用于将一个对象分割为两个以上独立的对象。单击工具箱中的刻刀工具，其属性栏如图 4.40 所示。

图 4.40

1. 保留一个对象

选择要切割的对象，单击工具箱中的“刻刀工具”，单击属性栏中的“保留为一个对象”按钮，将光标放置在要切割的对象上，当光标变为时，任意拖动鼠标即可；当光标再次变为时松开鼠标。

然后点击“挑选工具”，在属性栏中选择“打散”工具或者在“排列”下选择“打散”工具，拖动图形任意一边都可看出图形已被分割。

2. 剪切时自动闭合

选择要切割的对象，单击工具箱中的“刻刀工具”，单击属性栏中的“剪切时自动闭合”按钮，将光标放置在要切割的对象上，当光标变为时，在对象上任意拖动光标，当光标再次变为时松开鼠标。

然后单击“挑选工具”，拖动图形任意一边发现切割后的图形已经是一个独立的闭合图形。

另外如果拖动鼠标幅度大于对象的边界则出现这样的图形，如图 4.41 所示。

4.3.3　橡皮擦工具

“橡皮擦工具”可以擦除位图和矢量对象不需要的部分。自动擦除将自动闭合任何不受影响的路径，并同时将对象转换为曲线。单击工具箱中的橡皮擦工具，其属性栏如图 4.42 所示。

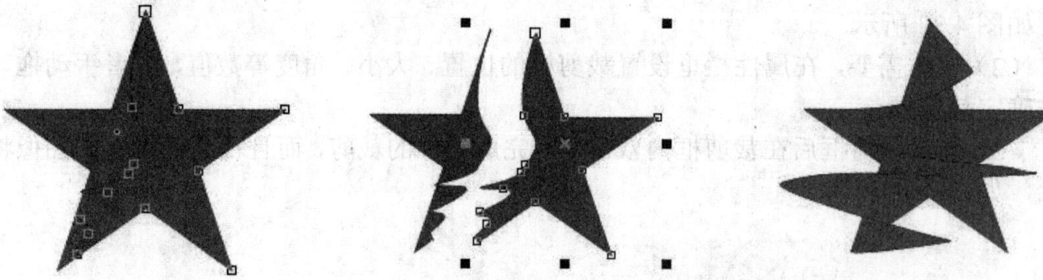

图 4.41

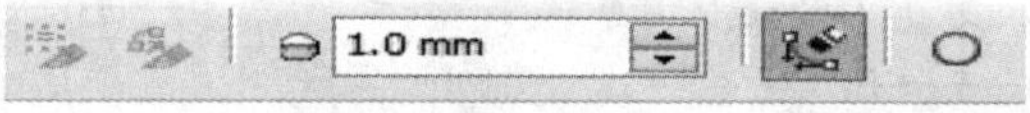

图 4.42

（1）橡皮擦厚度 1.0 mm：可调整橡皮擦厚度。

（2）擦除时自动减少：可在擦除时自动减少节点数量。

（3）橡皮擦形状○和□按钮：可将橡皮擦在圆形与方形间转换。

4.3.4 虚拟段删除

虚拟段删除可以删除相交对象中两个交叉点之间的线段。单击工具栏中的“虚拟段删除”工具：

（1）将光标放置在编辑对象上，单击任意两个交叉点之间的线段，即可删除该线段，如图 4.43 所示。

（2）拖动鼠标出现蓝色的虚线框，将想要删除的线段框中，即可删除线段，如图 4.44 所示。

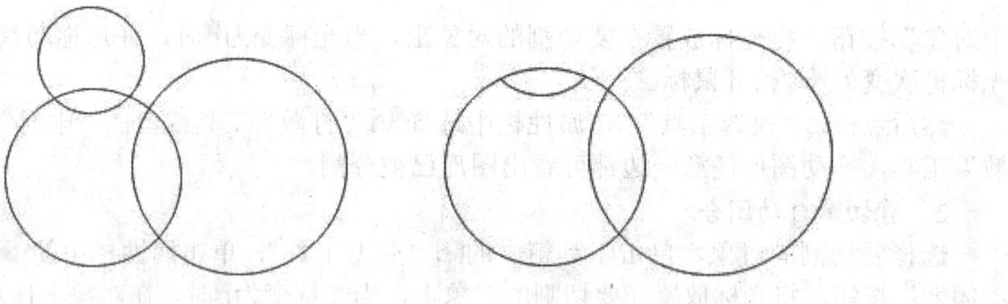

图 4.43

图 4.44

4.4 造 形 图 形

在绘制图形时，会遇到两个图形的合并或者修剪等需要，这样可以使两个或者两个以上的图形延伸出另外一个图形，CorelDRAW X6 软件在“排列/造形”菜单命令里提供了以上操作方法。

4.4.1 焊接

将两个对象组合成单一轮廓的曲线对象，来源对象被焊接到目标对象上，以创建具备目标对象的填充属性和轮廓属性的新对象。

打开菜单“排列/造形/造形”命令，在界面右侧显示“造形”泊坞窗，在下拉列表里选择“焊接”，如图 4.45 所示。

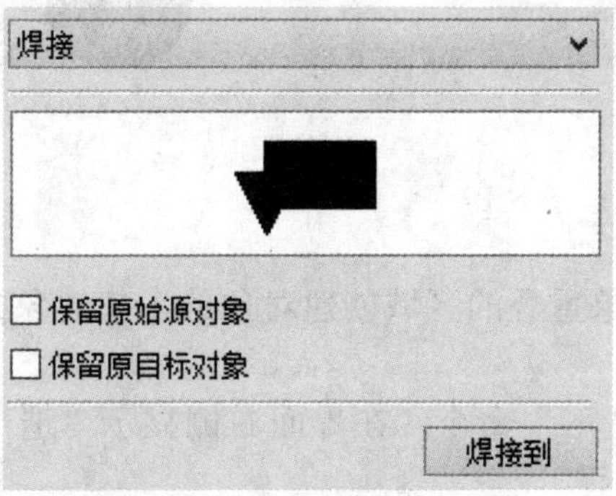

图 4.45

保留原始源对象：在焊接对象时同时保留来源对象。

保留原目标对象：在焊接对象时同时保留目标对象。

通过圈选源对象和目标对象，然后单击属性栏上的“焊接”按钮，也可以焊接对象，如果圈选对象，CorelDRAW X6 将焊接最底层的选定对象。如果逐个选定多个对象，就会焊接最后选定的对象，效果如图 4.46 所示。

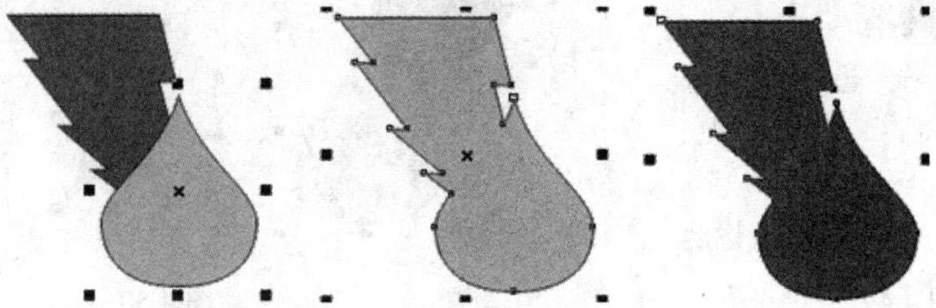

图 4.46

4.4.2 修剪

修剪通过移除重叠的对象区域来创建形状不规则的对象。修剪对象前，必须决定要修剪哪一个对象（目标对象）以及用哪一个对象执行修剪（来源对象）。

打开菜单“排列 排列(A)/造形 造形(P) /造形”命令，在界面右侧显示“造形”泊坞窗，在下拉列表里选择“修剪”，如图 4.47 所示。

通过圈选来源对象和目标对象，然后单击属性栏上的“修剪”按钮 ，也可以修剪对象。如果圈选对象，CorelDRAW X6 将修剪最底层的选定对象。如果逐个选定多个对象，就会修剪最后选定的对象，效果如图 4.48 所示。

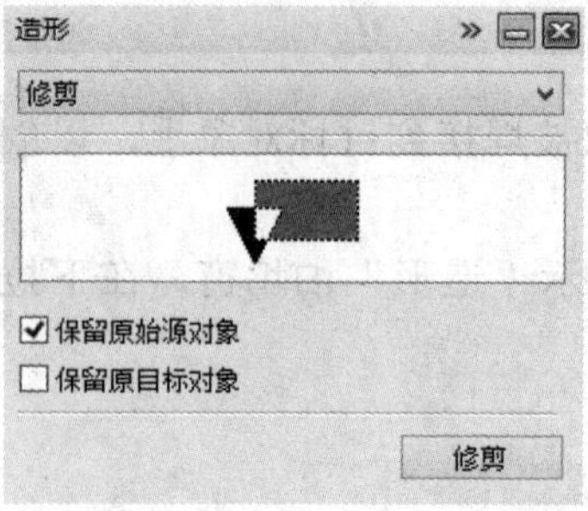

图 4.47

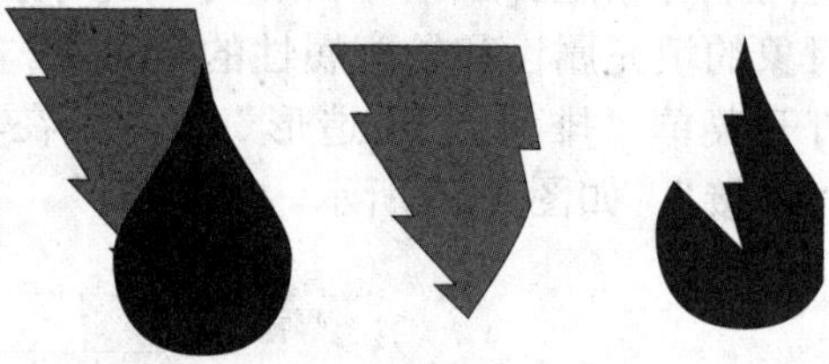

图 4.48

4.4.3 相交

相交是从两个或多个对象重叠的区域创建对象的，新对象的填充和轮廓属性取决于定义为目标对象的那个对象。

打开菜单“排列/造形/造形”命令，在界面右侧显示“造形”泊坞窗，在下拉列表里选择“相交”，如图 4.49 所示。

通过选择源对象和目标对象，然后单击属性栏上的“相交”按钮 ，也可以相交对象。从来源对象和目标对象的重叠部分中创建的新对象具有目标对象的填充和轮廓属性，效果如图 4.50 所示。

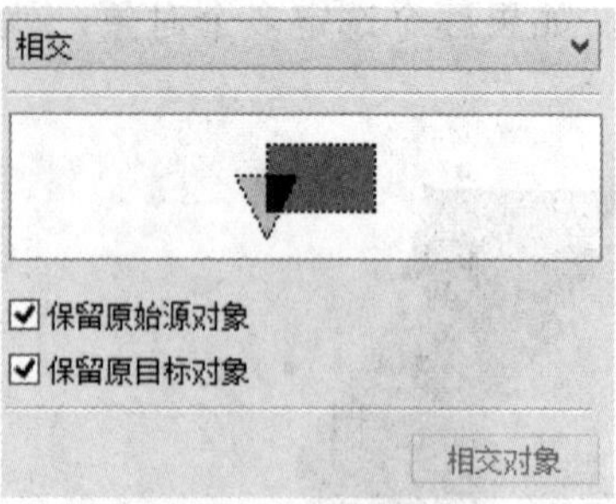

图 4.49

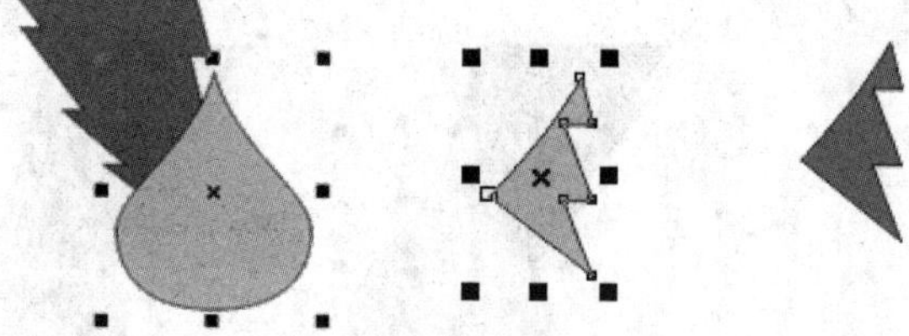

图 4.50

4.4.4 简化

与修剪命令类似，不同之处在于简化可以同时作用于多个重叠的图形。

打开菜单“排列/造形/造形”命令，在界面右侧显示“造形”泊坞窗，在下拉列表里选择“简化”，如图 4.51 所示。

选择需要简化的图形，然后单击属性栏上的“简化”按钮，也可以简化对象，效果如图 4.52 所示。

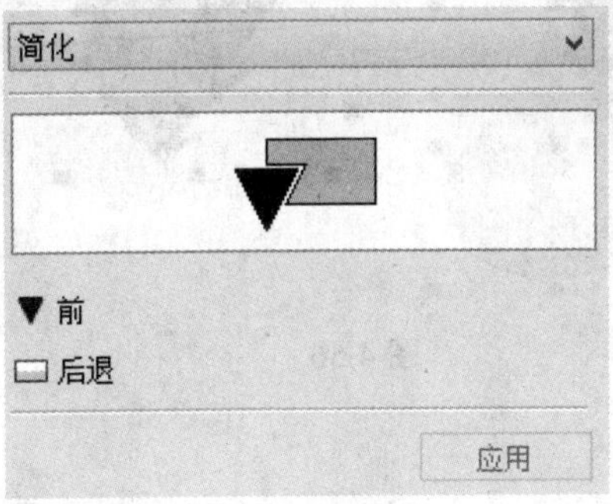

图 4.51

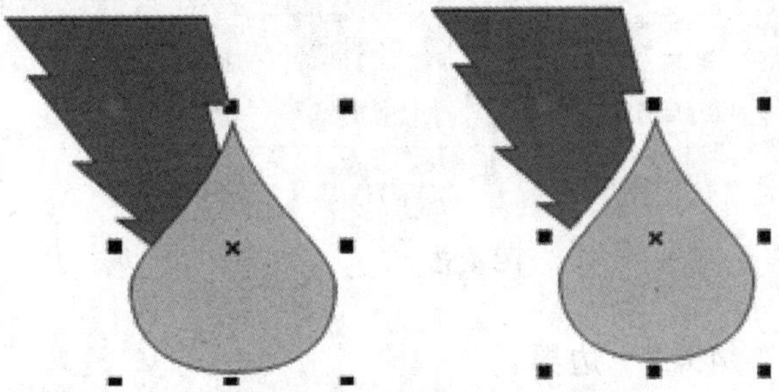

图 4.52

4.4.5 移除后面对象

可以减去后面图形以及前、后图形重叠部分，只保留前面图形剩下的部分，新图形的属性与上方图形的属性相同。

打开菜单“排列/造形/造形”命令，在界面右侧显示“造形”泊坞窗，在下拉列表里选择“移除后面对象”，如图 4.53 所示。

选择需要操作的图形，然后单击属性栏上的“移除后面对象”按钮，也可以编辑对象，效果如图 4.54 所示。

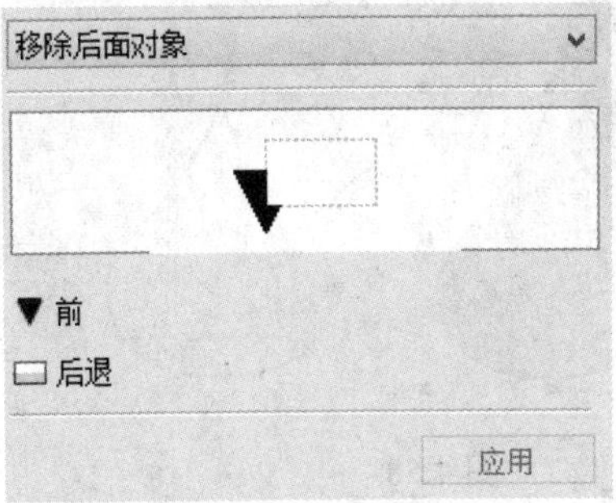

图 4.53

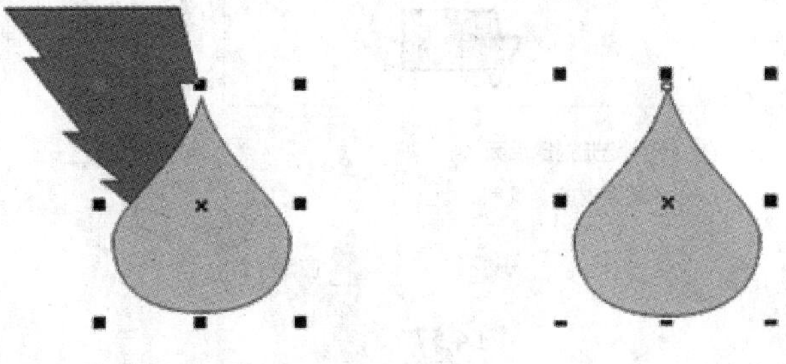

图 4.54

4.4.6 移除前面对象

可以减去前面图形以及前、后图形重叠部分，只保留后面图形剩下的部分，新图形的属性与下方图形的属性相同。

打开菜单“排列/造形/造形”命令，在界面右侧显示“造形”泊坞窗，在下拉列表里选择“移除前面对象”，如图 4.55 所示。

选择需要操作的图形，然后单击属性栏上的“移除前面对象”按钮，也可以编辑对象，效果如图 4.56 所示。

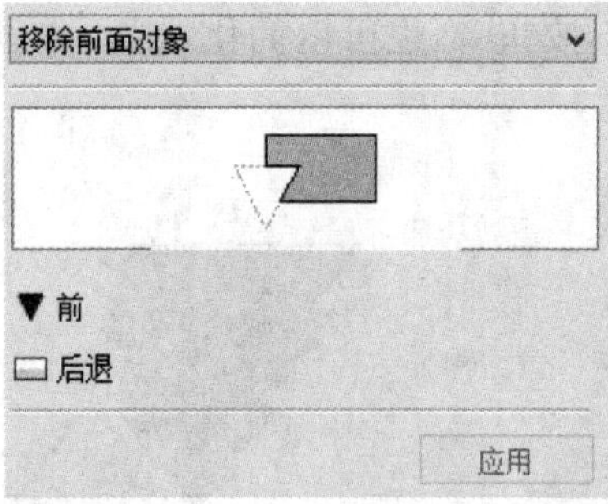

图 4.55

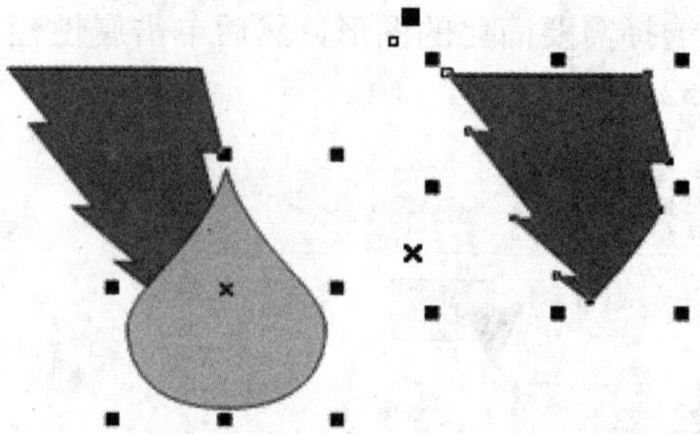

图 4.56

4.4.7 边界

可以自动在图层上的选定对象周围创建路径，从而创建边界，默认的填充和轮廓属性将应用于根据该边界创建的对象。

打开菜单“排列/造形/造形”命令，在界面右侧显示“造形”泊坞窗，在下拉列表里选择“边界“，如图 4.57 所示。

放到选定对象后面：生成的边界图形将位于选择图形的后面。

保留原对象：生成边界的原图形将被保留。

选择需要创建边界的图形，然后单击属性栏上的“边界”按钮 ，也可以为图形创建边界，效果如图 4.58 所示。

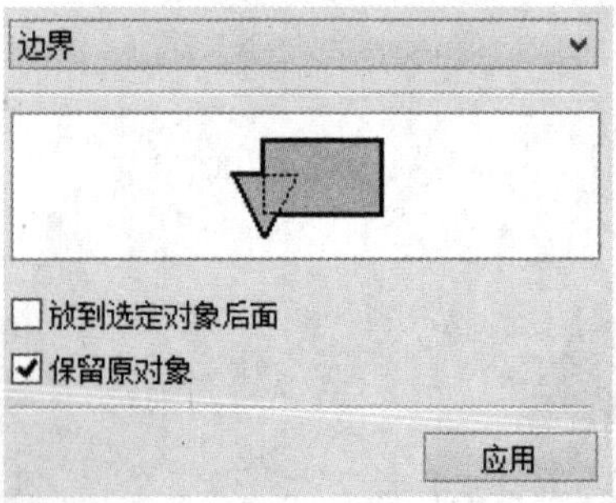

图 4.57

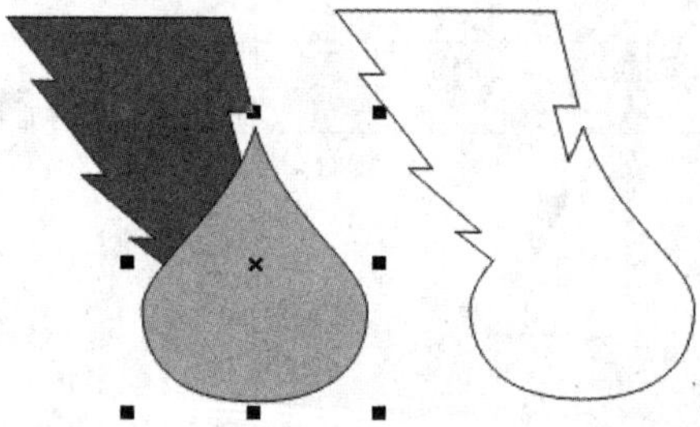

图 4.58

4.5 图框精确裁剪

CorelDRAW X6 允许在其他对象或图文框内放置矢量对象和位图（如相片）。图文框可以是任何对象，如美术字或矩形。当对象大于图文框时，将对对象（称为内容）进行裁剪以适合图文框形状。这样就创建了图框精确剪裁对象。创建 PowerClip 对象后，可以选择或编辑其内容，或在图文框内重新定位内容。每当选中 PowerClip 对象时，都将显示一个浮动工具栏。

4.5.1 置于图文框内部

其操作方法如下：

选择要置入框内的对象，单击“效果/图框精确裁剪/置于图文框内部”命令，如图 4.59 所示。

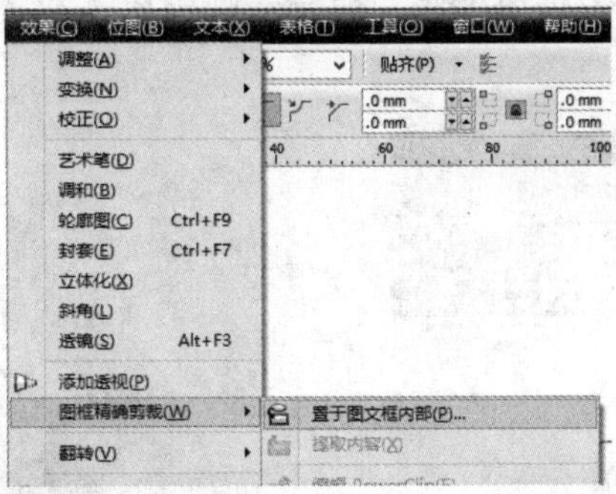

图 4.59

光标变为黑色粗箭头形状，单击图框，则对象则被置于该图形中，并居中显示，如图 4.60 所示。

图 4.60

4.5.2　编辑 PowerClip

其操作方法如下：

选择对象，单击“效果/图框精确裁剪/编辑 PowerClip”命令，如图 4.61 所示。

图片或对象则全部显示，单击图片则可以对图片进行位置、缩放、旋转等操作，如图 4.62 所示。

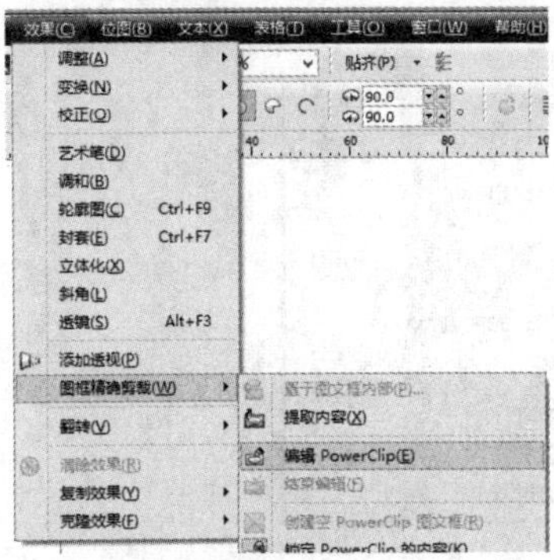

图 4.61

图 4.62

4.5.3 结束编辑

单击“效果/图框精确裁剪/结束编辑”命令，则结束了对象的编辑，如图 4.63、图 4.64 所示。

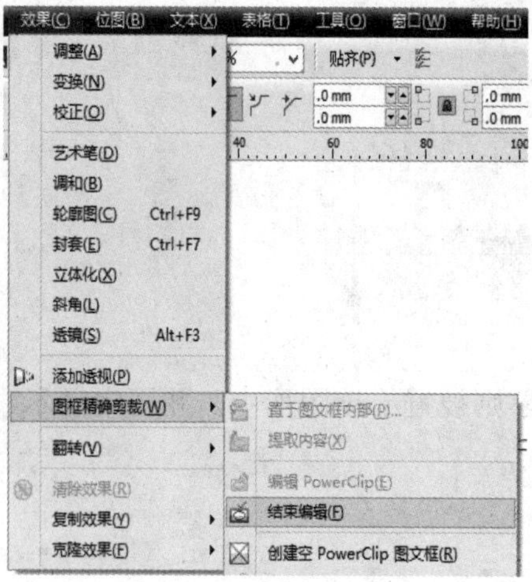

图 4.63

图 4.64

4.5.4 在 PowerClip 图文框中定位内容

其操作方法如下：

选择图框精确裁剪对象，单击“效果/图框精确裁剪/内容居中”命令，将 PowerClip 图文框中的内容设为居中，如图 4.65、图 4.66 所示。

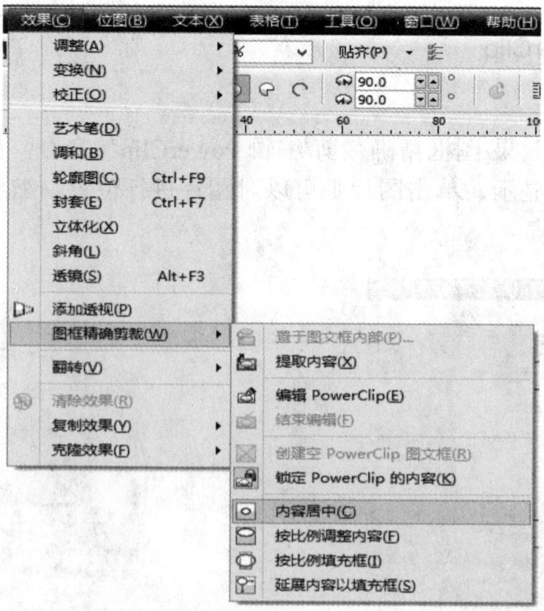

图 4.65

图 4.66

选择图框精确裁剪对象，单击“效果/图框精确裁剪/按比例调整内容”命令，在 PowerClip 图文框中按比例调整内容，内容的大小将被调整，以使其最长一侧适合框的大小。内容不会变形，且纵横比不会改变。整个内容均可见，但在框内可能会有一些空区域，如图 4.67、图 4.68 所示。

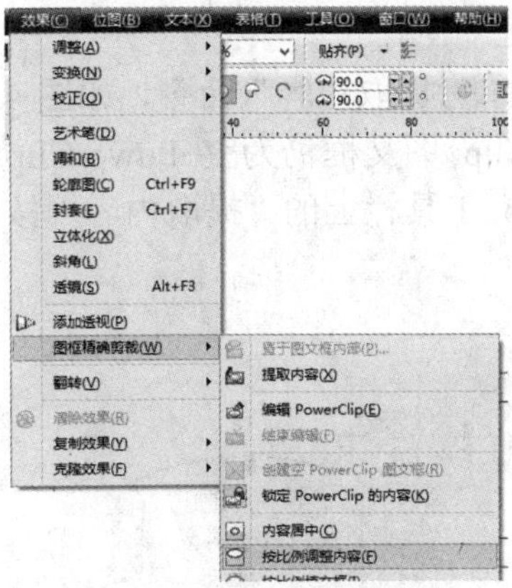

图 4.67

图 4.68

选择图框精确裁剪对象，单击“效果/图框精确裁剪/延展内容以填充框”命令，通过延展内容填充 PowerClip 图文框，将调整内容大小并进行变形，以使其填充框。不保留内容的纵横比。框将被填满，并且所有内容均可见。

按比例调整内容、按比例填充框和延展内容以填充框命令可修改 PowerClip 内容。即使将内容从框中提取出来，内容也会保持修改后的状态。

单击 PowerClip 工具栏上的“调整内容”按钮并单击命令来定位内容。

4.5.5　锁定或解除锁定 PowerClip 对象的内容

其操作方法如下：

选择图框精确裁剪对象，单击“效果/图像精确裁剪/锁定 PowerClip 的内容”命令，如图 4.69 所示。

可以右击 PowerClip 对象并单击“锁定 PowerClip 的内容”命令，或者选择 PowerClip 对象并单击 PowerClip 工具栏上的“锁定 PowerClip 的内容”按钮。

解锁则是再次执行“效果/图像精确裁剪/锁定 PowerClip 的内容”命令即可。

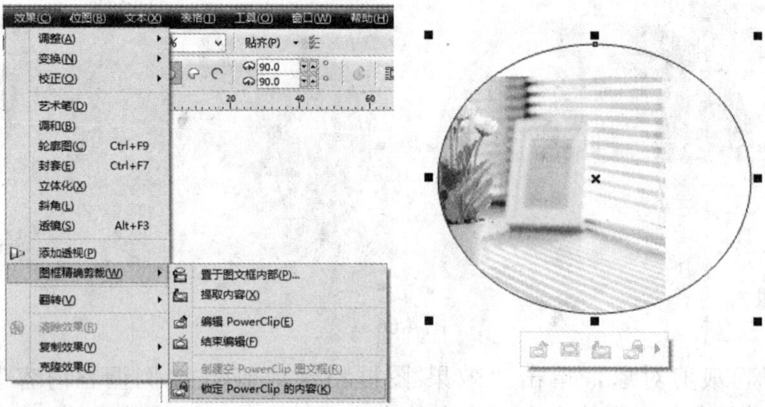

图 4.69

4.5.6 提取内容

其操作方法如下：

选择图框精确裁剪对象，单击“效果/图框精确剪裁/提取内容”命令，如图 4.70 所示。

对象仍处于同一位置，但是与框分离。该 PowerClip 图文框仍为空 PowerClip 图文框。

可以选择 PowerClip 对象，然后单击 PowerClip 工具栏上的“提取内容“按钮，如图 4.71 所示。

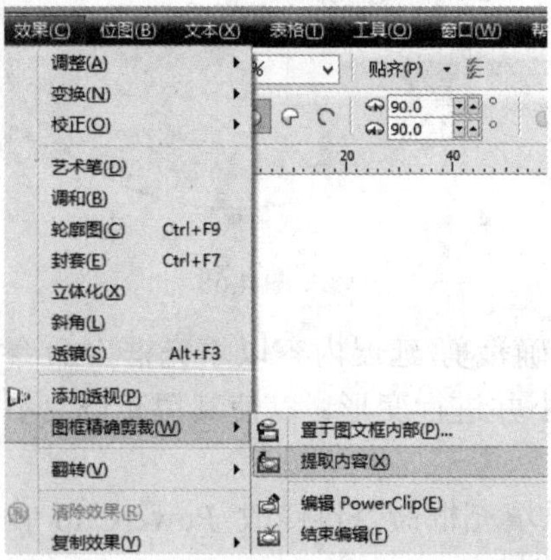

图 4.70

图 4.71

4.6 案 例 教 学

（1）新建文件，设置 A4 纸张。在工具箱中选择“多边形”工具，把边数改为“12”，绘制图形，如图 4.72 所示。

（2）单击菜单“窗口/泊坞窗”命令，打开“对象管理器”，将图形图层命名为“绿色底”。

将“绿色底”填充颜色，在工具栏中选择“渐变填充”，填充类型为“线型”，角度为

“135”，颜色从“暗绿”到“森林绿”，如图 4.73 所示，效果如图 4.74 所示。

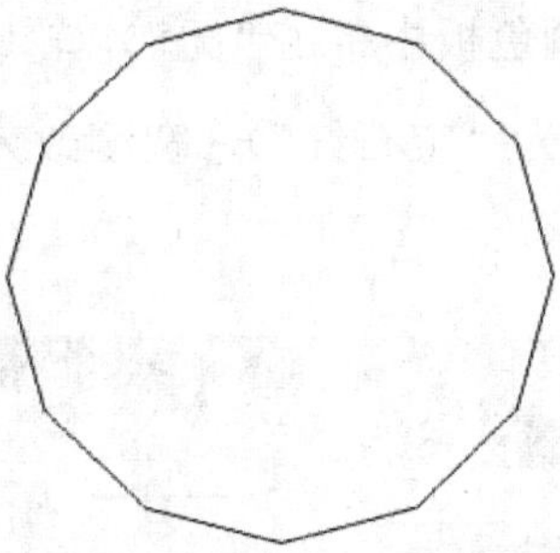

图 4.72

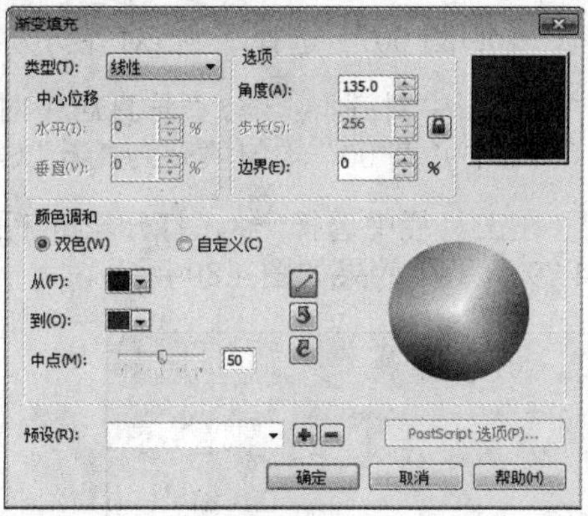

图 4.73

（3）在工具栏中选择“扭曲”工具，推拉振幅为“-8”，如图 4.75 所示。

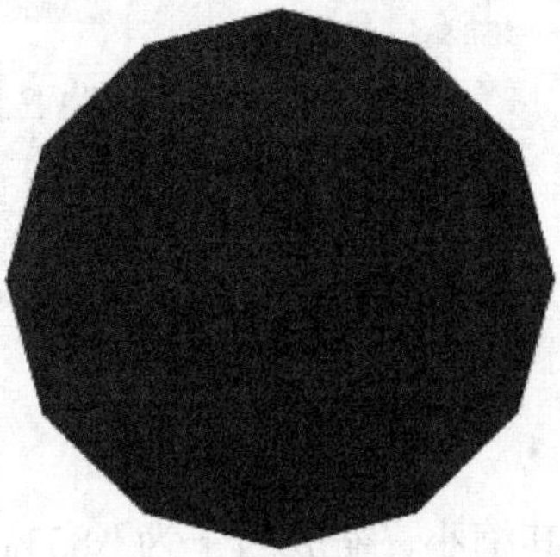

图 4.74

图 4.75

（4）复制“绿色底”，命名为“绿色底-上”，将其缩小，缩放因子为“95%”，将其填充颜色改为从“鳄梨绿”到“马丁绿”，其他不变，如图 4.76 所示，效果如图 4.77 所示。

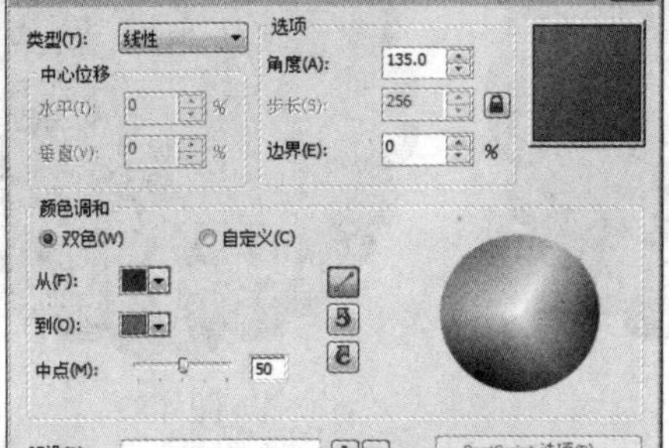

图 4.76

图 4.77

（5）在工具栏中选择“椭圆形”工具，在“绿色底-上”上，按住 Ctrl 键画圆，命名为“中心圆 00”。选择“对齐与分布”，打开“对齐与分布”面板，如图 4.78 所示。分别“水平居中对齐”与“垂直居中对齐”。

（6）“中心圆 00”均匀填充为“无”（默认 CMYK 调色板中单击“无”），轮廓线为“宝石红”（在工具栏中选择，打开轮廓笔面板，颜色改为“宝石红”），宽度改为“2mm”，如图 4.79 所示。效果如图 4.80 所示。

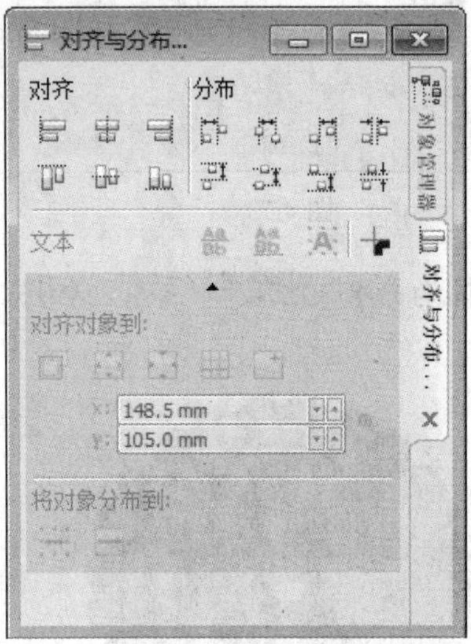

图 4.78

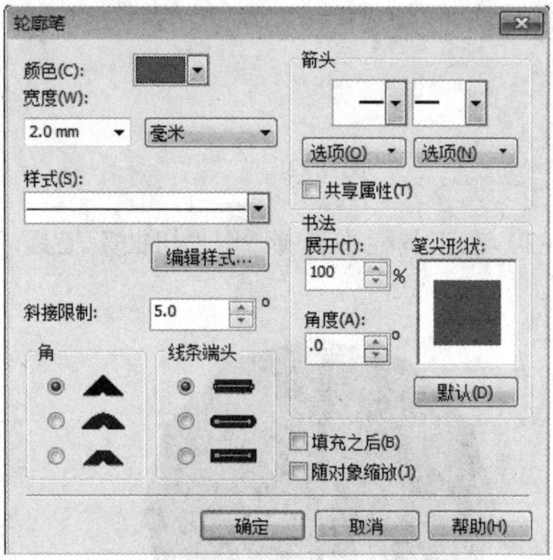

图 4.79

（7）复制“中心圆 00”，命名为“中心圆 01”，将其缩小，缩放因子为“83%”83.0 % 83.0 %，将其填充颜色改为红色，轮廓不变，如图 4.81 所示。

（8）使用选中工具，按住 Shift 键选中“中心圆 00”和“中心圆 01”，选中“移除前面对象”，如图 4.82 所示。

图 4.80

图 4.81

图 4.82

（9）在工具栏中选择“椭圆形”工具，在“中心圆 01”上，按住 Ctrl 键画圆，命名为“虚线”。选择“对齐与分布”，打开“对齐与分布”面板，如图 4.83 所示。分别“水平居中对齐”与“垂直居中对齐”。

(10) 将“虚线”，填充为“无”(默认 CMYK 调色板中单击“无”)，轮廓线为“白色”，粗细为“2.5mm”，如图 4.84 所示，效果如图 4.85 所示。

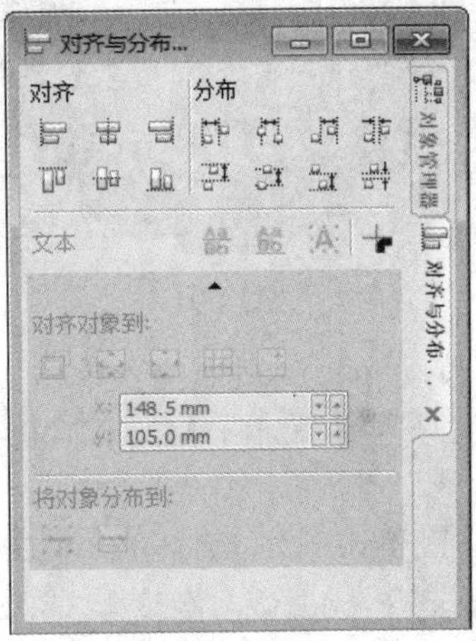

图 4.83

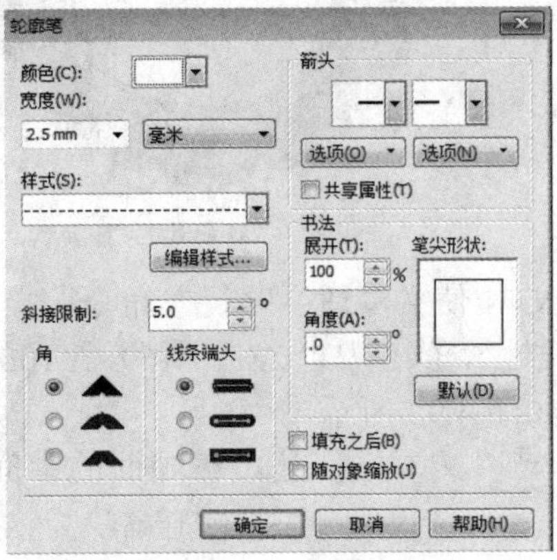

图 4.84

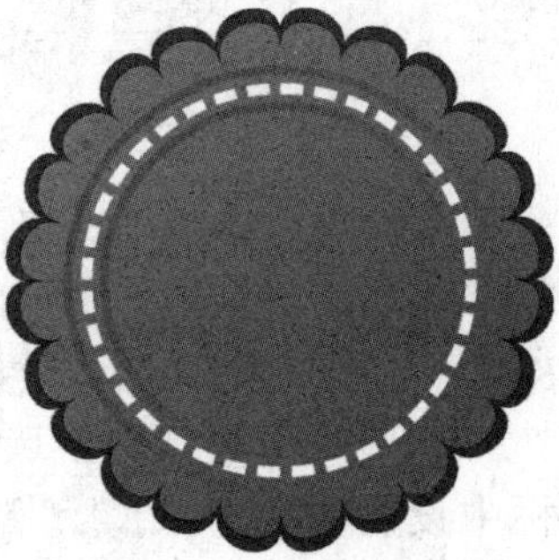

图 4.85

(11) 在工具栏中选择“椭圆形”工具，按住 Ctrl 键画圆，命名为“中心圆 02”。选择“对齐与分布”，打开“对齐与分布”面板，如图 4.86 所示。分别“水平居中对齐”与“垂直居中对齐”。将其渐变填充，类型为“线型”，角度为“45°”，颜色填充从“森林绿”到“草绿”，如图 4.87 所示。将“中心圆 02”放置“虚线”下方。效果如图 4.88 所示。

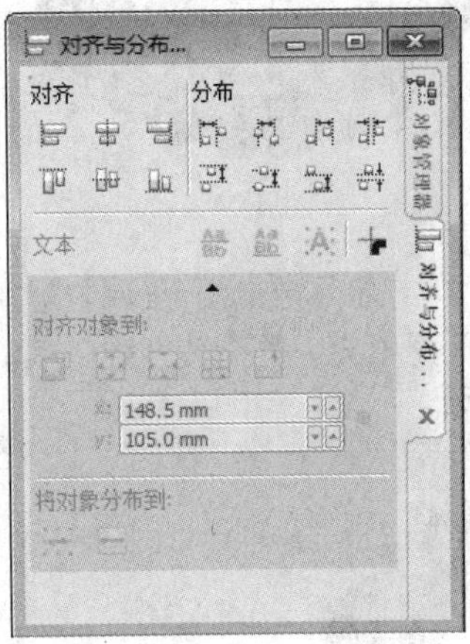

图 4.86

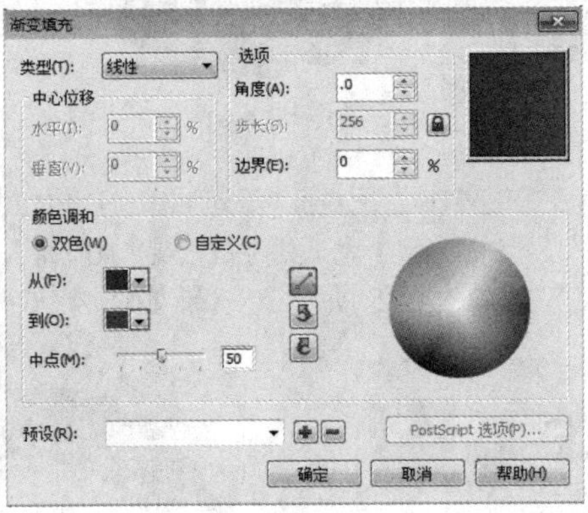

图 4.87

图 4.88

(12) 复制“虚线”，命名为“中心圆 03”，将其轮廓改为“无”，渐变填充，类型为“辐射”，颜色从“淡黄”到“白色”，如图 4.89 所示。调整大小，如图 4.90 所示。

(13) 在工具栏中选择“文本”工具，在画面的中间位置单击显示光标，在属性栏中设置参数为，然后输入“Natural Product”，如图 4.91 所示。

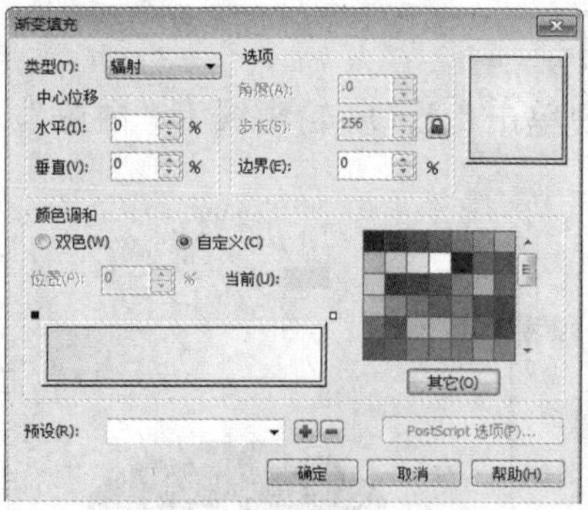

图 4.89

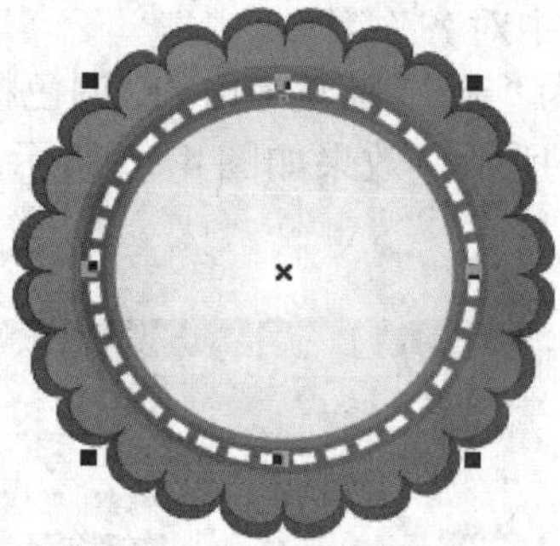

图 4.90

图 4.91

（14）在菜单中选择“文本/使文本适合路径”命令，接着移动光标到适当位置单击，将字体渐变填充，类型为“线性”，颜色从“C83，M69，Y100，K56”到“C56，M2，Y100，K0”，如图 4.92 所示。效果如图 4.93 所示。

（15）在工具栏中选择字“文本”工具，在画面的中间位置单击显示光标，在属性栏中设置参数为 Allencon Demo 18 pt，然后输入“Natural Product”，渐变填充，类型为“线性”，颜色从“C83，M69，Y100，K56”到“C56，M2，Y100，K0”，如图 4.94 所示。

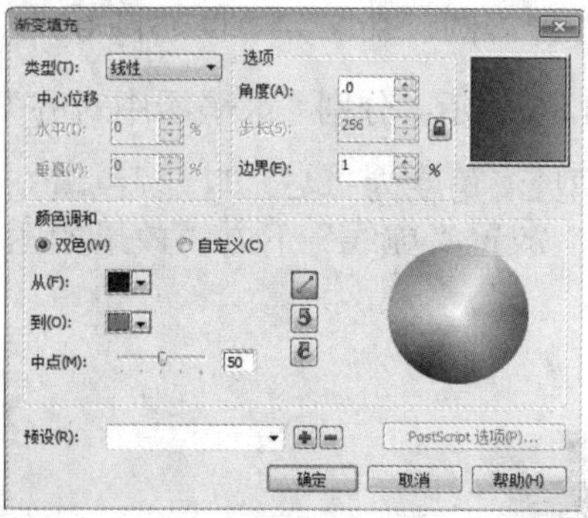

图 4.92

图 4.93

图 4.94

（16）在工具栏中选择字“文本”工具，在画面的中间位置单击显示光标，在属性栏中设置参数为 DFPOP1-W9 60 pt，然后输入“100%”，渐变填充，类型为“线性”，颜色从“宝石红”到“砖红”，如图 4.95 所示。效果如图 4.96 所示。

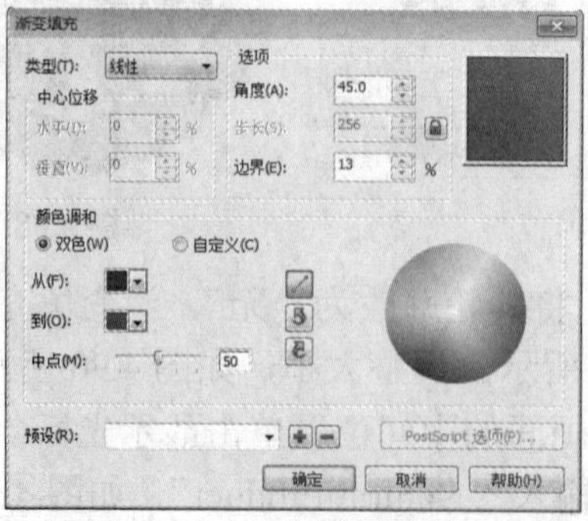

图 4.95

图 4.96

（17）在工具栏中选择“星形工具”，在画面的适当位置绘制一个五角星，均匀填充为“C46，M100，Y100，K22”，轮廓宽度为“细线”，颜色为“橘红”，命名为“星形-中”，如图 4.97 所示。

（18）复制“星形-中”，命名为“星形-左”，调整位置和大小，如图 4.98 所示。

图 4.97

图 4.98

（19）在工具栏中选择“2 点线”工具，在“星形-左”左侧画直线，宽度为“0.5mm”，颜色为“C46，M100，Y100，K22”，命名为“直线-上”，如图 4.99 所示。复制“直线-上”，命名为“直线-下”，调整位置和大小，效果如图 4.100 所示。

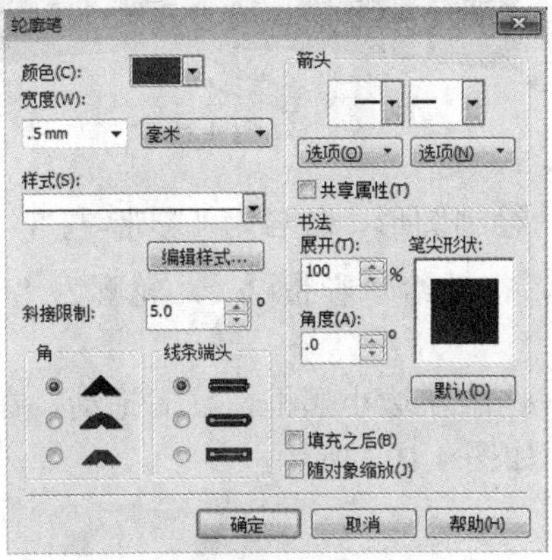

图 4.99

图 4.100

（20）按住 Ctrl 键，选中图层“星形-左”、“直线-上”、“直线-下”，选中左边小黑框，往右拖动，在按住左键的情况下右击，镜像复制，如图 4.101 所示。

（21）在工具箱中选择“贝赛尔”工具，绘制图形，命名为“彩带-中”，如图 4.102 所示。

（22）按 F11 键渐变填充，渐变类型选择“辐射”，其中颜色设定从“宝石红”到“橘红”，如图 4.103 所示。单击“确定”按钮，再在默认 CMYK 调色板中右击“无”（轮廓线为“无”），效果如图 4.104 所示。

图 4.101

图 4.102

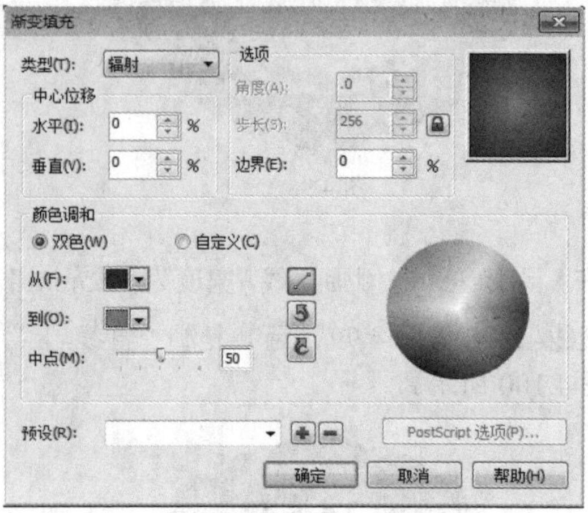

图 4.103

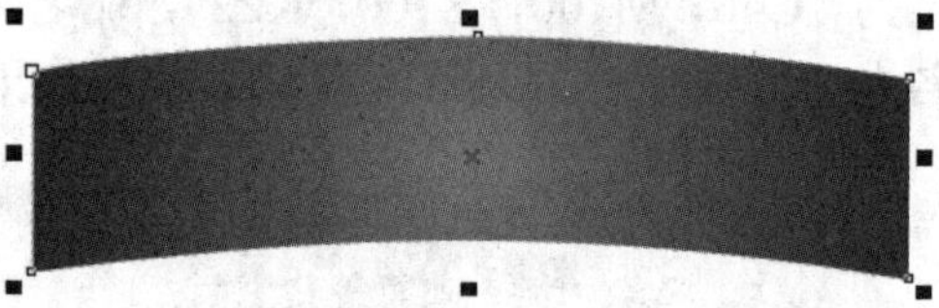
图 4.104

（23）在工具箱中选择“贝赛尔”工具，绘制图形，命名为“彩带-左”，如图 4.105 所示，选择“彩带-中”，点右下角 渐变，拖动给“彩带-左”，轮廓为“无”，如图 4.106 所示。

（24）按住 Ctrl 键，选中图层“彩带-左”，选中左边小黑框，往右拖动，在按住左键的情况下右击，镜像复制，命名为“彩带-右”，如图 4.107 所示。

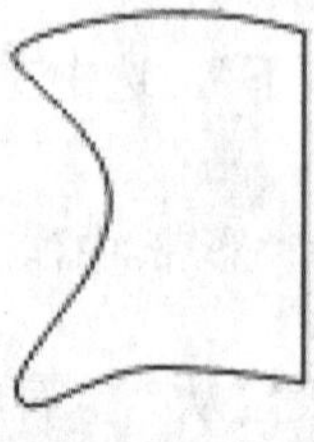
图 4.105

图 4.106

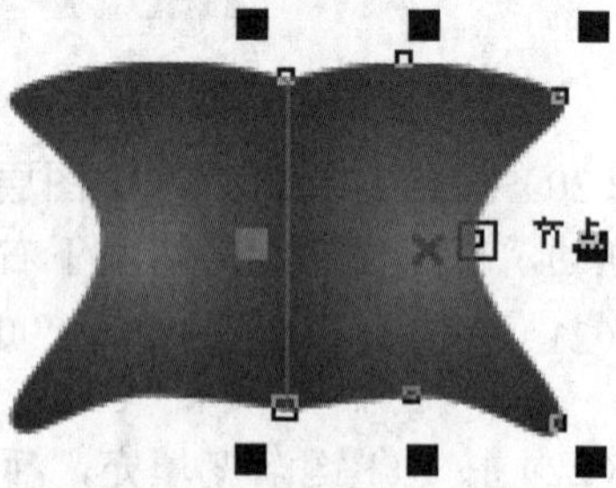
图 4.107

（25）调整位置、大小，如图 4.108 所示。

图 4.108

图 4.109

（26）在工具栏中选择字“文本”工具，在画面的中间位置单击显示光标，在属性栏中设置参数为 Allencon Demo 30 pt，然后输入“HEALTHY”，均匀填充为“白色”，轮廓为“无”。在菜单中选择“文本/使文本适合路径”命令，接着移动光标到适当位置单击，如图 4.109 所示。

（27）在工具箱中选择“贝赛尔”工具，绘制曲线，宽度为“1.5mm”，颜色为“黑色”，调整位置，如图 4.110 所示。

（28）单击“文件/导入/叶子.psd”，调整位置，如图 4.111 所示。

（29）使用选择工具，选择“彩带-左”、“彩带-右”以及上面曲线，按 Ctrl+G 键群组，Shift+PgDn 将其放置在最下面，如图 4.112 所示。

图 4.110

图 4.111

图 4.112

本 章 小 结

通过本章的学习，用户基本掌握了线条的绘制和图形编辑的方法，熟练应用这些方法可以自由地表达图形的创意，为今后的艺术设计相关专业服务。

第 5 章　轮 廓 与 填 充

在绘制图形时，经常要为其填充颜色，前面的章节已经讲过，在调色板中单击左键填充图形内部颜色，右击填充轮廓线颜色。本章主要从填充与轮廓的属性出发，讲解关于填充的相关参数与设置，为绘制复杂的图形奠定基础。本章建议 4 学时。

5.1　设 置 轮 廓 线

默认状态下，系统会为绘制的图形添加颜色为黑色、宽度为 0.2mm、线条样式为直线型的轮廓，如图 5.1 所示。

图 5.1

5.1.1　轮廓颜色

使用调色板

（1）选择需要设置轮廓线色的对象，右击调色板。

（2）使用鼠标左键将调色板中的色样拖到对象轮廓线上，如图 5.2 所示。

图 5.2

（3）单击工具栏中的“轮廓”工具，选择子菜单中的“轮廓笔”选项，出现“轮廓笔”对话框，如图 5.3 所示。

单击“颜色”按钮，在选取器中选择颜色或者单击“更多”按钮，弹出选择颜色对话框，如图 5.4 所示，自定义轮廓颜色，单击“确定”按钮即可。

（4）单击工具箱中轮廓笔工具右下角的三角形，单击“轮廓色”，弹出“轮廓颜色”对话框，如图 5.5 所示，在模型、混合器、调色板类型里选择需要的颜色即可。

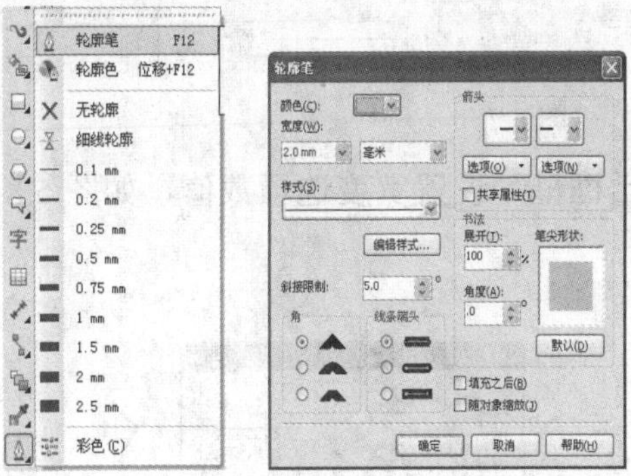

图 5.3

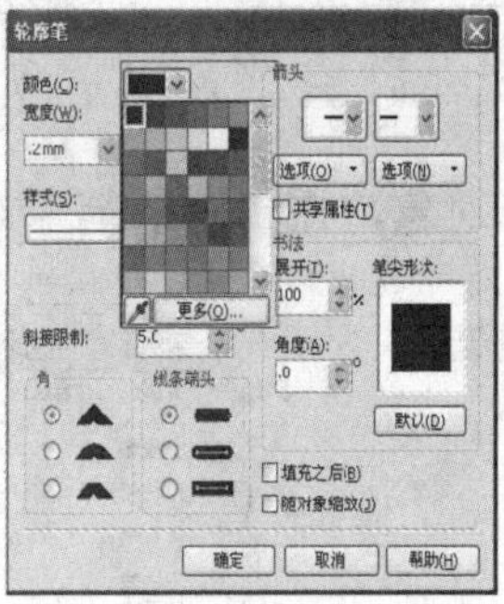

图 5.4

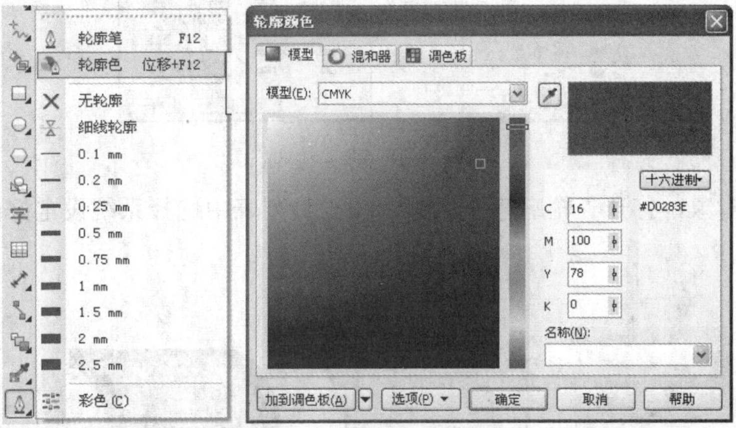

图 5.5

（5）单击工具箱中轮廓笔工具右下角的三角形，单击“彩色”工具，打开“颜色泊坞窗”，如图 5.6 所示，进行相应的颜色选择，单击“轮廓”按钮。

图 5.6

5.1.2 轮廓宽度

（1）选择对象，在属性栏里的轮廓宽度选项中进行设置，如图 5.7 所示。

图 5.7

（2）选择对象，在“轮廓笔”对话框里，设置宽度选项数值，如图 5.8 所示。

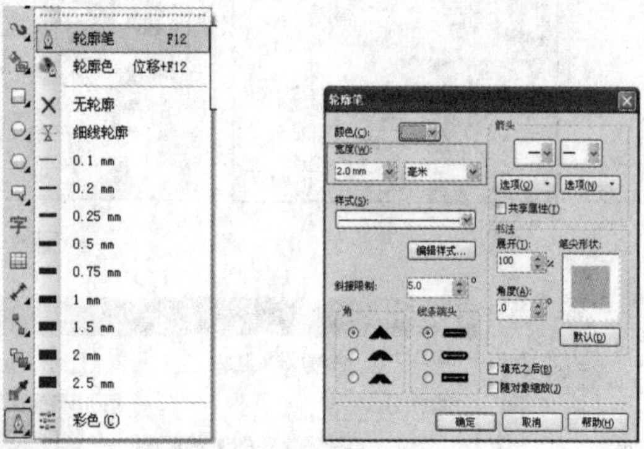

图 5.8

（3）选择对象，打开“轮廓笔”工具，在工具列表中选择系统设定好的轮廓线宽度，如图 5.9 所示。

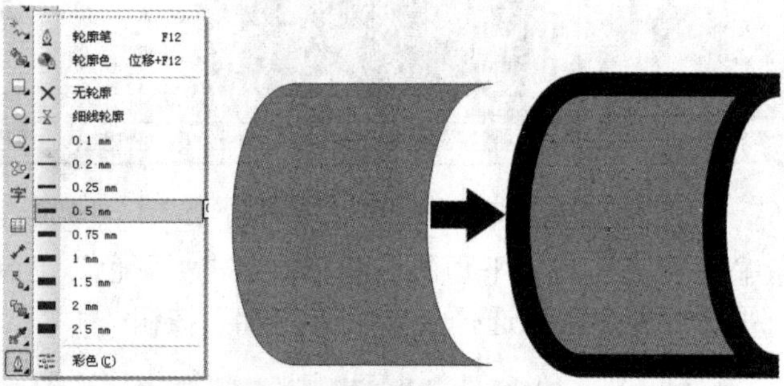

图 5.9

5.1.3 轮廓样式

单击工具箱中“轮廓笔”工具右下角的三角形，单击“轮廓笔”，弹出“轮廓笔”对话框，如图 5.10 所示。

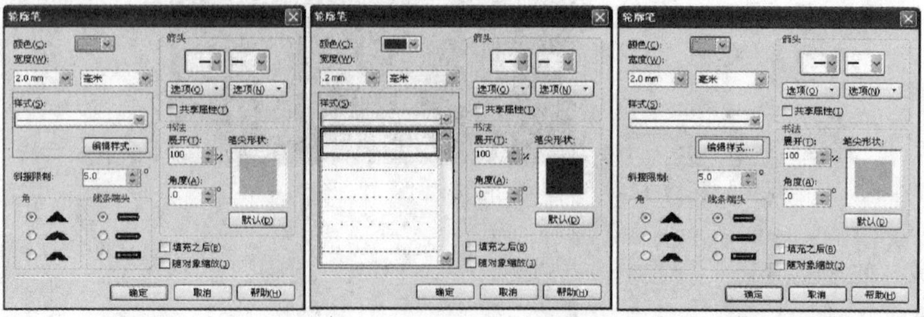

图 5.10

1）样式：下拉该列表，选择轮廓线的预设样式。

2）编辑样式：单击该按钮，弹出编辑线条样式按钮，如图 5.10 所示。添加按钮可以将编辑好的线添加到轮廓样式列表中，替换按钮可以将当前编辑的线条样式替换所选的线条样式。

3）斜接限制：当两条线段通过节点的转折组成夹角时，此选项控制着两条线段之间夹角轮廓角点的倾斜程度。当设置的参数大于两条线组成的夹角度数时，夹角轮廓线的角点将变为斜切形态。

4）角：可以将线条的拐角设置为尖角、圆角、平角样式，如图 5.11 所示。

5）线条端头：可以设置线条的端头设置为平行、圆角、伸展形等样式，如图 5.12 所示。

图 5.11

图 5.12

6）箭头：用于设置直线或曲线对象的起始和结束箭头样式，如图 5.13 所示。

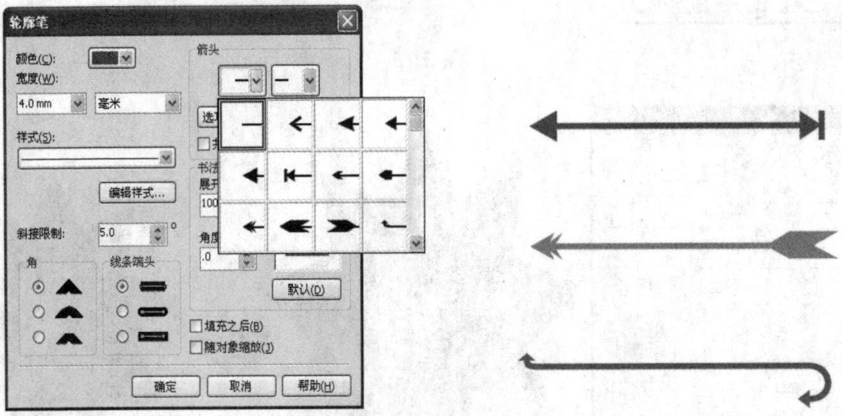

图 5.13

7）选项：用于对箭头样式的设置。

8）展开：设置笔头的宽度。

9）角度：可以设置笔头的倾斜角度。

10）笔尖形状：预览笔尖形状的变化。

11）默认：将笔头的设置还原为默认值，如图 5.14 所示。

12）填充之后：轮廓线在填充颜色的下面，如图 5.15 所示。

13）随对象缩放：图形进行缩放时，轮廓线宽度也会跟随图形比例进行缩放，如图 5.16 所示。

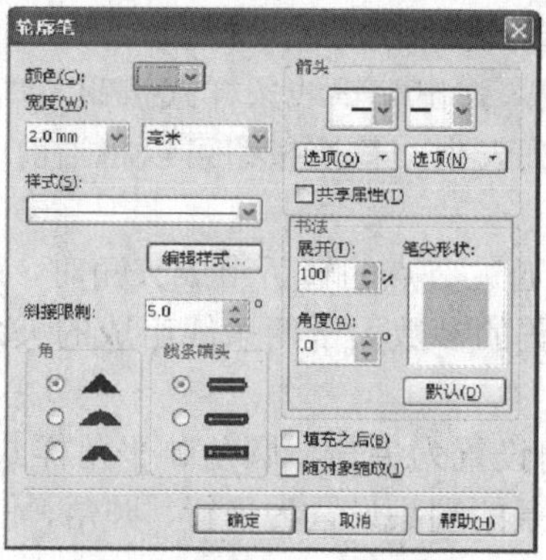

图 5.14

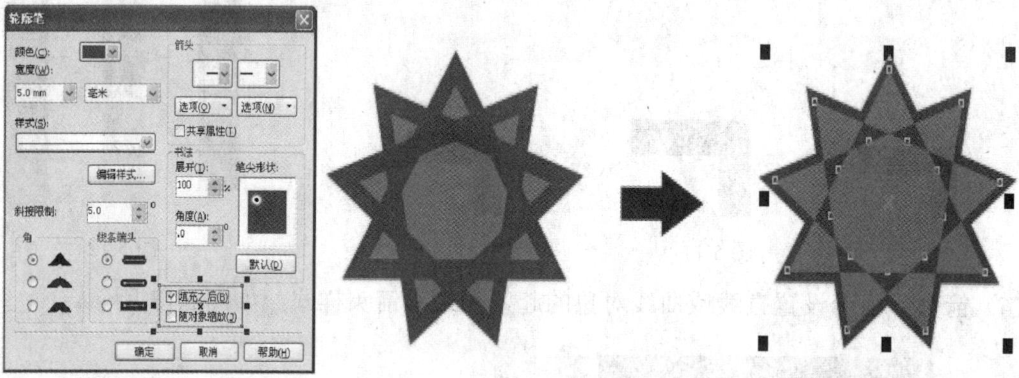

图 5.15

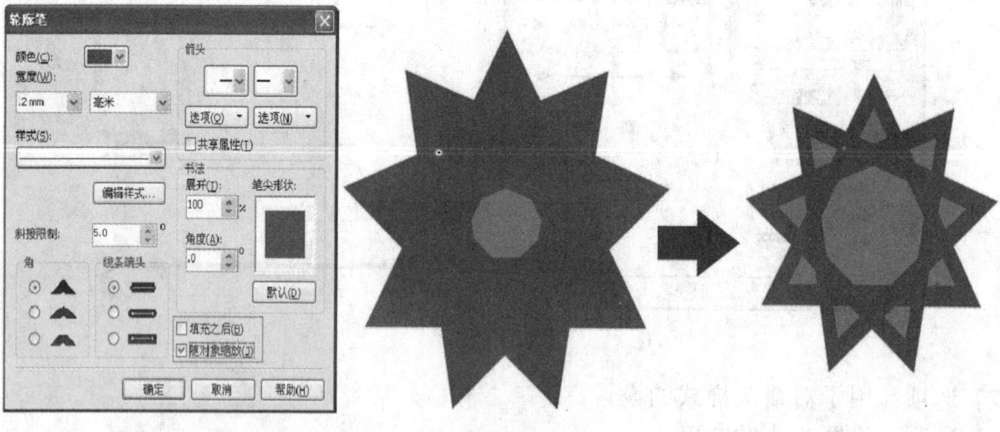

图 5.16

5.1.4 无轮廓

（1）选择对象，右击调色板中的图标☒。

（2）选择对象，在“轮廓笔”工具展开列表选择“无轮廓”选项，如图 5.17 所示。

（3）选择对象，按下 F12 键弹出“轮廓笔”对话框，在宽度里选择“无”，如图 5.18 所示。

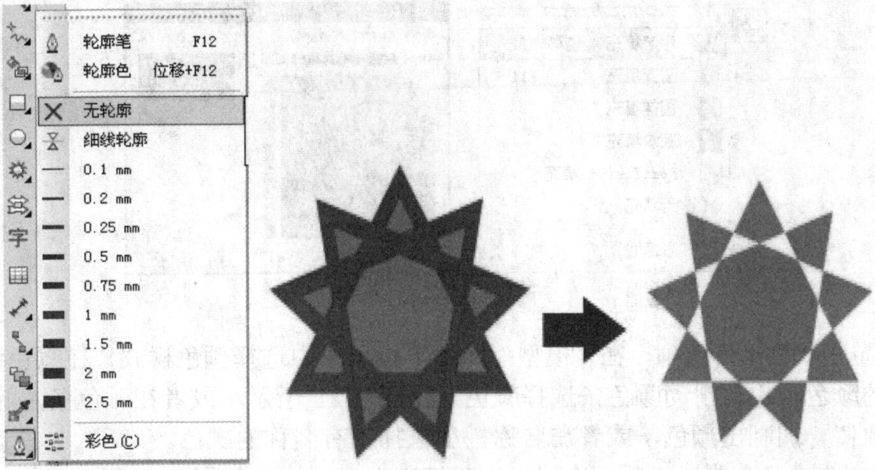

图 5.17

5.1.5　将轮廓转换为对象

选择对象，单击“排列/将轮廓转换为对象”命令，如图 5.19 所示。可以对转换后的轮廓进行更多的编辑，包括锚点的变换、渐变填充等。

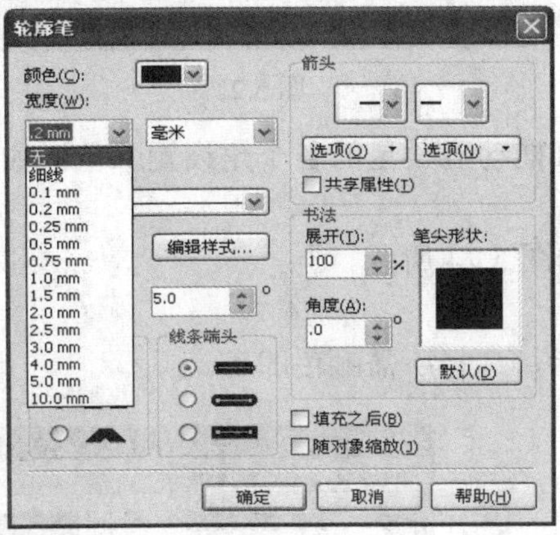

图 5.18

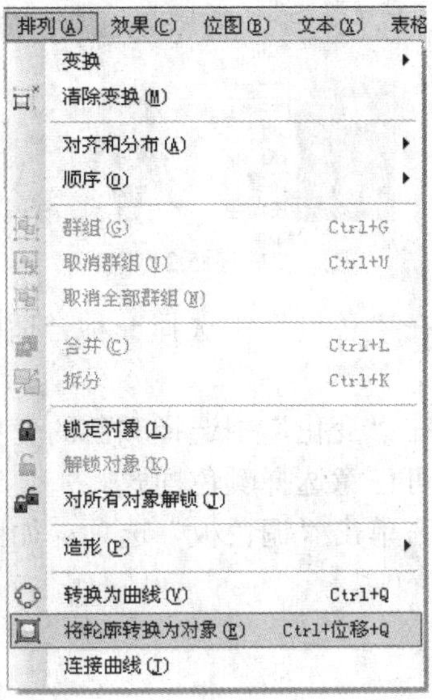

图 5.19

5.2　填充对象颜色

5.2.1　普通填充

（1）单击工具箱中的填充按钮，选择“均匀填充”工具，快捷键为 Shift+F11，弹出“均匀填充”对话框，如图 5.20 所示。

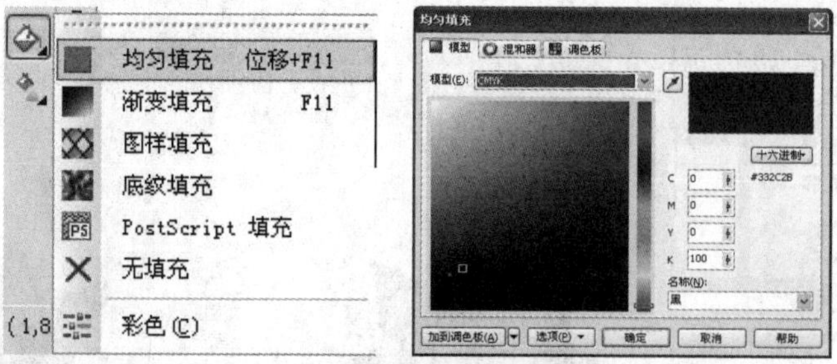

图 5.20

（2）单击“模型”选项，在“模型”后的下拉菜单中选择颜色样式，在颜色框中随意选择合适的颜色，也可滑动颜色条选择颜色，如图 5.21 所示，或者在颜色条右侧 CMYK 框里输入数值，调制出颜色，或者在名称栏里选择带有名称的颜色。

（3）单击“混合器”选项，出现“均匀填充”对话框，如图 5.22 所示。

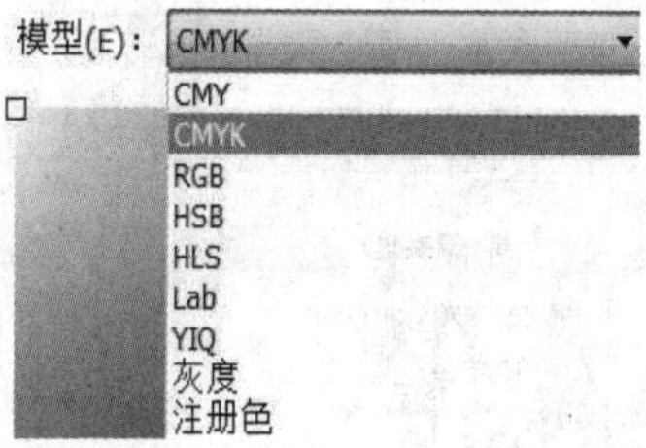

图 5.21

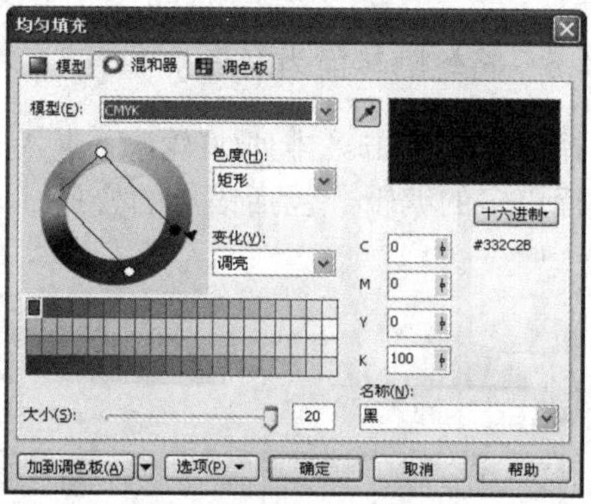

图 5.22

1）在“色度”中选择一种合适的色调，可拖动五角星的各个角设置颜色，如图 5.23 所示。

2）在“变化”中选择颜色的变化趋势，如图 5.24 所示。

3）可任意选择颜色样式。

（4）单击“调色板”选项，如图 5.25 所示，选择所需颜色即可。

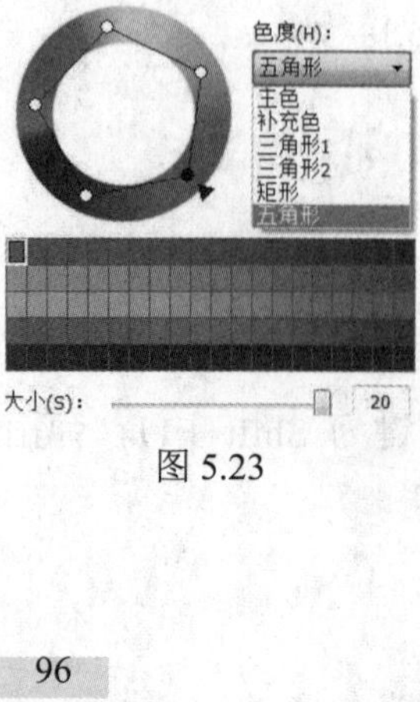

图 5.23

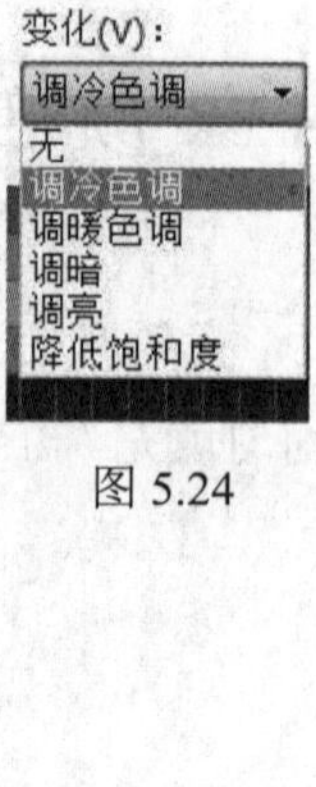

图 5.24

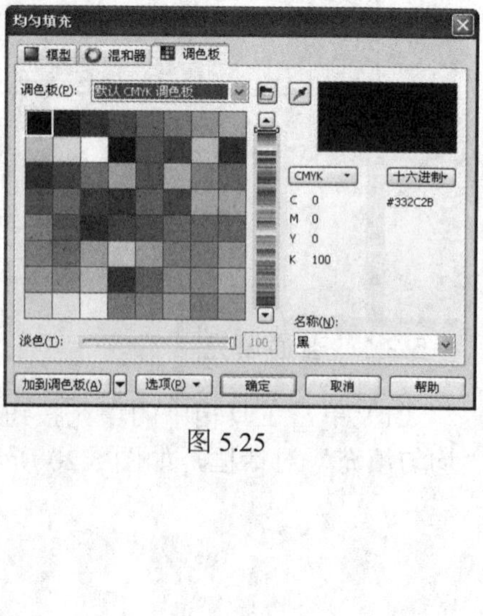

图 5.25

5.2.2 渐变填充

单击工具箱中的填充按钮，选择“渐变填充”工具，弹出“渐变填充”对话框，如图 5.26 所示。

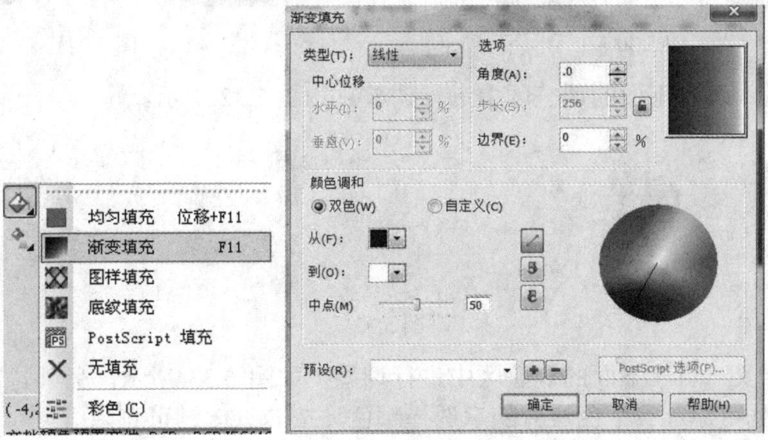

图 5.26

（1）类型：选项中挑选渐变样式，效果对比如图 5.27 所示。

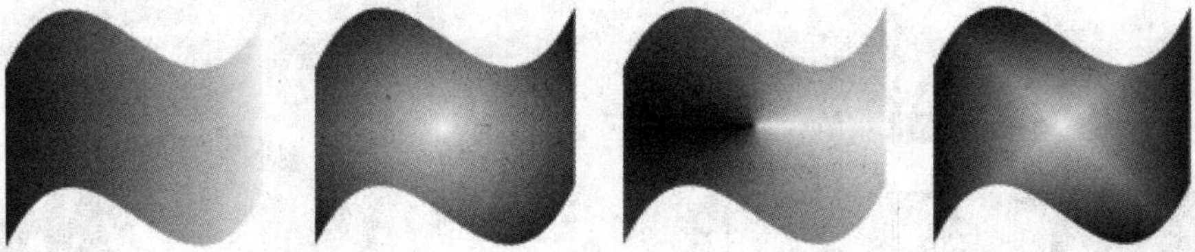

图 5.27

（2）中心位移：除线性类型外，其他选项均可用，设置渐变中心点的位置，效果对比如图 5.28 所示。

（3）角度：设置渐变颜色的渐变角度，效果对比如图 5.29 所示。

图 5.28

图 5.29

（4）步长：解锁后，可以设置渐变颜色的平滑度，数值越大，越平滑，效果对比如图 5.30 所示。

（5）边界：决定渐变光源发散的远近度，数值越小发散得越远，效果对比如图 5.31 所示。

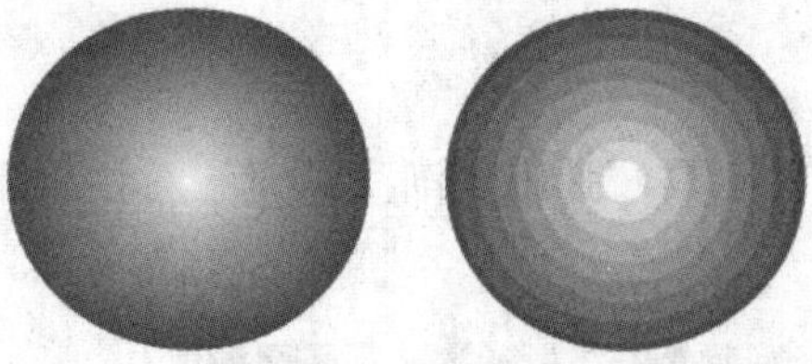

图 5.30

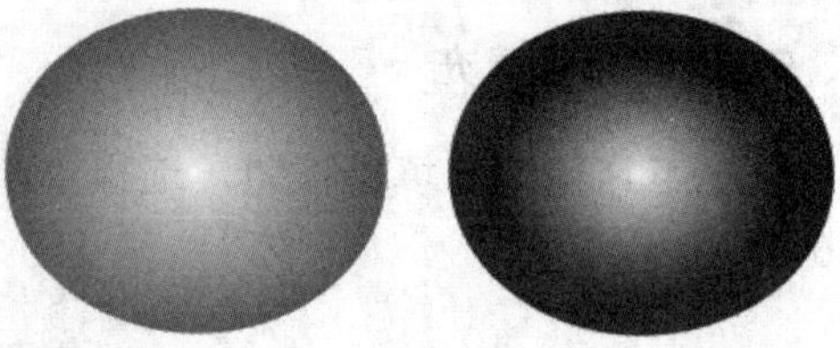

图 5.31

（6）双色：可在下面的调整区中进行调整，如图 5.32 所示。

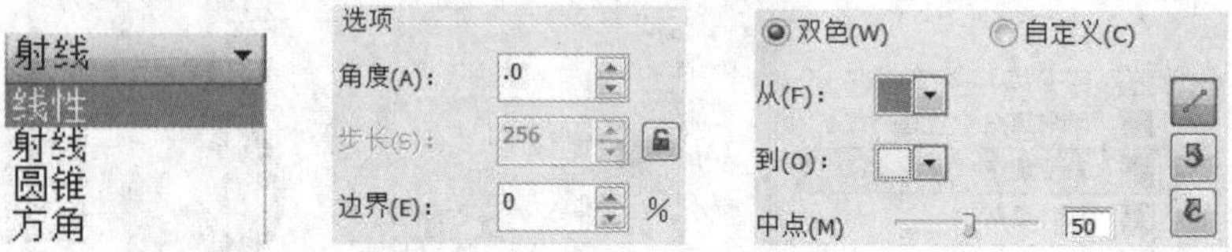

图 5.32

（7）自定义：可在下面的调整区中进行调整，如图 5.33 所示。另外，在渐变条中，双击任意位置均可添加一个色块并随意选择颜色，按 Delete 键可删除。

（8）预设：选项中可选择系统自带的填充样式，效果对比如图 5.34 所示。

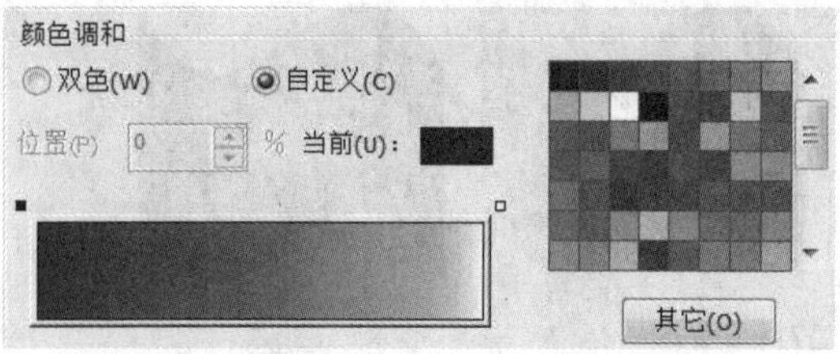

图 5.33

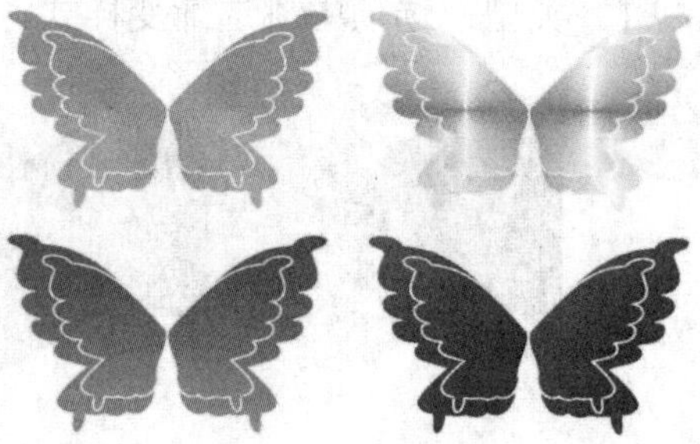

图 5.34

5.2.3　图样填充

单击工具箱中的填充按钮，选择“图样填充”工具，弹出“图样填充”对话框，如图 5.35 所示。

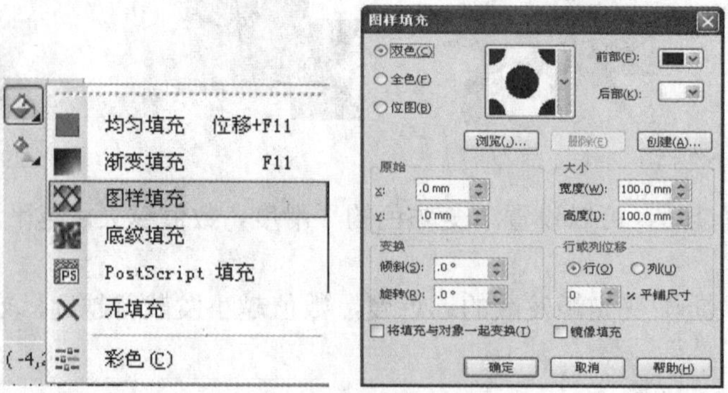

图 5.35

（1）图案填充有三种样式：双色图案填充、全色图案填充、位图图案填充，如图3.36所示。

图5.36

（2）前部/后部：设置图案的前景色和背景色，效果对比如图5.37所示。

（3）原始：决定填充图案的中心相对于图形选框在工作区的水平和垂直距离。

（4）大小：设置填充图案的单元图案大小，如图5.38所示。

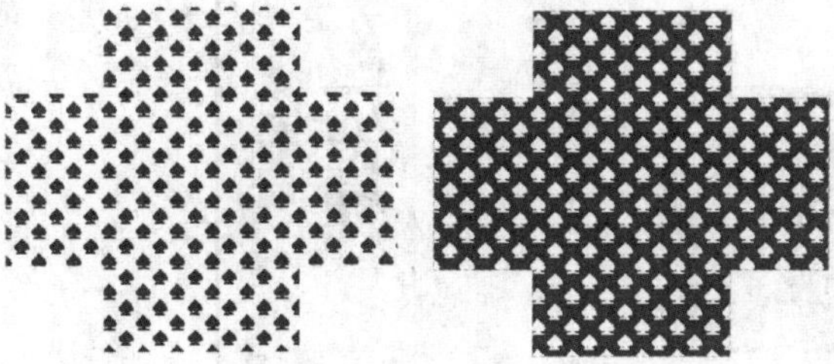

图5.37

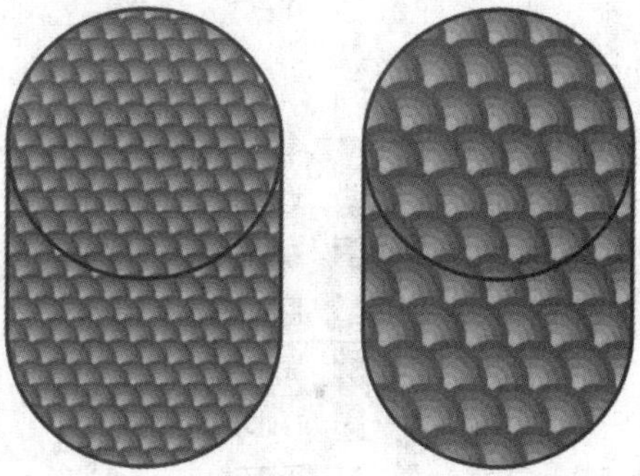

图5.38

（5）变换：设置单元图案的倾斜和旋转角度，效果对比如图5.39所示。

（6）行或列位移：决定填充图案在水平方向或垂直方向的位移量。

（7）将填充对象一起变换：可以在旋转、倾斜或缩放图形时，图形与填充图案一起变换，效果对比如图5.40所示。

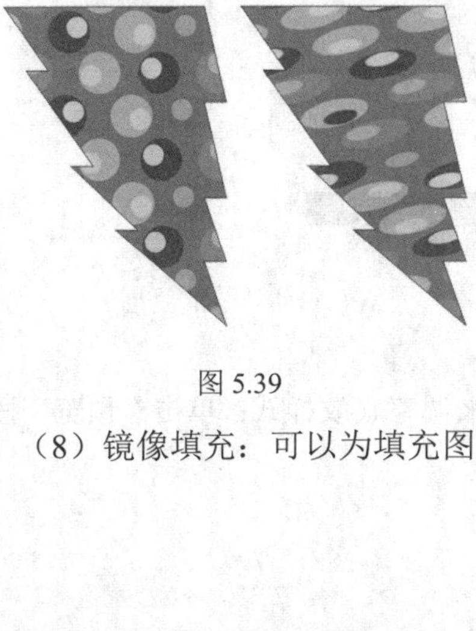

图5.39

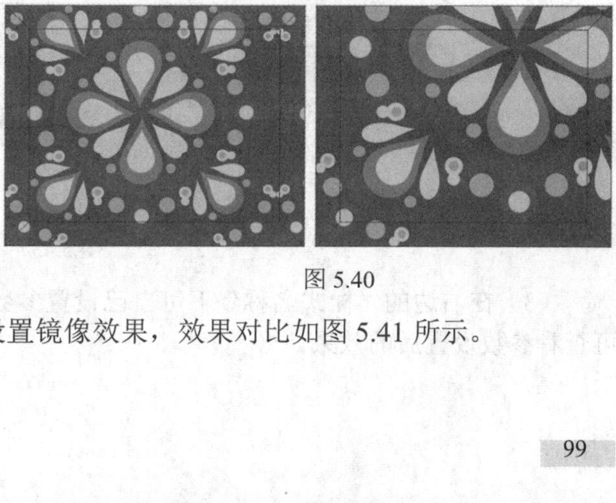

图5.40

（8）镜像填充：可以为填充图案设置镜像效果，效果对比如图5.41所示。

图 5.41

5.2.4　底纹填充

单击工具箱中的填充按钮，选择“底纹填充”工具，弹出“底纹填充”对话框，如图 5.42 所示。

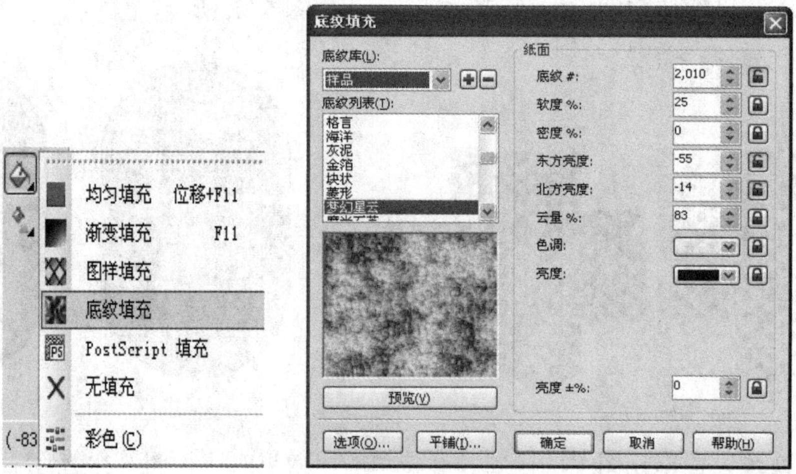

图 5.42

（1）底纹库：下拉菜单中选择适合的样式。

（2）每一个样式下又有不同的底纹样式，在“底纹”列表中选择喜欢的底纹样式，如图 5.43 所示。

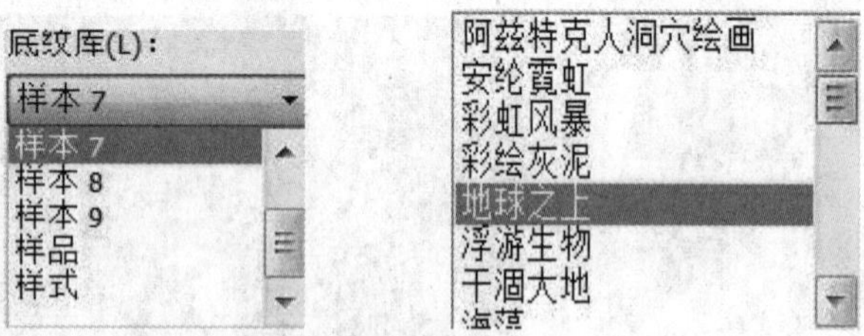

图 5.43

（3）在右边的“样式名称”下可自己设置参数，来调整底纹样式；单击“预览”按钮可查看参数设置后的效果。

（4）单击“选项”按钮，出现“底纹选项”对话框，可对图形的分辨率和尺寸等进行设置，如图 5.44 所示。

（5）单击“平铺”按钮，出现“平铺”对话框，可对底纹的图案尺寸、角度等进行设置，如图 5.45 所示。

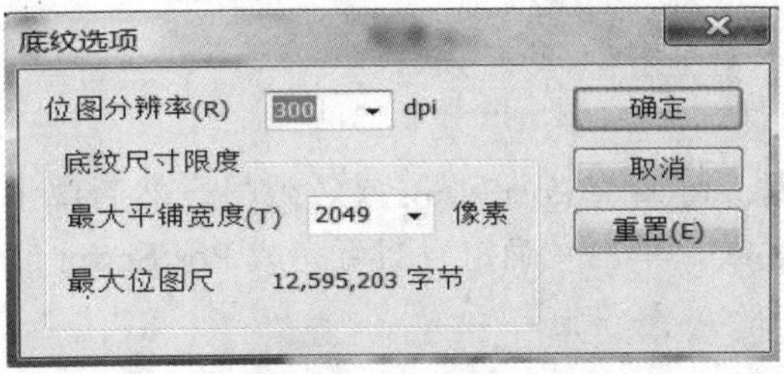

图 5.44

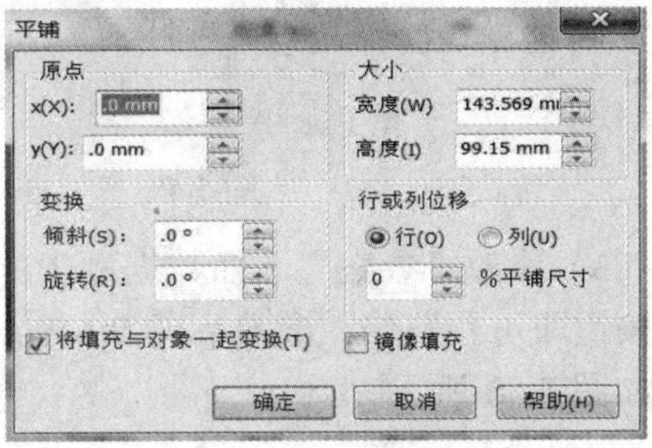

图 5.45

（6）单击“确定”即可填充结束，如图 5.46 所示。

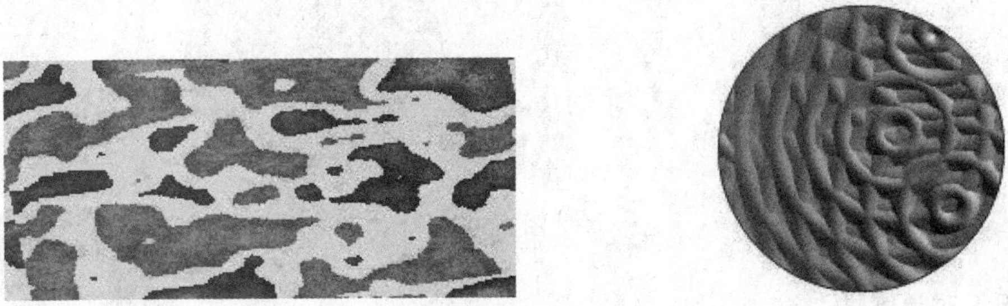

图 5.46

5.2.5　PostScript 填充

单击工具箱中的填充按钮，选择“PostScript 底纹填充”工具，弹出“PostScript 底纹”对话框，如图 5.47 所示。

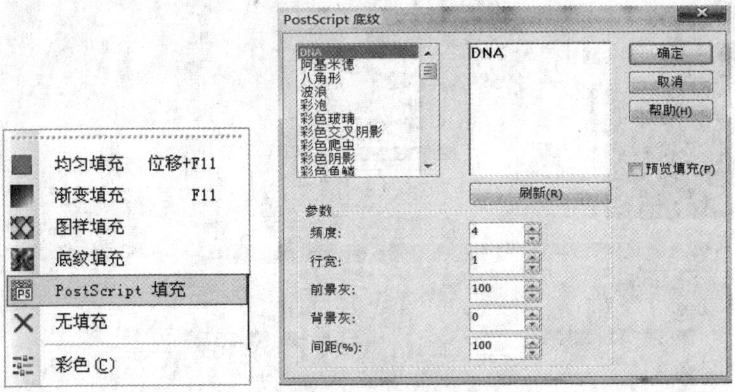

图 5.47

（1）在左上角出现的列表中选择填充的 PostScript 底纹样式，如图 5.48 所示。

（2）选择完 PostScript 底纹样式后，勾选“预览填充”，可在右侧的窗口中预览各种样式，如图 5.49 所示。

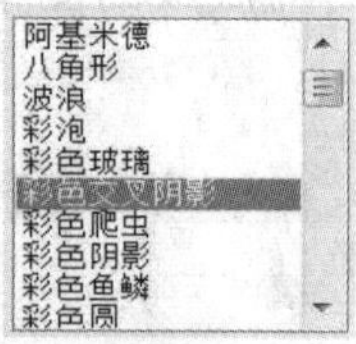

图 5.48

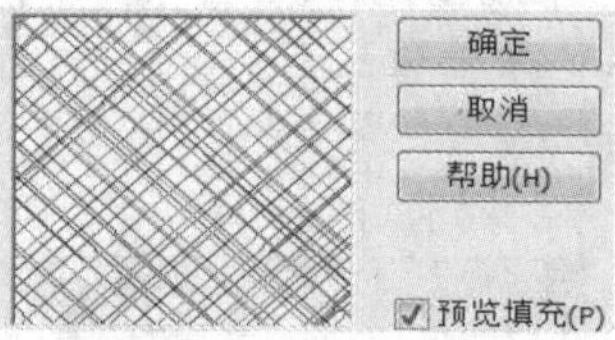

图 5.49

（3）修改“参数”下面数据框中的数据，可调整 PostScript 底纹效果，然后单击“刷新”按钮即可预览修改参数后的 PostScript 底纹，单击“确定”即可完成 PostScript 底纹填充，如图 5.50 所示。

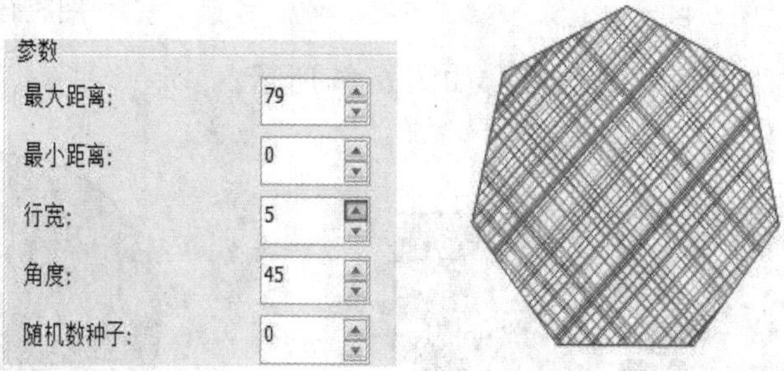

图 5.50

5.2.6 对象属性

选择对象，单击“窗口/泊坞窗/对象属性”命令，在界面右侧出现“对象属性”泊坞窗，其中填充里包含无填充、均匀填充、渐变填充、图样填充、底纹填充、PostScript 填充方式，其填充窗口如图 5.51 所示。

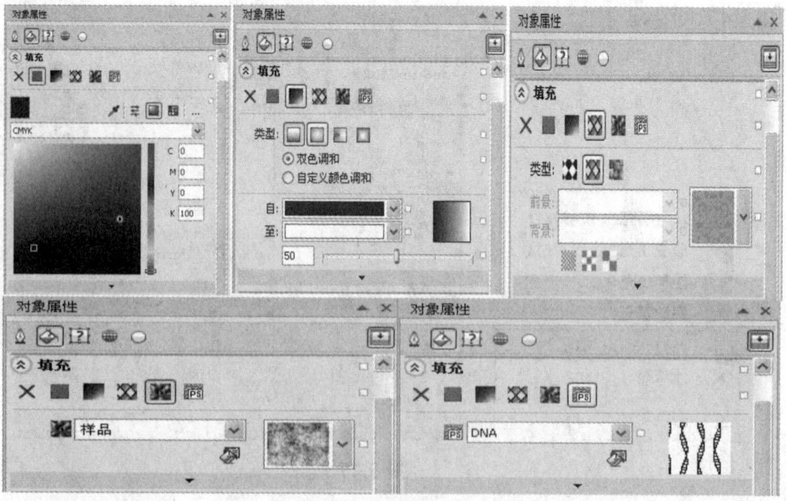

图 5.51

5.3 交互式填充

5.3.1 交互式填充工具

（1）单击工具箱中的交互式填充按钮，选择“交互式填充”工具。

（2）在编辑对象上按住左键拖动，松开后出现渐变，如图5.52所示。

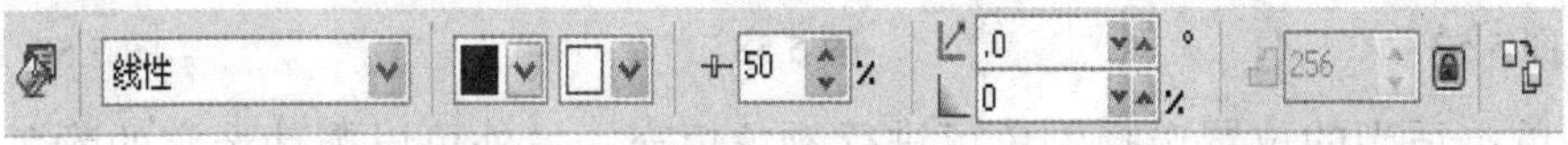

图5.52

（3）随意拖动虚线连接的小方块可改变填充的角度和位置，如图5.53所示。

（4）单击其中任意的小方块可为其填充颜色，则所需要填充的编辑对象的渐变颜色随之改变，如图5.54所示。

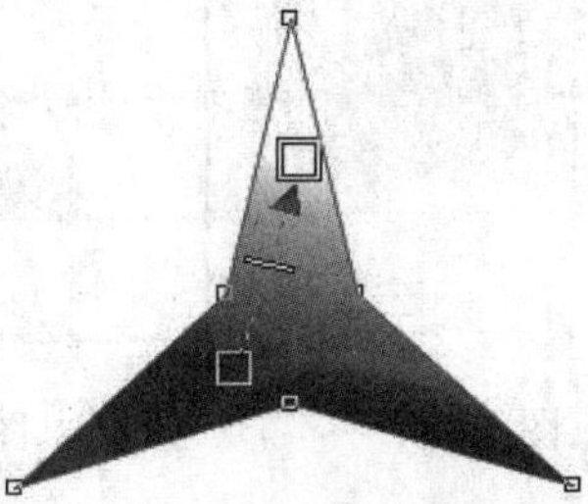

图5.53

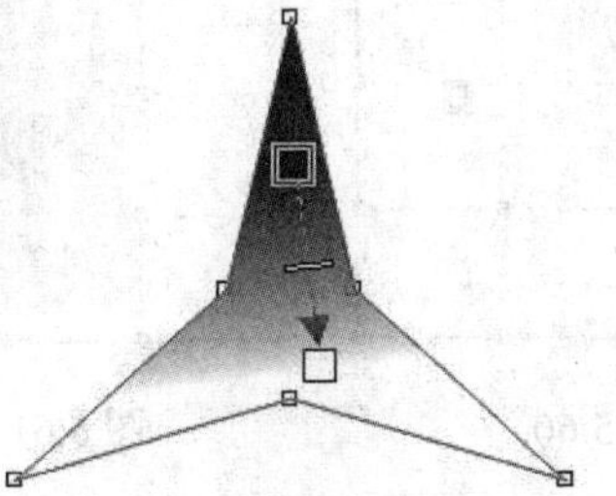

图5.54

（5）双击连接小方块的虚线的任意位置，可添加新的小方块，如图5.55所示。

（6）在属性栏中可选择填充样式以及调整填充的图案或色彩的显示效果，如图5.56所示。

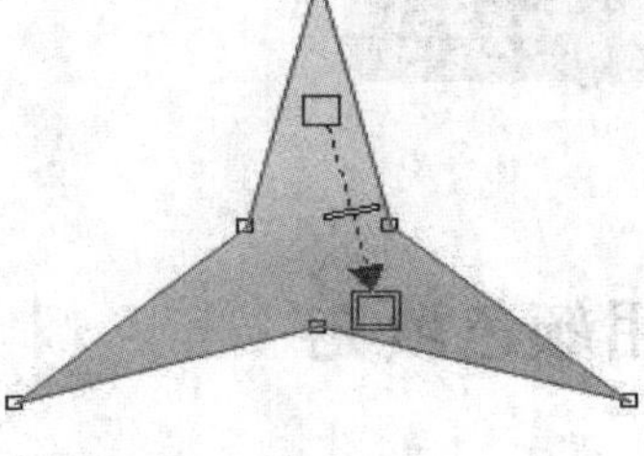

图5.55

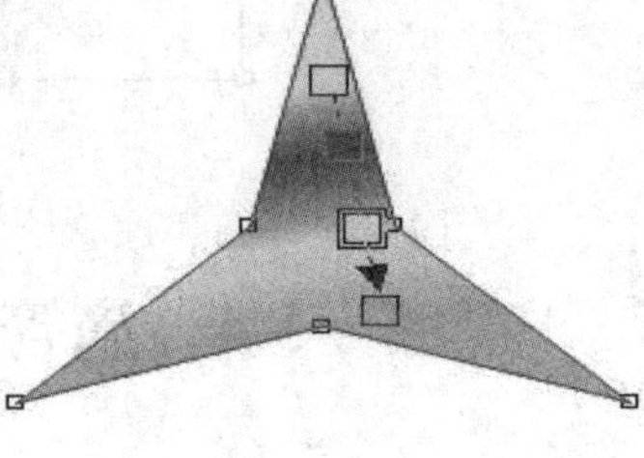

图5.56

5.3.2 网状填充工具

（1）单击工具箱中的交互式填充按钮，选择“网状填充工具”。

（2）选中编辑图像，则图像上出现网格，如图5.57所示。

（3）如果要增加网格数量，可在属性栏中的网格大小中修改数值，或者单击编辑对象上的网格即可增加；注意单击网格横边线即增加竖线，单击网格竖边线即增加横线，如图5.58 所示，单击网格空白部分则增加横竖两条边线，如图 5.59 所示。

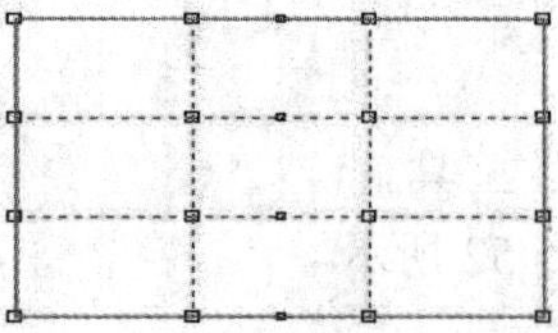

图 5.57

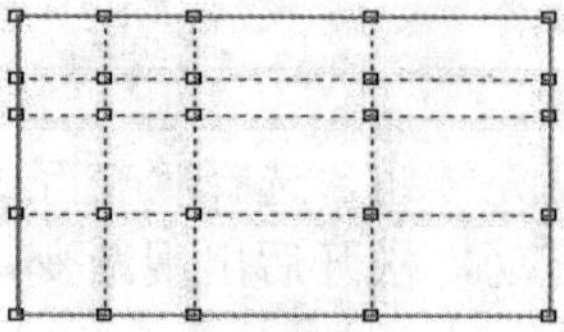

图 5.58

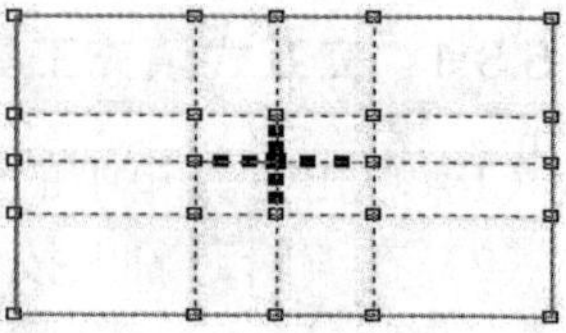

图 5.59

（4）单击适当的位置选择颜色可进行颜色填充。另外可以拖动选定的颜色块到节点上，颜色块变为空心，如图 5.60 所示，则颜色以该节点为中心向外分散填充，如图 5.61 所示；如果拖动选定的颜色块到节点围合的空白位置，如图 5.62 所示，则颜色以空白位置的中心点为中心向外分散填充，如图 5.63 所示。

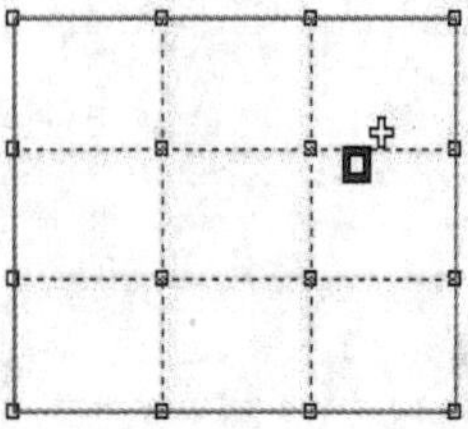

图 5.60

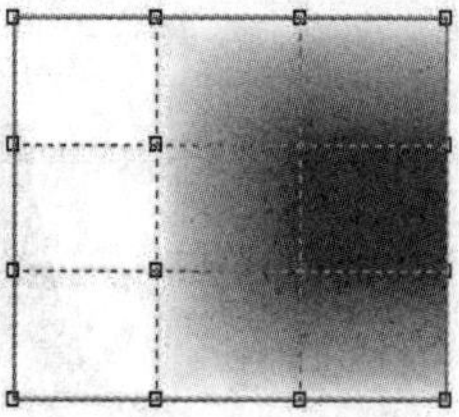

图 5.61

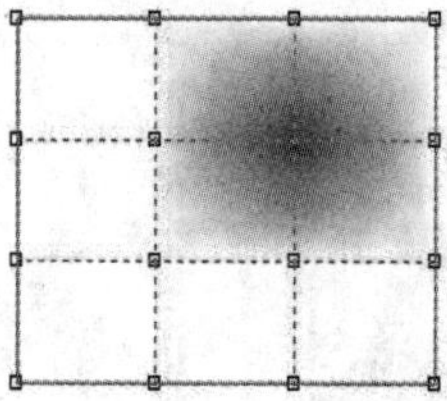

图 5.62

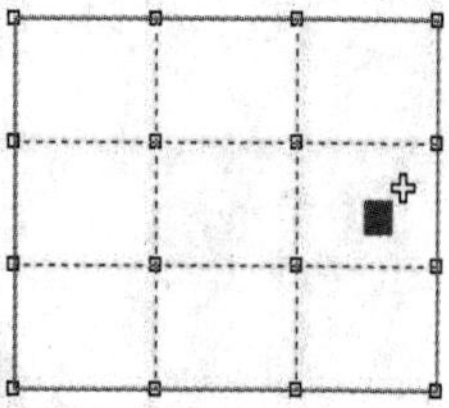

图 5.63

（5）拖动节点可将填充的颜色扭曲，如图 5.64 所示。

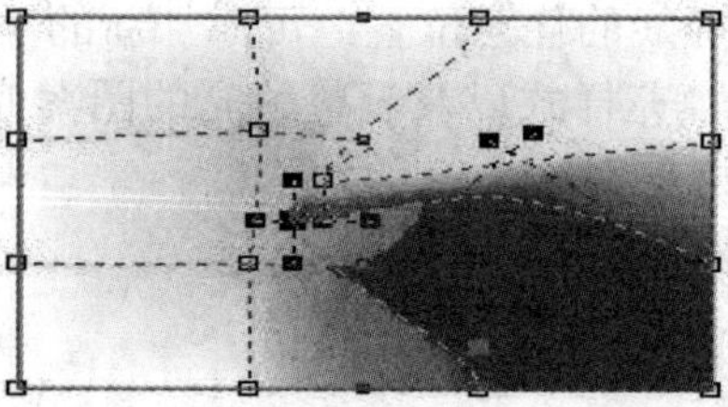

图 5.64

5.4　滴管和应用颜色填充

5.4.1　颜色滴管工具

（1）在工具箱中，单击颜色滴管工具，其属性栏如图 5.65 所示。

图 5.65

1）选择颜色：在文档窗口进行颜色取样。

2）应用颜色：为对象内部或轮廓填充颜色。

3）从桌面上选择：可以移动到文档窗口以外的区域进行颜色取样。

4）1×1 ：选择单击的像素颜色。

5）2×2 ：选择 2×2 像素示例区域中的平均颜色。

6）5×5 ：选择 5×5 像素示例区域中的平均颜色。

7）所选颜色：右侧显示滴管取样的颜色。

8）添加到调色板：可将选择的颜色添加到调色板中。

（2）在工具箱中，单击颜色滴管工具，在需要的颜色块或者对象上单击，光标会自动切换到“应用颜色”工具上，单击图形即把颜色填充到对象上，如图 5.66 所示。

图 5.66

5.4.2　属性滴管工具

（1）在工具箱中，单击属性滴管工具 ，其属性栏如图 5.67 所示。

1）属性：单击该按钮，出现是否取样该图形的轮廓、填充、文本。

2）变换：单击该按钮，出现是否取样该图形的大小、旋转、位置。

3）效果：单击该按钮，出现是否取样该图形的透视点、封套、混合、立体化等效果。

（2）属性滴管工具的使用方法类似于颜色滴管工具，效果如图 5.68 所示。

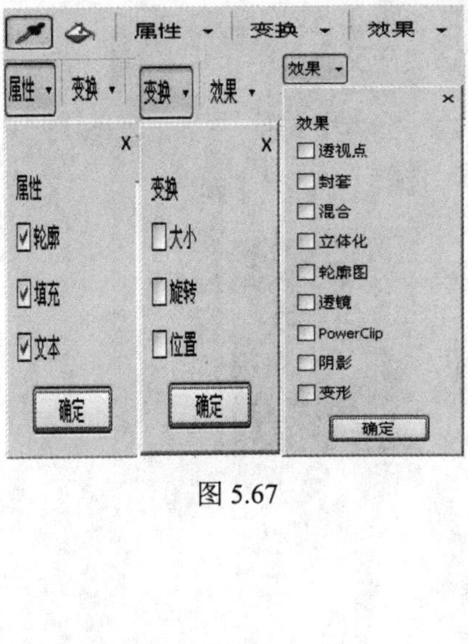

图 5.67

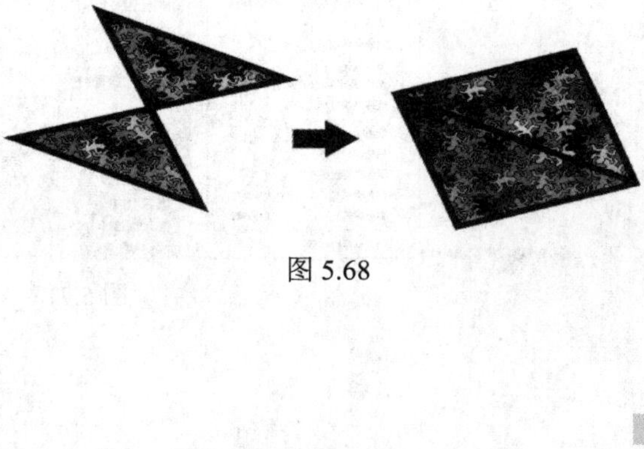

图 5.68

5.5 其 他 填 充

5.5.1 填充开放曲线

（1）单击“工具/选项”命令，弹出“选项”对话框，在常规中选择“填充开放式曲线”，单击“确定”，如图5.69所示。

（2）选中要填充的开放式曲线图形，对其进行填充，如图5.70所示。

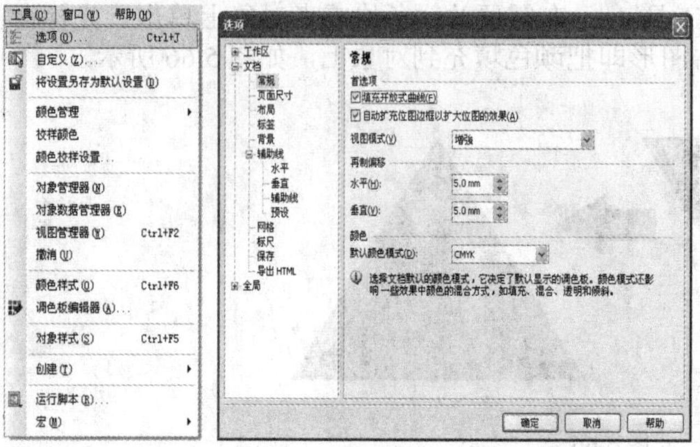

图 5.69

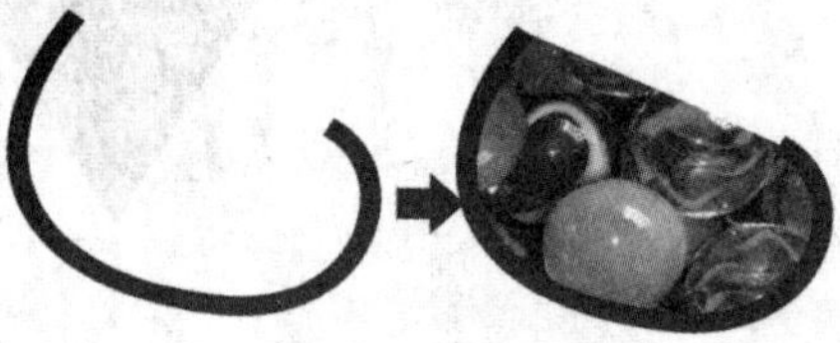

图 5.70

5.5.2 设置默认轮廓和填充

（1）单击“窗口/泊坞窗/对象属性”命令，出现“对象属性”泊坞窗，设置轮廓和填充属性，如图5.71所示。

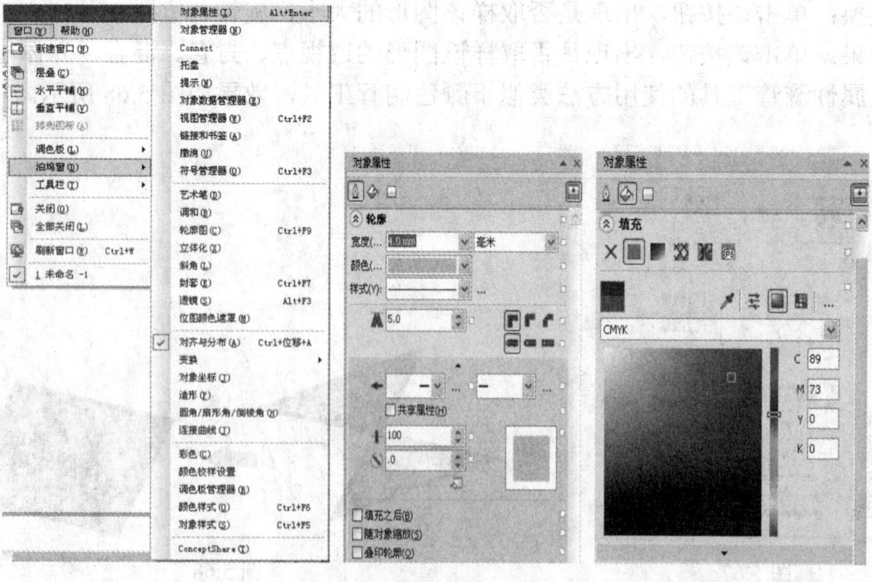

图 5.71

（2）单击“工具/将设置另存为默认设置”命令，如图 5.72 所示。

（3）绘制图形会依据新的轮廓与填充参数建立，如图 5.73 所示。

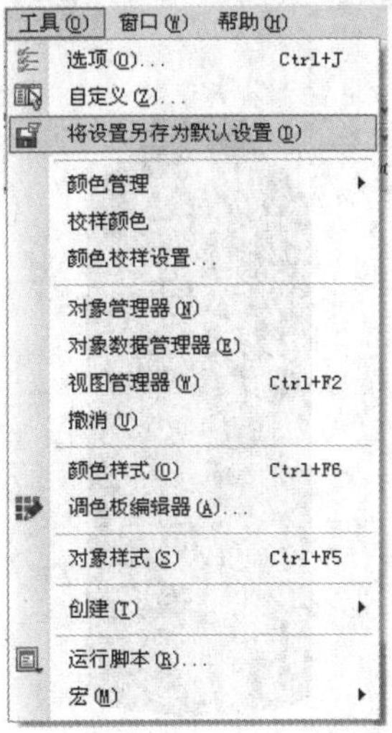

图 5.72

图 5.73

5.6　案 例 教 学

（1）新建文件，设置 A4 纸张。在工具箱中选择“贝赛尔”工具，绘制图形，如图 5.74 所示。

（2）单击“窗口/泊坞窗”，打开“对象管理器”，将图形图层命名为“瓶身”。

（3）将“瓶身”渐变填充，渐变类型选择“线性”，颜色调和为“自定义”，其中颜色设定从“C56，M91，Y85，K40”到“C93，M88，Y89，K80”，在 50%处双击增加一个节点，颜色为“C93，M88，Y89，K80”，轮廓线为“无”，如图 5.75 所示。

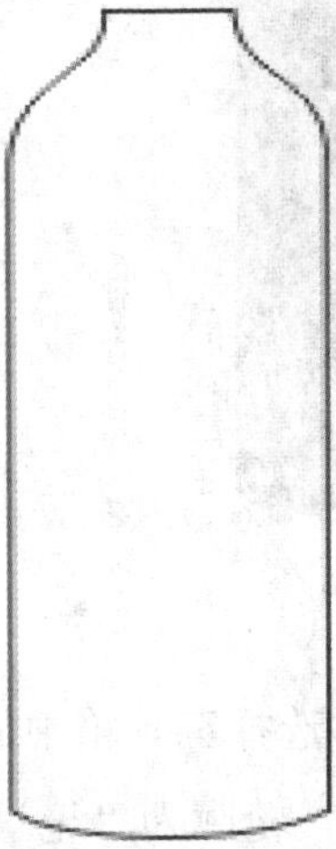

图 5.74

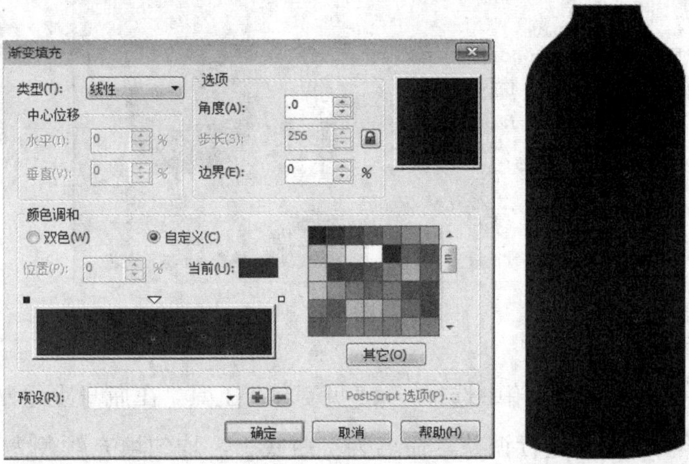

图 5.75

（4）在工具箱中选择“贝赛尔”工具，在瓶身上绘制高光轮廓图形，并选择工具箱中的“形状”工具进行调整，命名为“高光 01”，进行渐变填充，渐变类型选择“线性”，颜色调和为“自定义”，其中颜色设定从“C69，M61，Y58，K9”到“C76，M69，Y67，K29”，轮廓为“无”，效果如图 5.76 所示。

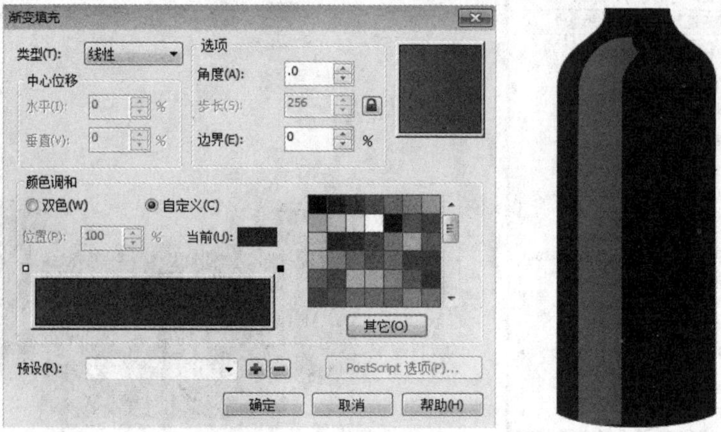

图 5.76

（5）在工具箱中选择“贝赛尔”工具，在瓶身上绘制另一边的高光轮廓图形，并选择工具箱中的“形状”工具进行调整，命名为“高光 02”，进行渐变填充，渐变类型选择“线性”，颜色调和为“自定义”，其中颜色设定从“C58，M57，Y47，K0”到“C0，M20，Y0，K20”，如图 5.77 所示。轮廓为“无”，效果如图 5.78 所示。

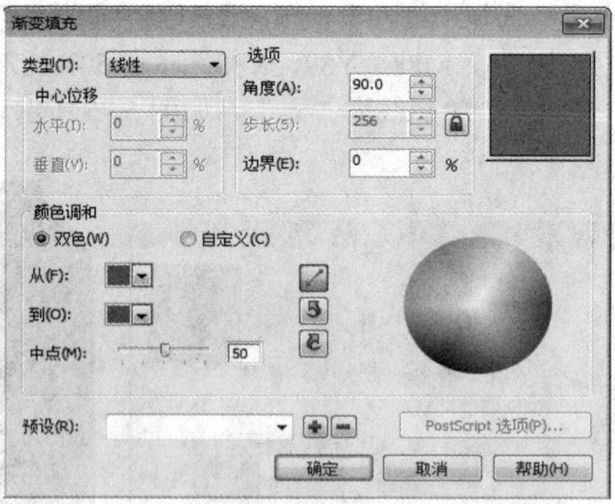

图 5.77

图 5.78

（6）在工具箱中选择“贝赛尔”工具，在瓶身上绘制瓶底，并选择工具箱中的“形状”工具进行调整，命名为“瓶底”，均匀填充颜色为“深褐”，轮廓为“无”，如图 5.79 所示。

（7）在工具箱中选择“椭圆”工具，绘制一个椭圆，命名为“瓶颈”，如图 5.80 所示。将其调整大小、位置，均匀填充颜色为“C54，M100，Y96，K47”，轮廓为“无”，如图 5.81 所示。

图 5.79

图 5.80

图 5.81

（8）在工具箱中选择“矩形”工具，绘制一个矩形，命名为“瓶颈-绿”，如图 5.82 所示。

（9）将“瓶颈-绿”调整大小、位置，进行渐变填充，渐变类型选择“线性”，颜色调和为“自定义”，其中颜色设定从“土橄榄色”到“土橄榄色”,在 55%处双击增加一个节点，颜色为“深绿”，在 65%处双击增加一个节点，颜色为“深绿”，如图 5.83 所示。轮廓为“无”，效果如图 5.84 所示。

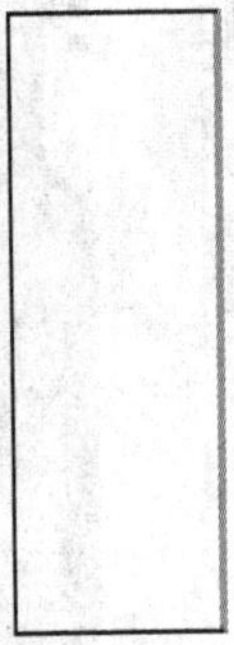
图 5.82

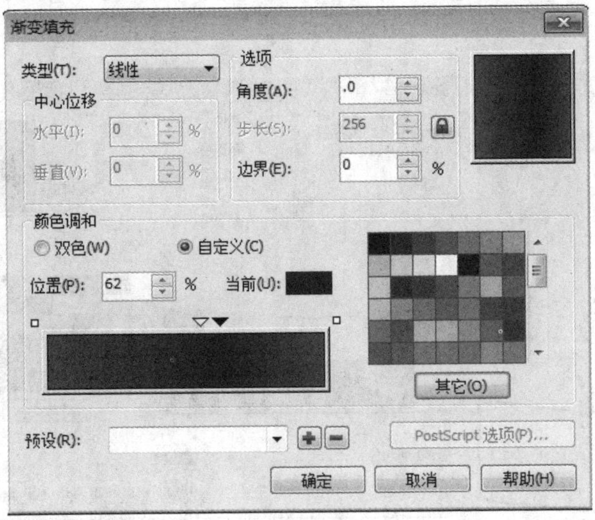

图 5.83

图 5.84

（10）在工具箱中选择“矩形”工具，绘制一个矩形，命名为“瓶颈-红”，选中“瓶颈-红”,在菜单栏中选择“排列/转换为曲线”命令，调整后的效果如图 5.85 所示。

（11）将“瓶颈-红”调整大小、位置，进行渐变填充，渐变类型选择“线性”，颜色调和为“自定义”，其中颜色设定从“砖红”到“砖红”，在 55%处双击增加一个节点，颜色为“深褐”，在 65%处双击增加一个节点，颜色为“深褐”，如图 5.86 所示。轮廓为“无”,效果如图 5.87 所示。

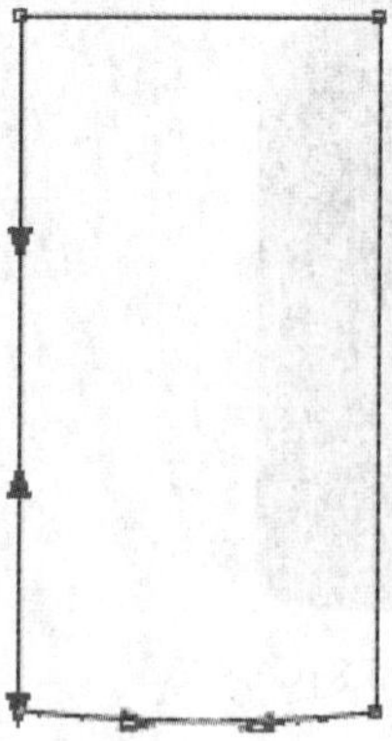

图 5.85

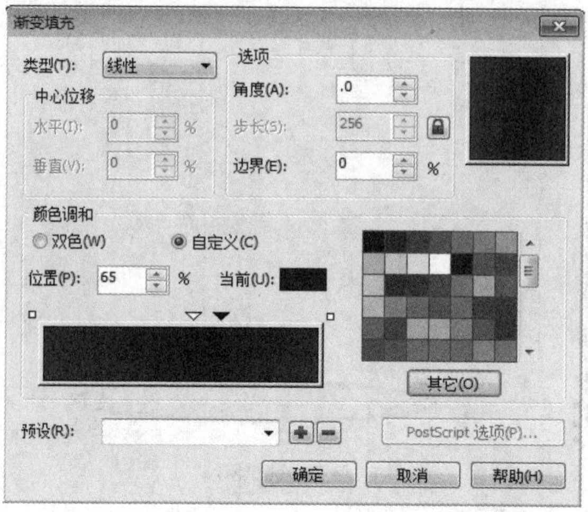

图 5.86

图 5.87

（12）在工具箱中选择“矩形”工具，绘制一个矩形，命名为“瓶颈-红 02”，选中“瓶颈-红 02”,在菜单栏中选择“排列/转换为曲线”命令，调整后的效果如图 5.88 所示。

（13）将“瓶颈-红 02”调整大小、位置，进行渐变填充，渐变类型选择“线性”，颜色调和为“自定义”，其中颜色设定从“红”到“砖红”，在 45%处双击增加一个节点，颜色为“深褐”，在 70%处双击增加一个节点，颜色为“深褐”，如图 5.89 所示。轮廓为“无”，效果如图 5.90 所示。

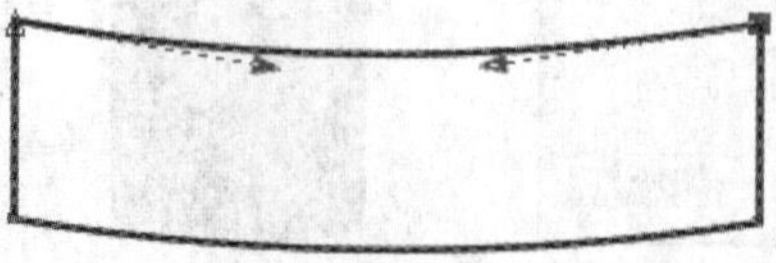

图 5.88

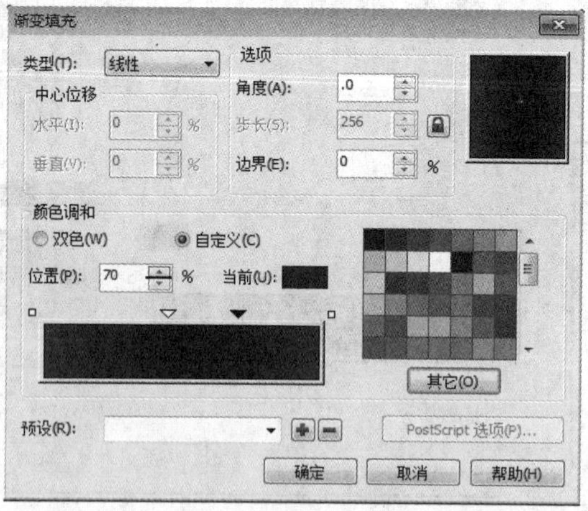

图 5.89

图 5.90

（14）在工具箱中选择“矩形”工具，绘制一个椭圆，进行渐变填充，渐变类型选择“线性”，颜色调和为“自定义”，其中颜色设定从“红”到“砖红”，在 16%处双击增加一个节点，颜色为“深褐”，如图 5.91 所示。轮廓为“无”，效果如图 5.92 所示。

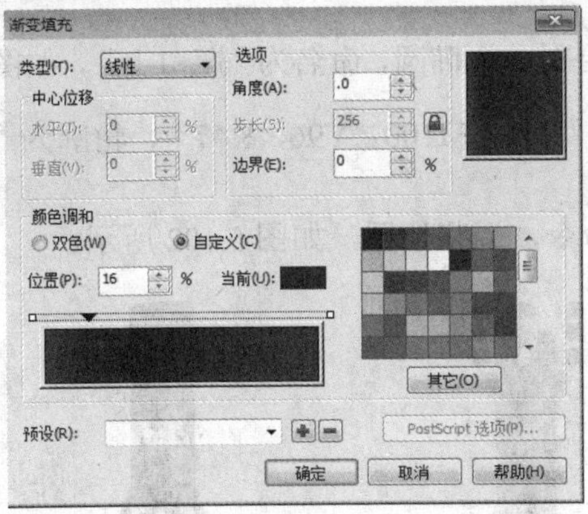

图 5.91

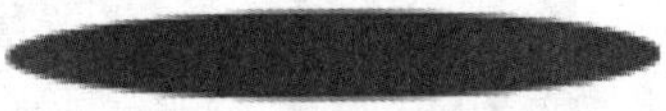

图 5.92

（15）复制两个椭圆，将一个放大，为了区别填充为其他颜色，如图 5.93 所示。

（16）选中图 5.93 中的两个椭圆，点击“移除前面对象”，命名为“瓶口-外”，效果如图 5.94 所示。

图 5.93

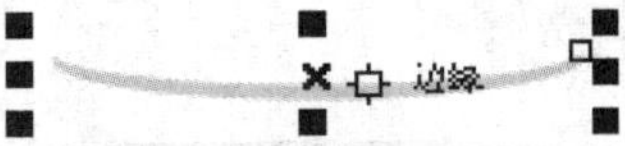

图 5.94

（17）将“瓶口-外”均匀填充颜色“深褐”，将其放置“瓶颈-红 02”上面，如图 5.95 所示。

（18）将另一个椭圆命名为“瓶口-内”，将其放在“瓶颈”下面，如图 5.96 所示。

（19）在工具箱中选择“矩形”工具，绘制一个矩形，命名为“高光上-01”，均匀填充为“白色”，轮廓线为“无”，如图 5.97 所示。

（20）在工具栏中选择“透明度”工具，类型为“线性”，透明度中心从“50”到“100”，如图 5.98 所示。

（21）复制两个“高光上-01”，分别命名为“高光上-02”，“高光上-03”，调整大小和位置，效果如图 5.99 所示。

图 5.95

图 5.96

图 5.97

图 5.98

图 5.99

（22）在工具箱中选择“椭圆”工具，绘制一个椭圆，命名为“瓶口上”，如图 5.100 所示。将其调整大小、位置，均匀填充颜色为“C54，M100，Y96，K47”，轮廓为“无”，如图 5.101 所示。

（23）单击“文件/导入/红酒标签.psd”命令，调整位置，如图 5.102 所示。

图 5.100

图 5.101

图 5.102

本 章 小 结

本章主要介绍了颜色填充的相关操作、轮廓线的设置以及各种填充效果等。结合前面学过的工具进行酒瓶的包装设计练习，不仅可使学生掌握软件技术，更可以养成通过软件进行各种创意设计的良好习惯。

第 6 章　文字及矢量特效的应用

文字的效果应用非常广泛，无论是字体创意还是标志、名片、编排等设计都要频繁地用到，因此，不仅要能熟练掌握相关技能，还要学会进行设计应用。本章建议 4 学时。

6.1　导入和粘贴文本

可以将文本导入到新文档或现有文档中。这样便可以先在文字处理软件中编辑文本，然后再将文本添加到 CorelDRAW X6 文档中。CorelDRAW X6 支持的文本文件格式有 TXT、DOC、DOCX、WPD、RTF 等，可以将文本导入到选定的文本框中，如果未选择文本框，则导入的文本会自动插入到文档窗口中的新文本框中。默认情况下，无论在文本框中添加了多少文本，文本框的大小都将保持不变。任何超出文本框的文本都将被隐藏，而文本框将显示为红色，可以调整文本大小，使文本完美地适合文本框。

6.1.1　将文本导入文档

单击“文件/导入”，选择“文本文件”，单击导入，弹出“导入/粘贴文本”对话框，如图 6.1 所示。

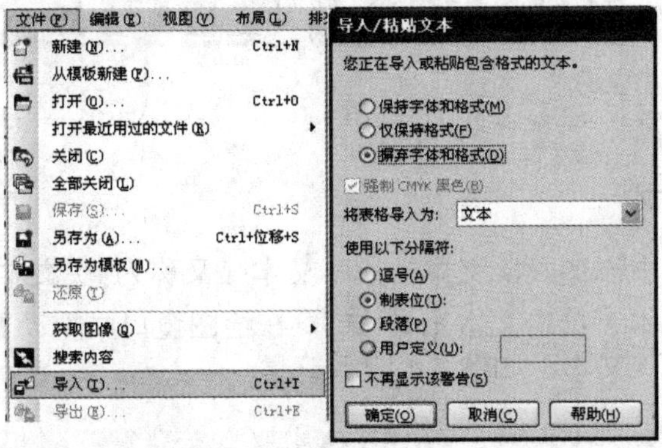

图 6.1

（1）保持字体和格式：保留原有的字体类型、项目符号等格式信息。

（2）仅保持格式：只保留项目符号、栏、粗体和斜体等格式的信息。

（3）摒弃字体和格式：采用默认的字体与格式属性。

（4）强制 CMYK 黑色：将 CMYK 黑色应用于导入的黑色文本。

（5）将表格导入为：在下拉列表中选择导入表格的方式，当选择“文本”时，下方的“使用以下分隔符”选项将被激活，在其中可以选择使用分隔符的类型。

（6）不再显示该警告：选中该项，则执行粘贴或导入命令时将不会出现该对话框，文本格式等将以默认形式出现。

6.1.2 将文本粘贴到文档中

复制或剪切文本，单击“编辑/粘贴”命令，如图 6.2 所示。

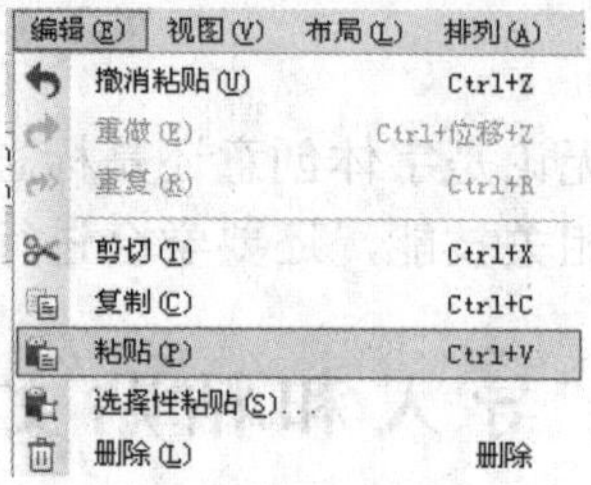

图 6.2

6.2 输 入 文 本

6.2.1 添加美术字

美术字可用于向文档中添加单个字或短文本行（如标题），也可以对美术字应用多种效果，如阴影或轮廓。 使用文本工具 ，单击绘图页面中的任意位置，然后键入文本，如图 6.3 所示。

图 6.3

6.2.2 添加段落文本

使用文本框在文档中添加段落文本。段落文本（又称为“块文本”）通常保留用于格式要求更高的较大篇幅文本。单击文本工具 ，在绘图窗口中拖动鼠标，调整段落文本框的大小，在文本框中键入文本，如图 6.4 所示。

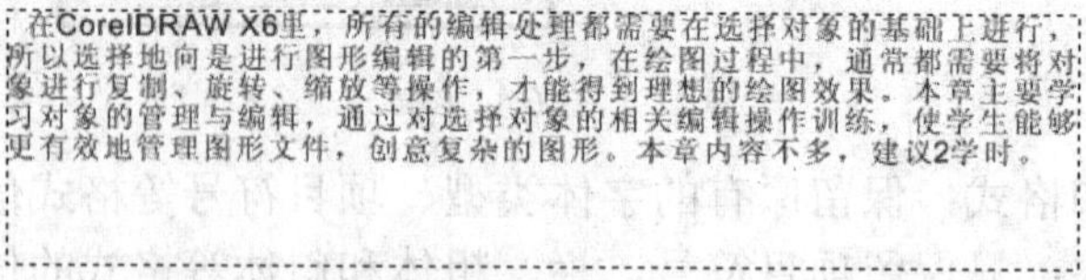

图 6.4

6.3 编 辑 文 本

选择文本来编辑其中的特定字符，或者将其作为一个对象进行修改，可以选择特定字符来更改字体，也可以选择文本对象（例如文本框），以对其进行移动、旋转或调整其大小。

6.3.1　选择文本对象

使用挑选工具 ，单击美术字或文本框，则选中对象。使用挑选工具 ，按住 Shift 键，同时单击每个文本对象，可以选择多个文本对象，如图 6.5 所示。

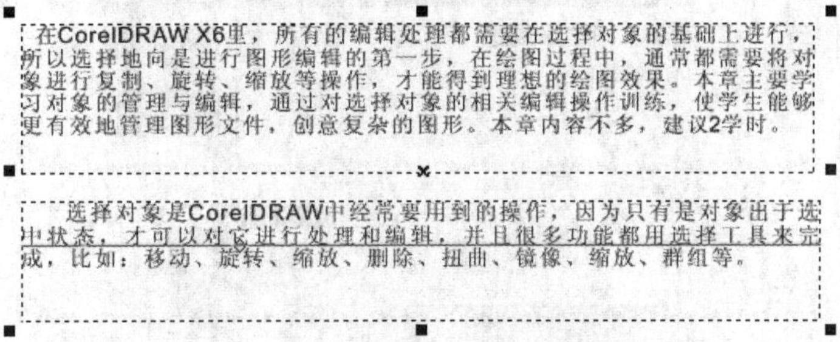

图 6.5

6.3.2　更改字体、大小、颜色

（1）选择文本后，在属性栏中更改字体和字体大小，如图 6.6 所示。

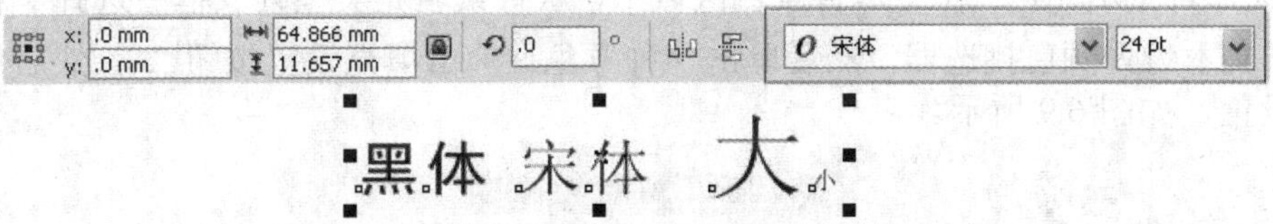

图 6.6

（2）选择文本后，单击属性栏中的文本属性按钮，在右侧“文本属性”泊坞窗中对文字和大小、颜色等属性进行设置，如图 6.7 所示。

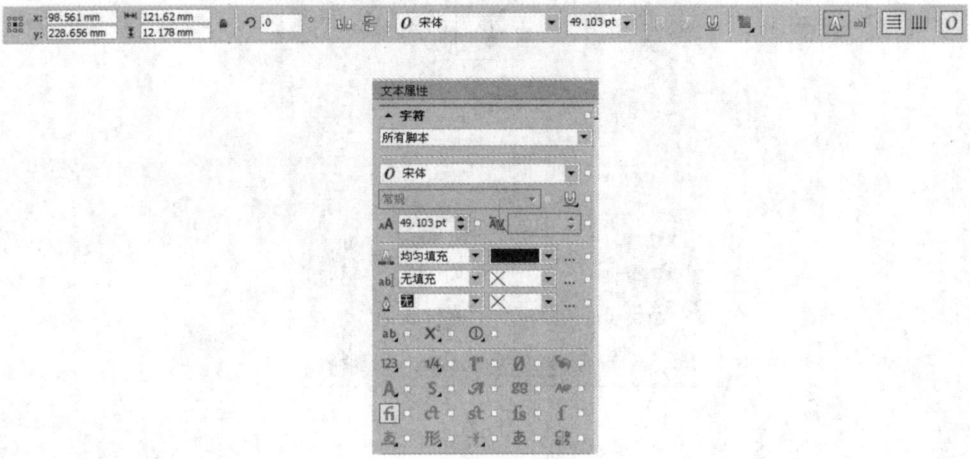

图 6.7

1）选择填充色：在文本颜色区域中，从填充类型列表框中选择一种填充类型，打开文本颜色挑选器，然后单击一种颜色。单击填充设置按钮 ，然后修改对话框中的设置，

如图 6.8 所示。

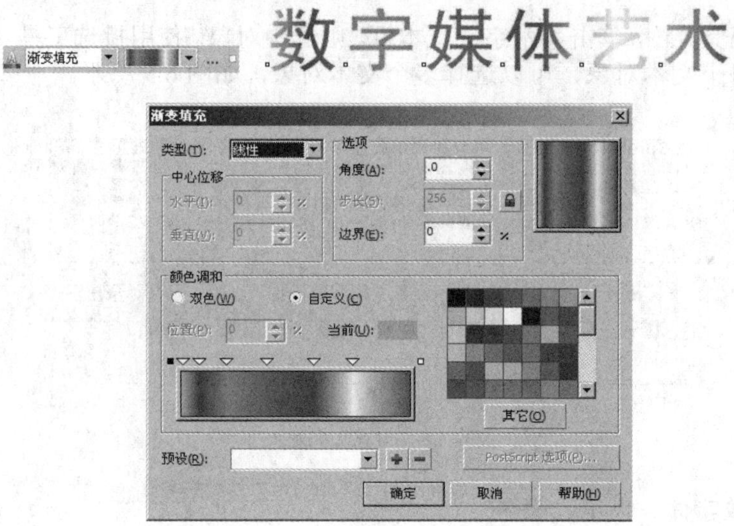

图 6.8

2）选择背景填充色：在文本背景色区域中，从背景填充类型列表框中选择一种填充类型，打开文本背景颜色挑选器，然后单击一种颜色。单击填充设置按钮，然后修改对话框中的设置，如图 6.9 所示。

图 6.9

3）选择轮廓宽度颜色：在文本轮廓颜色区域中，单击轮廓宽度按钮，然后从列表中选择一个选项。单击文本轮廓颜色挑选器，然后单击一种颜色。在文本轮廓颜色区域中，单击轮廓设置按钮，然后修改轮廓笔对话框中的设置，如图 6.10 所示。

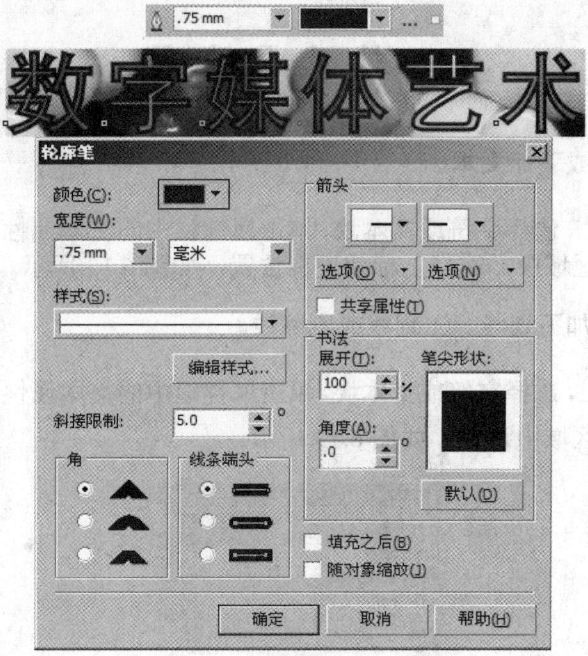

图 6.10

（3）选择文本后，单击“文本/编辑文本”命令，弹出“编辑文本”对话框，在其中设置字体及大小，如图 6.11 所示。

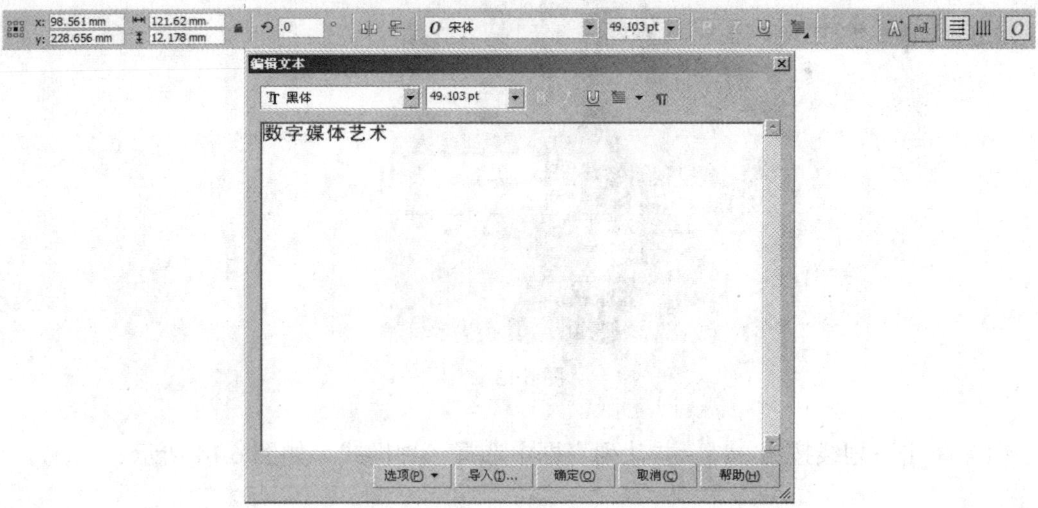

图 6.11

（4）单击挑选工具，然后拖动其中一个边角手柄，调整美术字的大小。

（5）单击挑选工具，按 Alt 键，然后拖动其中一个边角手柄，调整段落文本的大小。

（6）单击默认调色板上的任一色样，或者将一种色样拖动至文本对象或轮廓，填充文本对象中的字符或轮廓色。

6.4 格式化字符

6.4.1 插入上标或下标文本

使用文本工具，选择字符或文本块，单击属性栏中的文本属性按钮，在右侧的泊坞窗字符区域中，选择上标或下标位置，如图 6.12 所示。

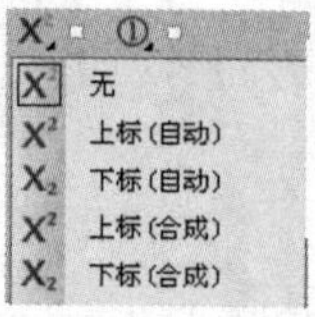

图 6.12

6.4.2 为文本添加下划线、上划线或删除线

使用文本工具，选择字符或文本块，单击属性栏中的文本属性按钮，在右侧的泊坞窗字符区域中设置，如图 6.13 所示。

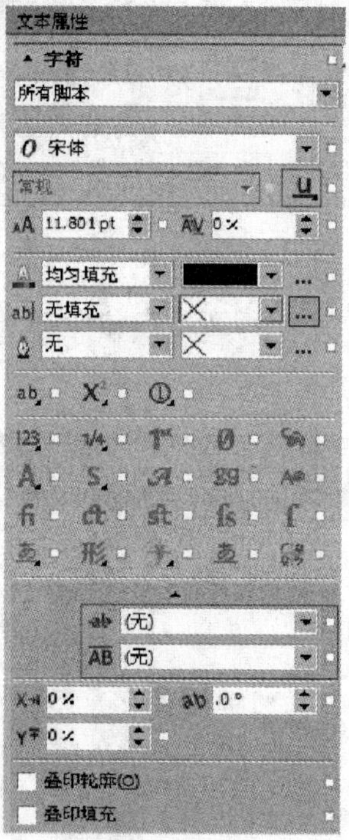

图 6.13

（1）单击下划线按钮，并从列表框中选择一种样式，如图 6.14 所示。

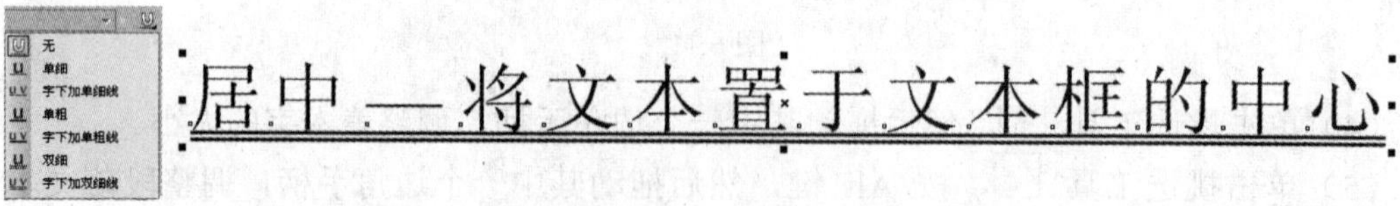

图 6.14

（2）从字符删除线列表框中选择一种样式，如图 6.15 所示。

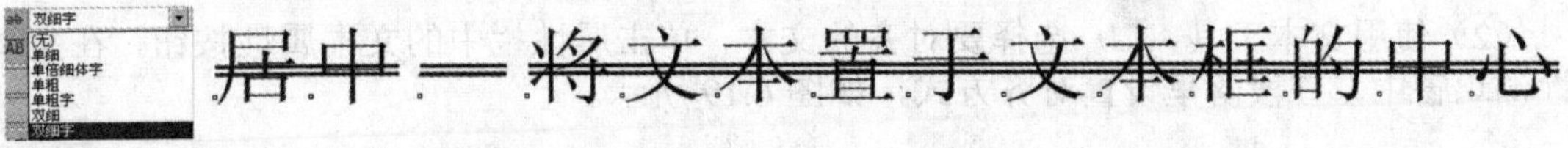

图 6.15

（3）从字符上划线列表框中选择一种样式，如图 6.16 所示。

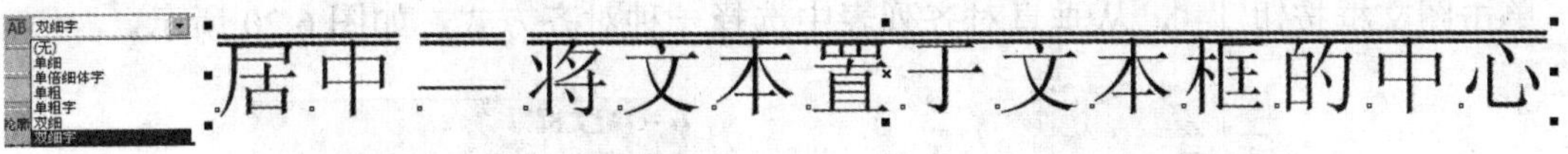

图 6.16

6.5　对　齐　文　本

6.5.1　水平对齐文本

（1）使用文本工具 [字]，选择要对齐的文本，在属性栏中单击文本对齐按钮，在弹出的下拉列表中选择对齐方式，如图 6.17 所示。

图 6.17

1）无 — 应用默认对齐设置。
2）左对齐 — 将文本与文本框或美术字边框的左侧对齐。
3）居中 — 将文本置于文本框的中心。
4）右对齐 — 将文本与文本框和美术字边框的右侧对齐。
5）两端对齐 — 将文本（最后一行除外）与文本框的左右两侧对齐。
6）强制两端对齐 — 将文本（包括最后一行）与文本框的左右两侧对齐。
以上 5 项的效果如图 6.18 所示。

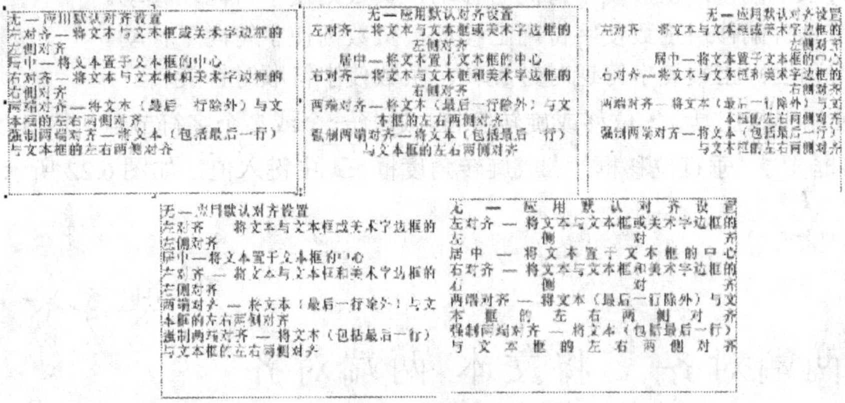

图 6.18

（2）使用文本工具，选择要对齐的文本，单击属性栏中的文本属性按钮，在文本属性泊坞窗中，在段落里设置对齐方式，如图 6.19 所示。

6.5.2 垂直对齐段落文本

使用挑选工具，单击文本框，单击属性栏中的文本属性按钮，在文本属性泊坞窗中，单击图文框按钮，从垂直对齐列表中选择一种对齐方式，如图 6.20 所示。

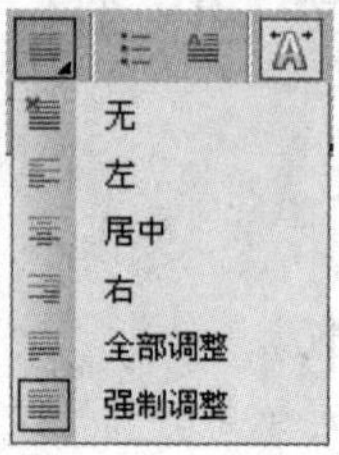

图 6.19

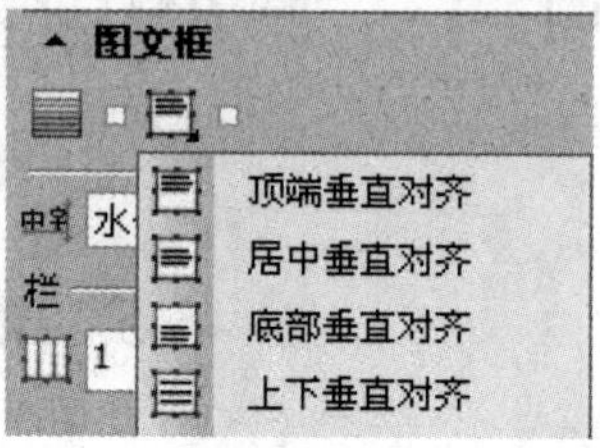

图 6.20

6.6 位移、旋转、镜像和翻转文本

可以垂直或水平位移美术字和段落文本中的字符或者对它们进行旋转以产生有趣的效果。可以将字符矫正到原始位置，以及将经过垂直位移的字符返回到基线。还可以镜像或翻转美术字和段落文本字符。

6.6.1 位移或旋转字符

（1）使用文本工具，选择一个字符或多个字符，单击属性栏中的文本属性按钮，在文本属性泊坞窗中，单击字符区域底部的箭头按钮，显示更多选项，如图 6.21 所示。

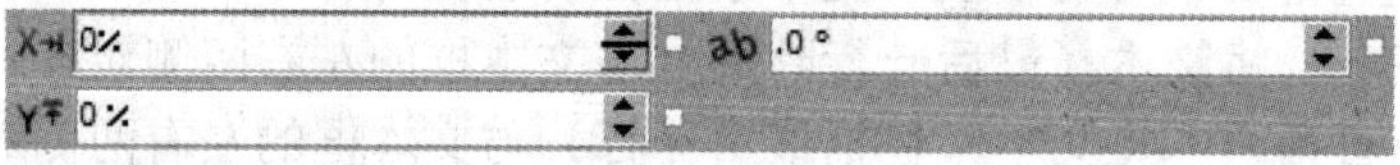

图 6.21

1）字符水平偏移：正数使字符向右移动，负数则使字符向左移动。

2）字符垂直偏移：正数使字符向上移动，负数则使字符向下移动。

3）字符角度：正数使字符逆时针旋转，负数使字符顺时针旋转。

（2）使用形状工具位移或旋转字符，选择一个或多个字符节点，然后在属性栏上的水平位移框、垂直位移框或旋转角度框中键入值，如图 6.22 所示。

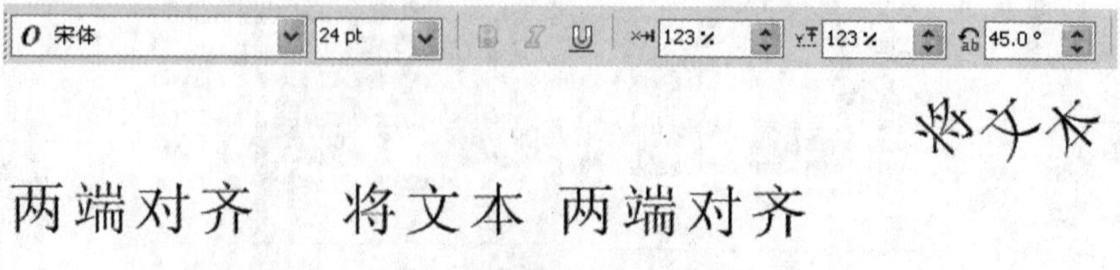

图 6.22

6.6.2　矫正位移或旋转的字符

使用文本工具，选择一个或多个字符，单击“文本/矫正文本”命令，如图 6.23 所示。

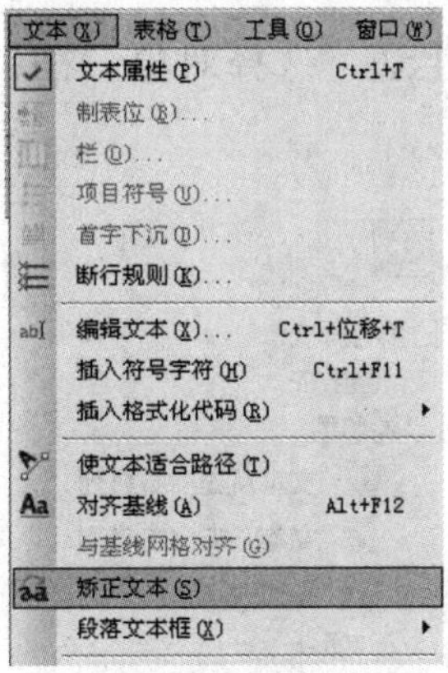

图 6.23

6.6.3　使垂直位移的字符返回基线

在工具箱中，单击形状工具，选择文本对象，然后选择位移字符左侧的节点，单击“文本/对齐基线”命令。

6.6.4　镜像文本

（1）使用文本工具，选择文本，在属性栏上，单击下列按钮之一：

1）水平镜像文本：从左向右翻转文本字符，如图 6.24 所示。

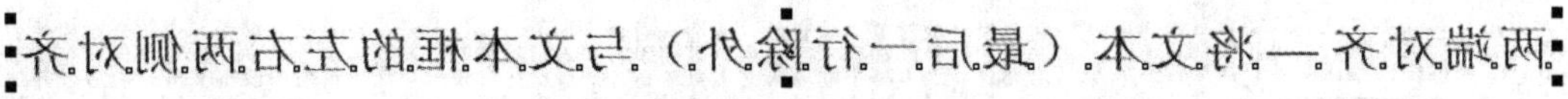

图 6.24

2）垂直镜像文本：从上向下翻转文本字符，如图 6.25 所示。

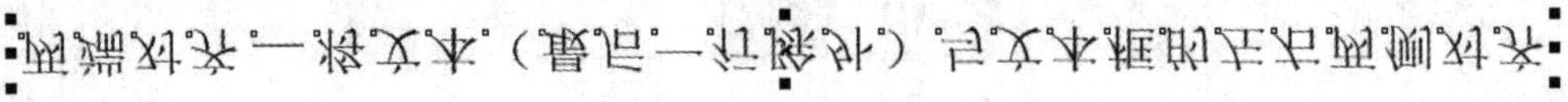

图 6.25

（2）通过沿对角线拖动翻转文本：使用文本工具，选择美术字或段落文本框，拖动中间选择手柄穿过文本，然后将边角手柄放置在另一侧。

6.7　环　绕　文　本

通过将段落文本环绕在对象、美术字或文本框周围，可以改变文本的形状。可以使用轮廓图或方形环绕样式来环绕文本。轮廓图环绕样式沿循对象的曲线。方形环绕样式沿循对象的边框。还可以调整段落文本和对象或文本之间的间距大小，并且可以移除之前应用的任何环绕样式。

将段落文本环绕在对象、美术字或文本框周围

（1）将对象放置在段落文本上边，选择对象，在属性栏里选择文本换行方式，如图 6.26 所示。

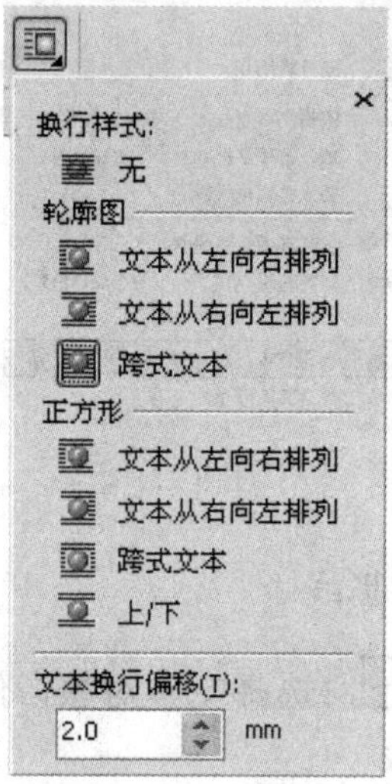

图 6.26

1）无：移除段落文本的环绕样式。

2）轮廓图：文本沿着对象的轮廓图进行环绕换行。包括文本从左向右排列、文本从右向左排列、跨式文本，如图 6.27 所示。

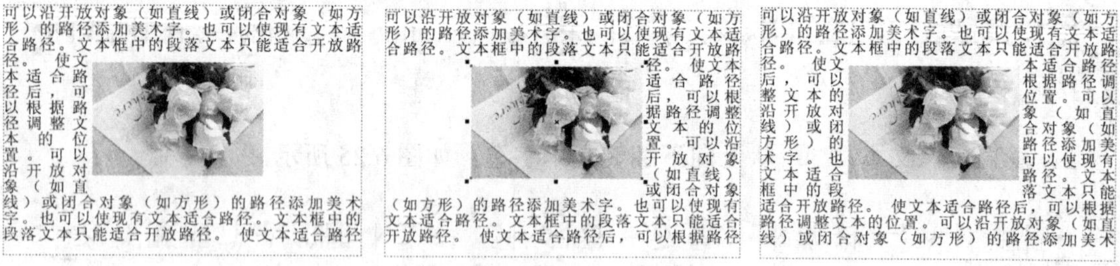

图 6.27

3）正方形：系统会自动假定对象为正方形，文本则以正方形的轮廓进行环绕换行。包括文本从左向右排列、文本从右向左排列、跨式文本。

4）上下：文本在图形的上下进行换行。

5）文本换行偏移：更改环绕文本与对象或文本之间的间距。

（2）选择要在其周围环绕文本的对象，单击“窗口/泊坞窗/对象属性”命令，在对象属性泊坞窗中，单击摘要按钮，显示环绕选项，如图 6.28 所示。

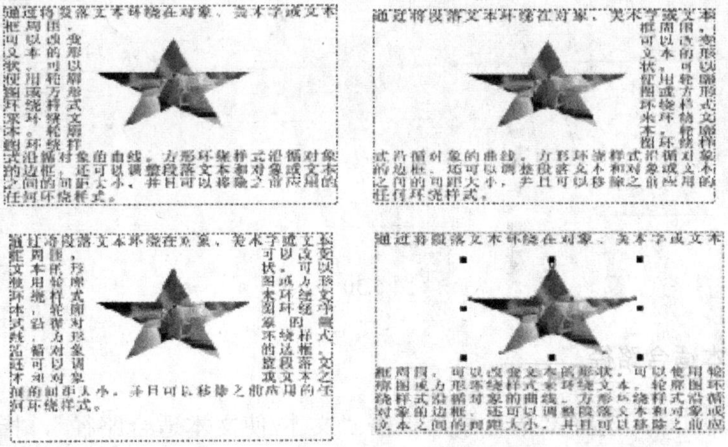

图 6.28

6.8　使文本适合路径

可以沿开放对象（如直线）或闭合对象（如方形）的路径添加美术字。也可以使现有文本适合路径。文本框中的段落文本只能适合开放路径。 使文本适合路径后，可以根据路径调整文本的位置。

6.8.1　沿路径添加文本

（1）单击文本工具 字，指向一个路径，当指针变成适合路径指针时，单击键入可以使文本适合路径。

（2）使用挑选工具 ，选择路径，单击“文本/使文本适合路径”命令，此时将在路径上插入文本光标，沿路径键入文本，如图 6.29 所示。

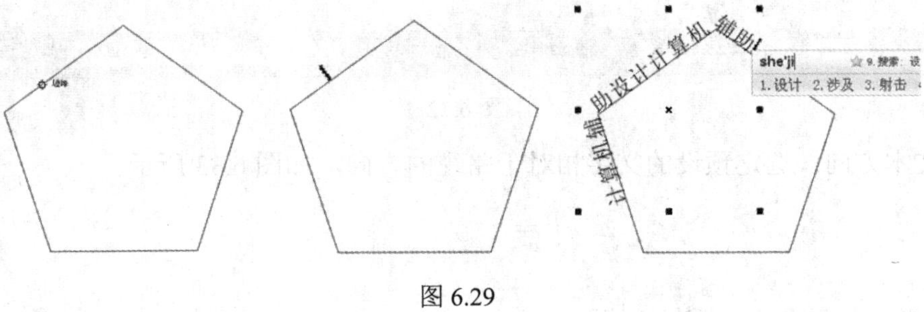

图 6.29

6.8.2　文本填充图形

点击工具箱中的文本工具，当光标指向图形边缘时，会出现路径图标或字图标，当出现字图标时在图形的内边缘位置单击，会出现虚线框， 在虚线框内输入文字使文字填充图形，如图 6.30 所示。

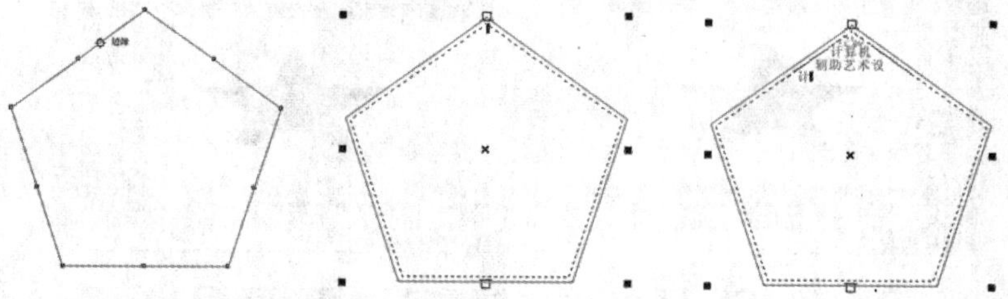

图 6.30

6.8.3 使文本适合路径

使用挑选工具，选择文本对象，单击“文本/使文本适合路径”，指针变成使文本适合路径指针，通过在路径上移动指针，可以预览将适合文本的位置，单击路径，如图 6.31 所示。

图 6.31

6.8.4 调整适合路径的文本的位置

（1）使用挑选工具选择适合路径的文本，其属性栏如图 6.32 所示。

图 6.32

1）文本方向：选定预设的文字相对于路径的方向，如图 6.33 所示。

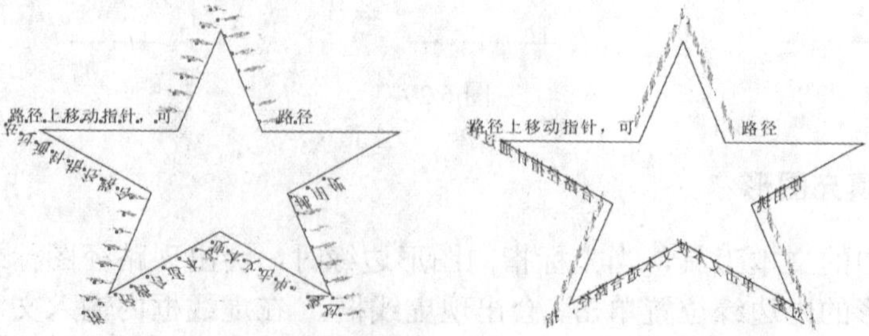

图 6.33

2）与路径的距离：设置文本与路径的距离，如图 6.34 所示。

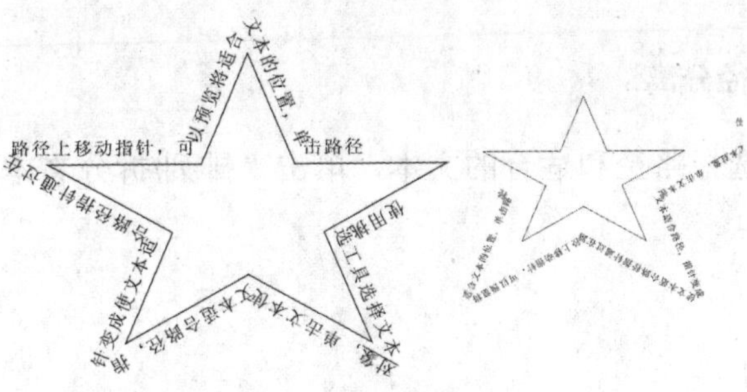

图 6.34

3）偏移：设置文本在路径上偏移的位置，正值为顺时针旋转偏移，负值为逆时针旋转偏移，如图 6.35 所示。

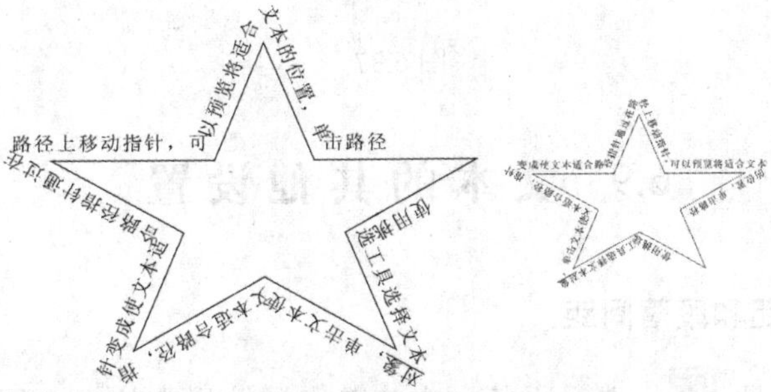

图 6.35

4）水平镜像文本 ：从左向右翻转文本字符。

5）垂直镜像文本 ：从上向下翻转文本字符。

6）贴齐记号：启用“打开贴齐记号”选项，然后在记号间距框中键入一个值。在路径上移动文本时，文本将以指定的增量移动。移动文本时，文本与路径间的距离显示在原始文本的下方，如图 6.36 所示。

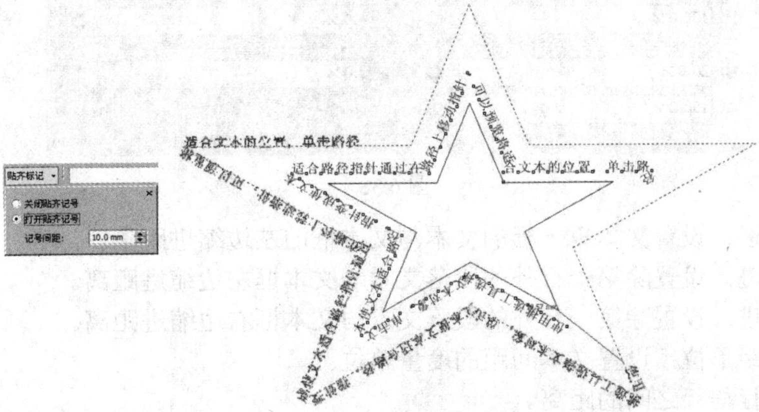

图 6.36

（2）使用形状工具 ，选择文本，然后拖动要重新定位的字符节点，可以更改适合的文本的水平方向。

6.8.5 使文本与路径分离

使用挑选工具 选择路径和适合的文本，单击“排列/拆分文本”命令，如图 6.37 所示。

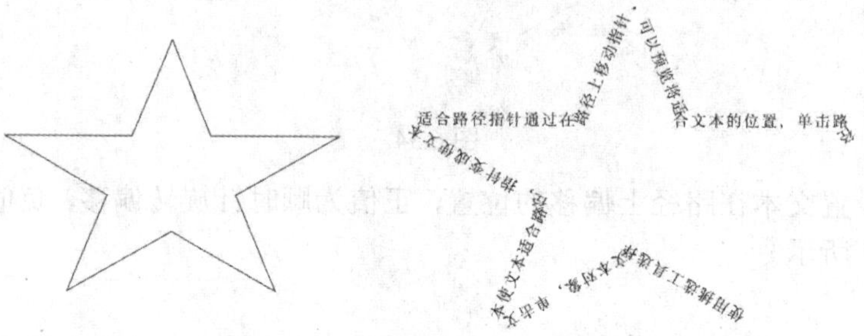

图 6.37

6.9 文本的其他设置

6.9.1 调整行间距和段落间距

（1）使用文本工具 ，选择段落文本，单击属性栏中的文本属性按钮，“段落”对话框，如图 6.38 所示。

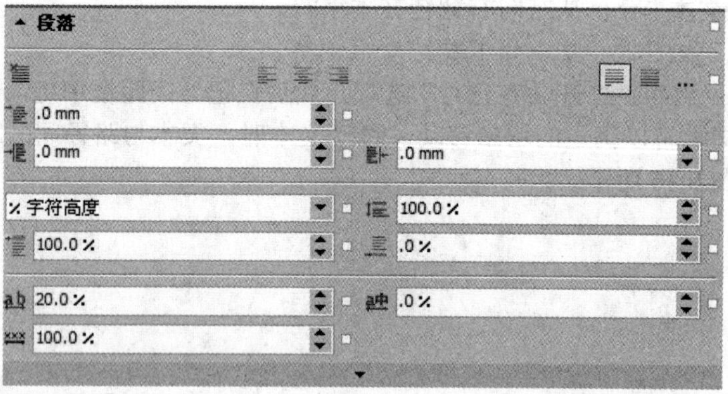

图 6.38

1）首行缩进：设置文本第一行的文本与文本框的左边缩进距离。

2）左行缩进：设置除第一行外的段落文本与文本框左边缩进距离。

3）右行缩进：设置除第一行外的段落文本与文本框右边缩进距离。

4）垂直间距单位：设置文本间距的度量单位。

5）行距：行与行之间的距离。

6）段前间距：段落上方插入的间距。

7）段后间距：段落下方插入的间距。

8）字符间距：一个词中单个文本字符之间的间距。

9）语言间距：设置数字或英文字母与中文文字之间的距离。

10）字间距：单个字之间的间距。

（2）单击“形状”工具，选择文本对象，然后拖动文本对象右下角的交互式水平间距箭头，按比例更改字符间距。

（3）单击形状工具，选择文本对象，然后拖动文本对象右下角的交互式垂直间距箭头，按比例更改行间距。

（4）单击形状工具，按住 Shift 键，选择文本对象，然后拖动文本对象右下角的交互式水平间距箭头，按比例更改字间距。

6.9.2　在文本框中添加栏

可以将文本排列在栏中。栏可用于设计文本密集型对象，例如通信、杂志和报纸。可以创建宽度和栏间宽度相等或不等的栏。选择一个段落文本框，单击“文本/栏”命令，弹出对话框，如图 6.39 所示。

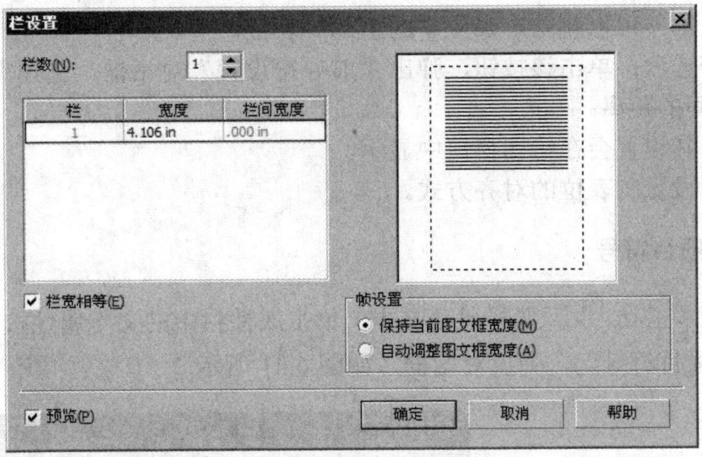

图 6.39

（1）栏数：设置栏的数目。

（2）栏宽相等：勾选此复选框，则栏与栏之间的距离相等，不勾选此复选框，则可以单击栏宽和栏间宽度选项，设置其数值。

（3）保持当前图文框宽度：使分栏后的文本框的宽度不变。

（4）自动调整图文框宽度：系统会根据设置的栏宽自动调整文本框宽度。

6.9.3　添加制表位

使用文本工具，选择段落文本，单击“文本/制表位”命令，弹出“制表位设置”对话框，如图 6.40 所示。

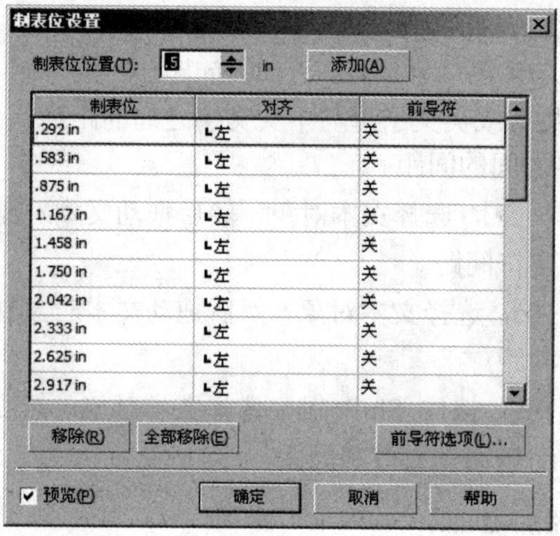

图 6.40

（1）制表位的位置：用于设置添加制表位的位置，此数值是在最后一个制表位的基础上设置的。单击“添加”按钮可将此位置添加到制表位窗口底部。

（2）删除：删除选择的制表位。

（3）删除全部：可以删除制表位中的全部制表位。

（4）前导符选项：单击该按钮，弹出“前导符设置”对话框，选择需要的显示符号，并可以设置符号间的距离。

（5）预览：其设置会在绘图窗口中显示。

（6）对齐：设置制表位的对齐方式。

6.9.4 添加项目符号

（1）使用文本工具 字，选择段落文本，单击属性栏中的文本属性按钮，在右侧泊坞窗段落中点击“项目符号”，弹出对话框，如图 6.41 所示。

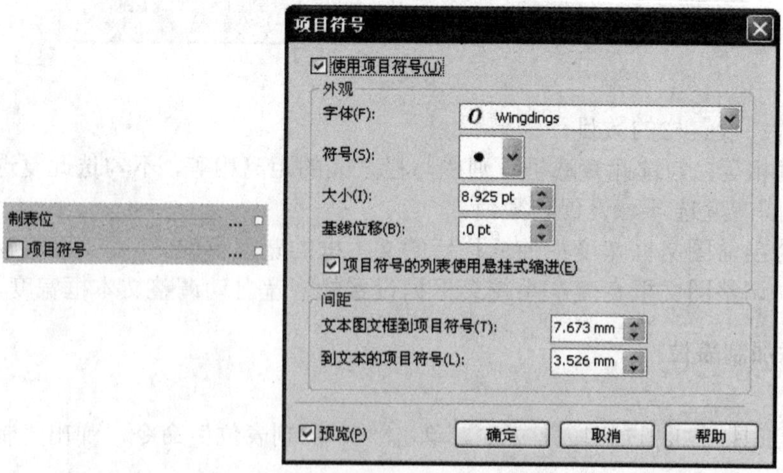

图 6.41

1）字体：根据需要选择一种字体。

2）符号：包含符号形状。

3）项目符号大小：设置符号的形状大小。

4）基线位移：调整项目符号位置。

5）项目符号的列表使用悬挂式缩进：添加具有悬挂式缩进格式的项目符号。

6）文本图文框到项目符号：设置距文本框的距离。

7）到文本的项目符号：设置项目符号与文本之间的距离。

（2）使用文本工具，选择项目符号，然后单击调色板上的一种颜色，更改项目符号的颜色，如图 6.42 所示。

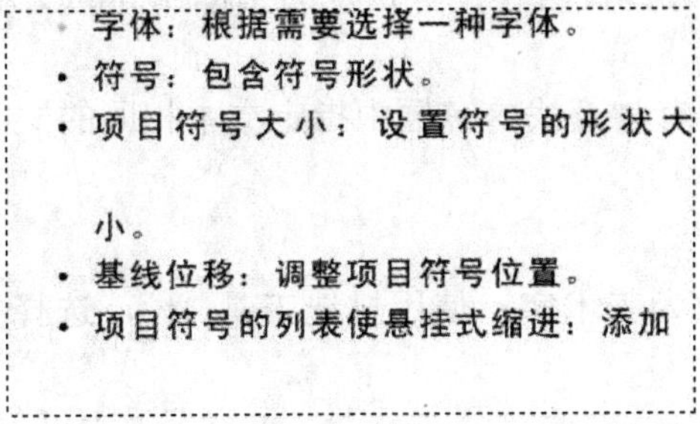

图 6.42

6.9.5　链接段落文本框

（1）使用文本工具，选择起始文本框，单击文本框或对象底部的文本排列标签。

（2）如果文本框中放不下所有文本，则标签中会出现箭头，并且文本框会变成红色。

（3）当光标变为链接至光标时，单击要在其中继续排列文本的文本框或对象，如图 6.43 所示。

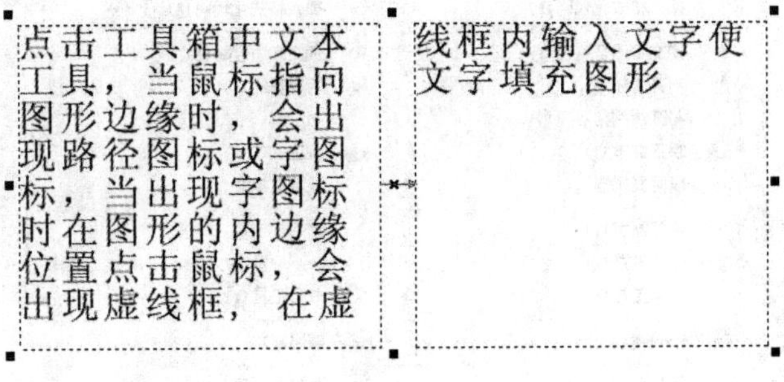

图 6.43

（4）右击链接文本框，然后单击“撤消链接段落文本框”。

6.9.6　查找、编辑文本

（1）单击“编辑/查找并替换/查找文本”，在查找框中键入要查找的文本，单击“查找下一个”按钮，如图 6.44 所示。

（2）单击“编辑/查找并替换/替换文本”，在查找框中键入要查找的文本，在替换为框中键入替换文本，如图 6.45 所示。

图 6.44

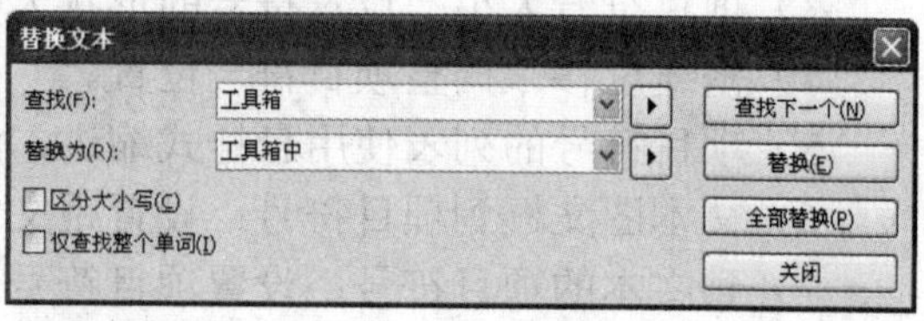

图 6.45

1）查找下一个：查找下一个与查找内容框中指定的文本相同的文本。

2）替换：替换选定的与查找内容框中指定的文本相同的文本。如果没有选定，替换会查找下一处。

3）全部替换：替换所有与查找内容框中指定文本相同的文本。

6.9.7 转换文本

（1）将段落文本转换为美术字：使用挑选工具，选择文本，然后单击“文本/转换为美术字”命令。

（2）将美术字转换为段落文本：使用挑选工具，选择文本，然后单击“文本/转换为段落文本”命令，如图 6.46 所示。

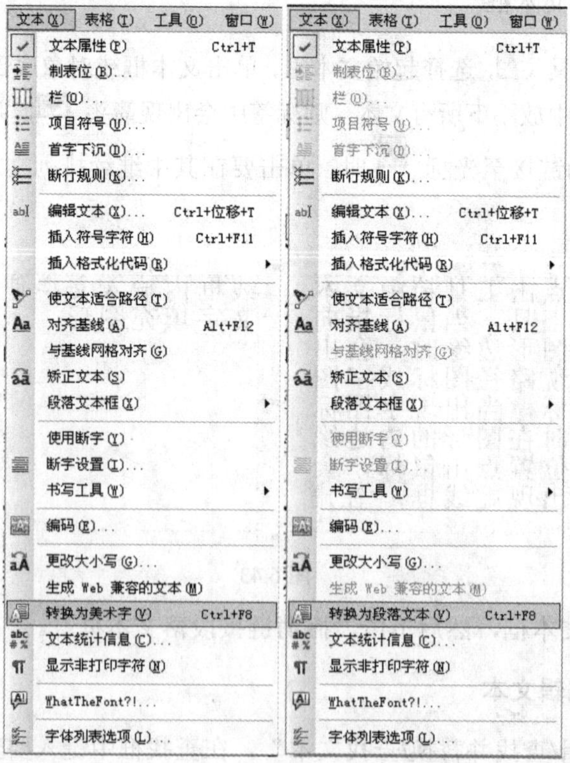

图 6.46

（3）将美术字或段落文本转换为曲线：使用挑选工具，选择文本，然后单击“排列/转换为曲线”。转换成曲线后就可以像编辑图形一样去编辑文字，单击工具栏中的形状工具，文字上出现节点，拖动节点编辑即可，如图 6.47 所示。

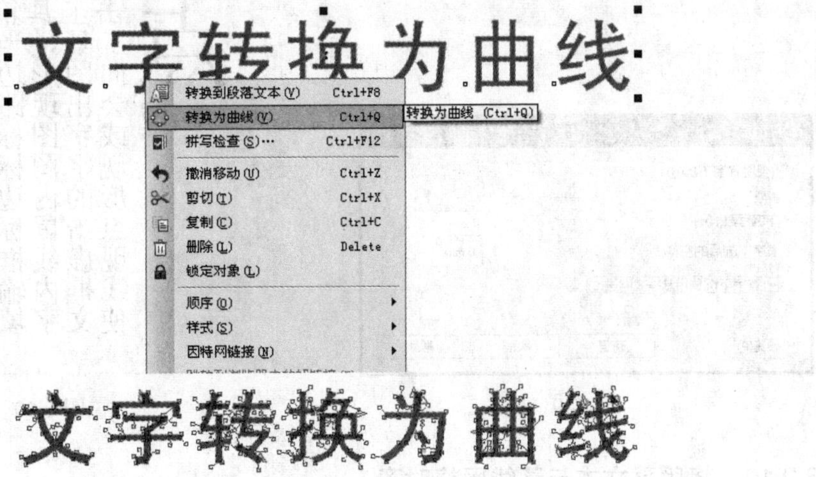

图 6.47

6.9.8　添加特殊字符

使用文本工具，单击要添加特殊字符的位置，单击“文本/插入符号字符”，在插入字符泊坞窗中，从字体列表框中选择字体，双击列表中的字符，字符的大小由文本的字体大小决定，如图 6.48 所示。

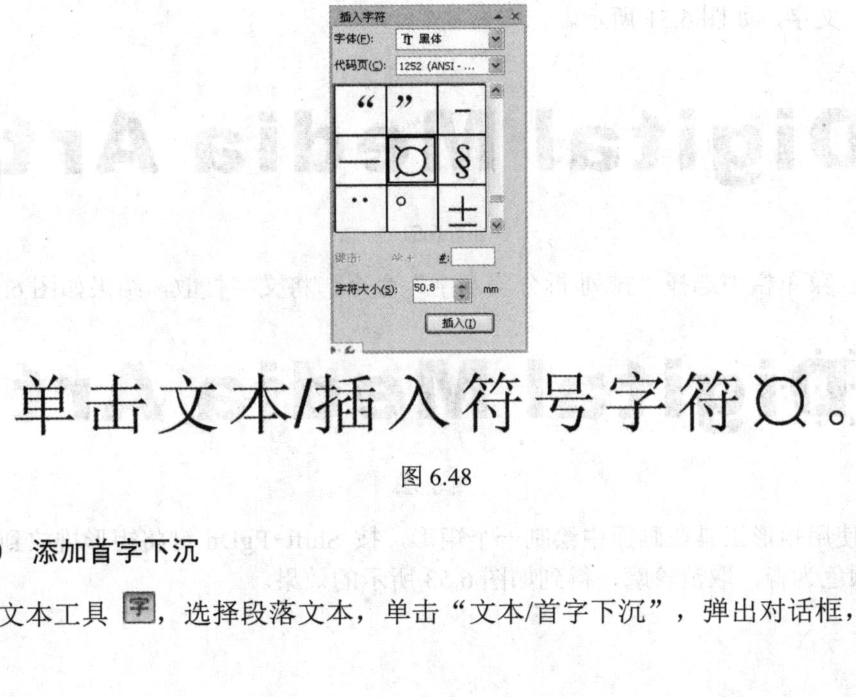

图 6.48

6.9.9　添加首字下沉

使用文本工具，选择段落文本，单击“文本/首字下沉”，弹出对话框，如图 6.49 所示。

（1）下沉行数：指定首字下沉旁边的行数。

（2）首字下沉后的空格：设置首字下沉与文本正文之间的距离。

（3）首字下沉使用悬挂式缩进：使首字下沉偏移文本正文，如图 6.50 所示。

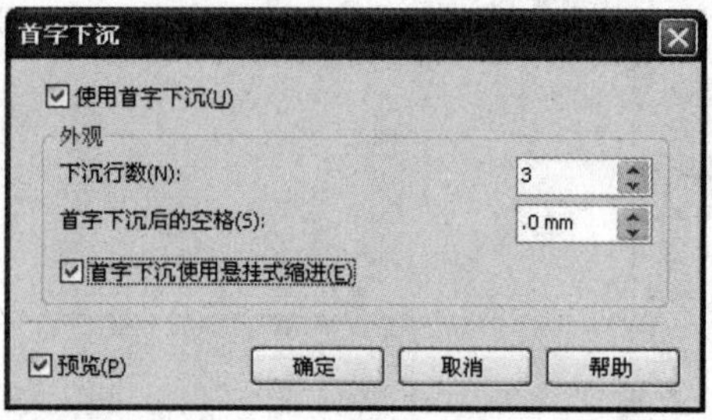

图 6.49

图 6.50

6.9.10 将段落文本与基线网格对齐

单击“视图/网格/基线网格”，选择一个文本框，单击“文本/与基线网格对齐”命令。

6.10 案 例 教 学

（1）新建文件，设置 A4 纸张，将页面设置为横向。在工具栏选择文本工具，在画面中的页面内单击，显示光标，在属性栏设置参数为

，再输入“Digital Media Art”文字，如图 6.51 所示。

图 6.51

（2）在菜单栏中选择“排列/拆分美术字”命令，将文字打散，结果如图 6.52 所示。

图 6.52

（3）使用矩形工具在画面中绘制一个矩形，按 Shift+PgDn 键将矩形排放到最底层，选择填充颜色为青，取消轮廓，得到如图 6.53 所示的效果。

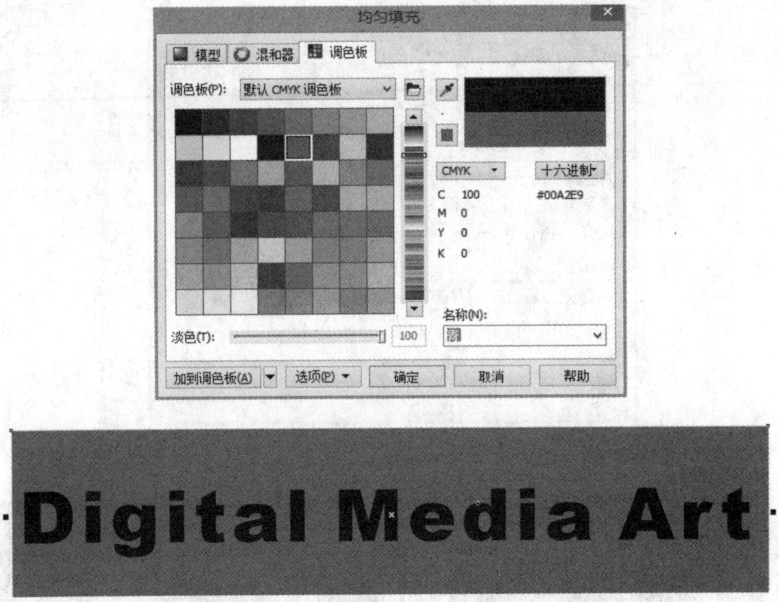

图 6.53

（4）在空白处单击取消选择，再按 Shift 键在画面中单击“D”“t”“M”“A”“r”5 个字母，以选择它们，按 F11 键弹出渐变填充对话框，设定“类型”为辐射，左边色标为“酒绿色”，中间色标为“浅黄色”，右边色标为“白色”，“水平”为 28%，“垂直”为 24%，位置为 59%，其他不变，单击“确定”，得到如图 6.54 所示的效果。

图 6.54

（5）在空白处单击取消选择，再按 Shift 键在画面中单击选择“i”“i”“a”“d”“t”5 个字母，按 F11 键弹出渐变填充对话框，如图 6.55，设定“类型”为辐射，从“冰蓝色”到“白色”，“水平”为-31%，“垂直”为 14%，其他不变，单击“确定”，得到如图 6.56 所示的效果。

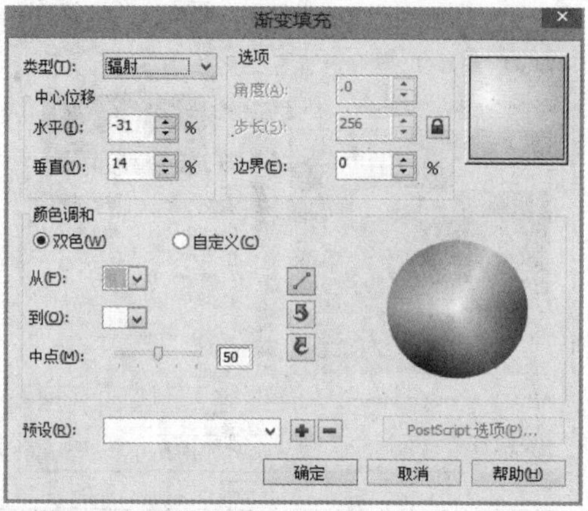

图 6.55

图 6.56

（6）用同样的方式选择“g”“l”“e”“i”“a”字母，按 F11 键弹出渐变填充对话框，设定“类型”为辐射，左边色标为“洋红色”，右边色标为“白色”，“水平”为–25%，“垂直”为 9%，其他不变，单击确定，得到如图 6.57 所示的效果。

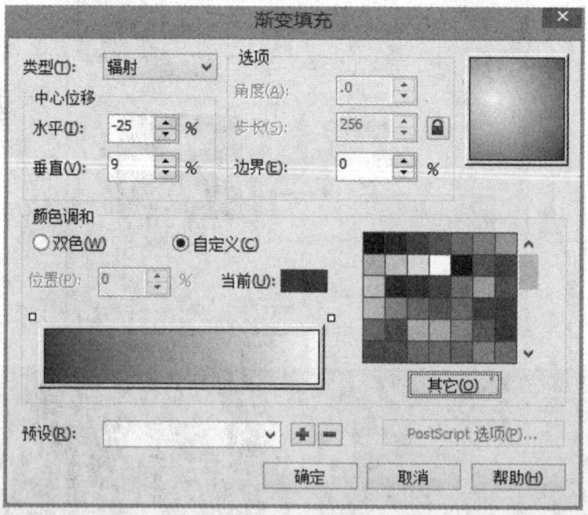

图 6.57

（7）在工具箱中选择立体化工具，在“D”字母上按下左键向右下方拖动，给“D”字母添加立体化效果，效果如图 6.58 所示。

图 6.58

（8）在属性栏单击立体化颜色按钮，弹出颜色调板，选择递减颜色，设置从“绿”到“酒绿”，得到如图 6.59、图 6.60 所示效果。

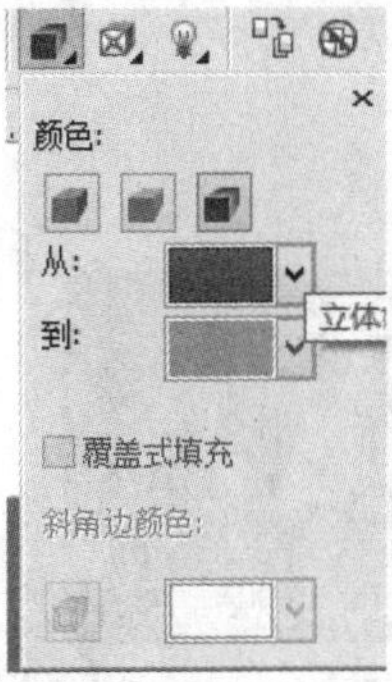

图 6.59

图 6.60

（9）在画面中选择“i”字母，在菜单栏中执行“效果/复制效果/立体化自”命令，光标指向“D”字母的立体化效果单击，如图 6.61 所示，即可使“i”字母应用“D”字母的立体化效果。

图 6.61

（10）试用与步骤（9）同样的方法给其他字母也添加立体化效果，添加了立体化效果的结果如图 6.62 所示。

图 6.62

（11）在工具箱中选择立体化工具，单击“L”字母，使它处于立体化编辑状态，然后拖动灭点向左至适当位置，以调整灭点位置。用同样的方法调整“a”“t”字母。效果如图 6.63 所示。

图 6.63

（12）使用立体化工具在画面中单击“i”字母，在属性栏单击立体化颜色按钮，弹出颜色调板，并在其中设置从“青”到“冰蓝”，得到如图 6.64 所示效果。

图 6.64

（13）使用与步骤（12）相同的方法将“i”“a”“d”“t”字母的立体化颜色更改，更改后的效果如图 6.65 所示。

图 6.65

（14）使用立体化工具在画面中单击“g”字母，在属性栏单击立体化颜色按钮，弹出颜色调板，并在其中设置从“洋红”到“浅黄”，得到如图 6.66 所示效果。

图 6.66

（15）使用与步骤（14）相同的方法将“l”“e”“i”“a”字母的立体化颜色更改，更改后的效果如图 6.67 所示。

图 6.67

（16）试用选择工具在画面中单击“i”字母，以便选择它，再次单击，使之处于旋转状态，然后将其旋转一定角度，旋转后的效果如图 6.68 所示。

图 6.68

（17）使用选择工具单击“D”字母，，按 Shift+PgUp 键，将其放到最上层，然后移动到适当位置，排放完成的效果如图 6.69 所示。

图 6.69

（18）单击“i”字母，向上移动到适当位置，排放完成后的效果如图 6.70 所示。

图 6.70

（19）选择“t”字母，再次单击使之处于旋转状态，将其旋转一定角度，然后拖放到适当位置，效果如图 6.71 所示。

图 6.71

（20）单击“a”字母，向左移动到适当位置，排放完成后的效果如图 6.72 所示

图 6.72

（21）选择“l”字母，再次单击使之处于旋转状态，将其旋转一定角度，然后拖放到适当位置，效果如图 6.73 所示。

图 6.73

（22）将其余的字母按同样的方法完成排列，效果如图 6.74 所示。

图 6.74

（23）拖动对应的图案到相应的位置，调整大小，并在默认的 CMYK 调色板上单击酒绿，得到如图 6.75 所示的效果。

图 6.75

（24）导入图案文件，拖动对应图案到对应位置，并调整大小，并在默认的 CMYK 调色板上单击月光绿，得到如图 6.76 所示的效果。

图 6.76

（25）在菜单中执行“排列/对象/置于此对象前”命令，再使用指针单击矩形，使选择的图案置于矩形上层，最终结果如图 6.77 所示。

图 6.77

本 章 小 结

本章主要介绍了美工文字和段落文字的编辑输入、文字特效以及矢量图特效的应用。这些效果在设计作品时会经常用到，熟练掌握各种效果的应用对今后的专业设计会有很大帮助。

第 7 章　图层的管理及应用样式

图层为组织和编辑复杂绘图中的对象提供了更大的灵活性。可以将一个图形文件划分成多个图层，每个图层分别包含一部分绘图内容。例如，可以使用图层来组织建筑物的建筑设计图。可以把建筑物的各组成部分（例如，管道、电气、结构等）放到不同的图层上进行组织。图形图像软件中基本都有图层的概念，因为复杂的绘图总要有效地进行管理、编辑，这就需要图层功能的控制，对图层的各种编辑操作是本章重点掌握的内容，建议 2 学时完成。

7.1　对象管理器

图层的相关功能都在对象管理器泊坞窗中。选择菜单栏中的“窗口/泊坞窗/对象管理器”，弹出“对象管理器”对话框，如图 7.1 所示。

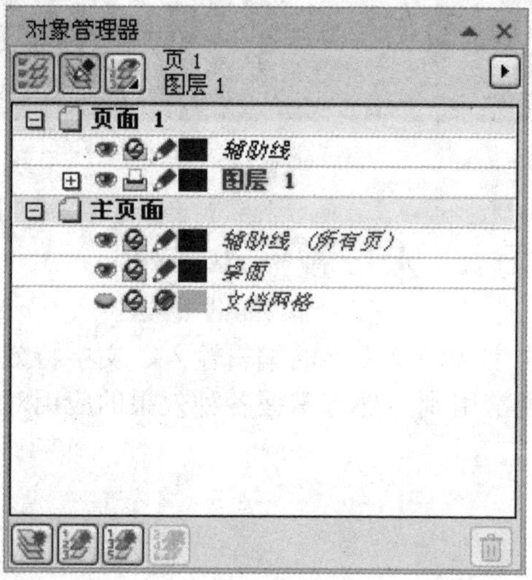

图 7.1

每个新文件都是使用默认页面（页面 1）和主页面创建的。默认页面包括以下图层：

（1）辅助线：存储特定页面（局部）的辅助线。在辅助线图层上放置的所有对象只显示为轮廓，而该轮廓可作为辅助线使用。

（2）图层 1：指的是默认的局部图层。在页面上绘制对象时，对象将添加到该图层上，除非选择了另一个图层。

（3）辅助线（所有页）：包含用于文档中所有页面的辅助线。在辅助线图层上放置的所有对象只显示为轮廓，而该轮廓可作为辅助线使用。

（4）桌面：包含绘图页面边框外部的对象。该图层可以存储稍后可能要包含在绘图中的对象。

（5）文档网格：包含用于文档中所有页面的文档网格。文档网格始终为底部图层。

单击“对象属性”按钮可以显示或者隐藏对象属性；单击“跨图层编辑”按钮可以编辑所有的图层；单击“图层管理器视图”按钮能弹出图层的列表。要将内容添加到图层上，必须首先选择图层，以便该图层变为活动图层。

7.1.1　新建图层

在对象管理器泊坞窗的右上角，单击展开工具栏按钮，然后单击新建主图层 (所有页面)，或者单击对象管理器泊坞窗中的新建图层按钮，输入图层的名字即可完成新建图层，如图 7.2 所示，当前新建图层的字体颜色为红色，利于操作者识别。

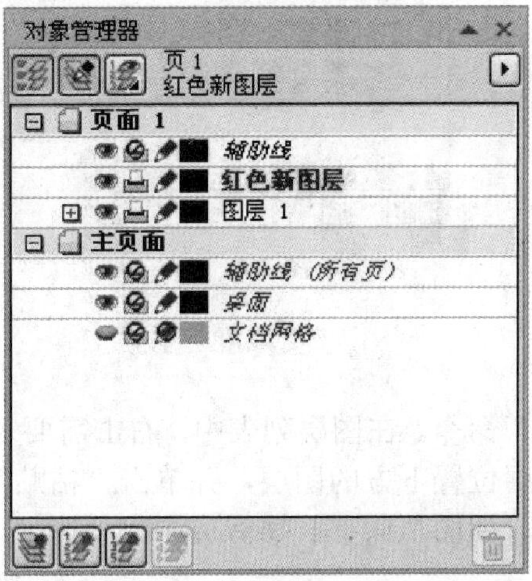

图 7.2

7.1.2　新建主图层

主页面是包含应用于文档中所有页面的信息的虚拟页面，将一个或多个图层添加到主页面，以保留页眉、页脚或静态背景等内容，新建主图层的方法有：

（1）在对象管理器泊坞窗的右上角单击展开工具栏按钮，然后单击新建主图层（所有页面），或者单击对象管理器泊坞窗中新主图层（所有页面）按钮。

（2）在对象管理器泊坞窗的右上角单击展开工具栏按钮，然后单击新建主图层（奇数页），单击对象管理器泊坞窗中新主图层（奇数页）按钮。此命令仅在活动的页面为奇数页时可用。

（3）在对象管理器泊坞窗的右上角单击展开工具栏按钮，然后单击新建主图层（偶数页），单击对象管理器泊坞窗中新主图层（偶数页）按钮。此命令仅在活动的页面为偶数页时可用，如图 7.3 所示。

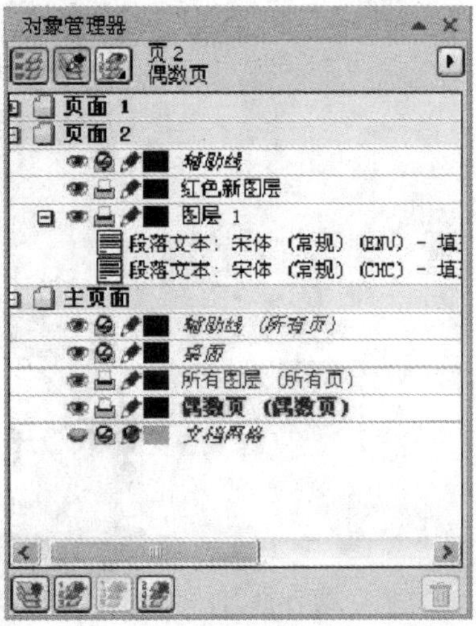

图 7.3

7.1.3　排列图层

要改变图层的位置，按住图层并拖动会出现一条黑色的线，这时将图层拖动到适合的位置即可，如图 7.4 所示。

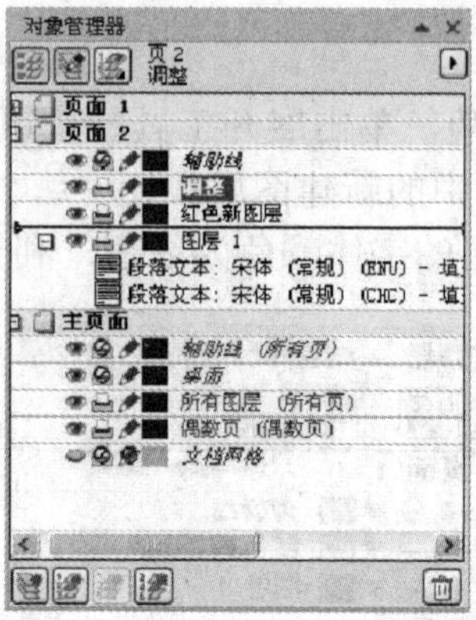

图 7.4

7.1.4　复制图层

单击“工具/对象管理器”命令。在图层列表中，右击需要复制的图层，并单击“复制”命令，右击需要放置复制图层位置下方的图层，并单击“粘贴”命令，图层及其包含的对象将粘贴在选定图层的上部，如图 7.5、图 7.6 所示。

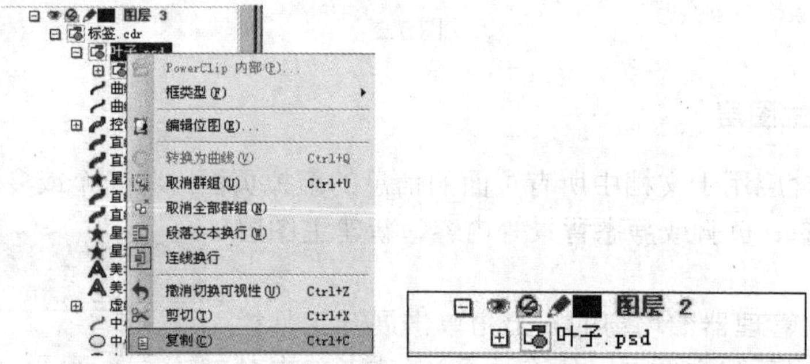

图 7.5

图 7.6

7.1.5　显示或隐藏图层

（1）单击“工具/对象管理器”命令，单击图层名旁边的显示或隐藏图标。当显示或隐藏图标呈灰色时，则此图层将隐藏，如图 7.7 所示。

（2）在对象管理器泊坞窗中右击图层，然后单击“可见”命令来显示或隐藏图层。

图 7.7

7.1.6　启用或禁用图层的打印和导出

（1）单击“工具/对象管理器”命令。单击图层名旁边的启用还是禁用打印和导出图标，如图 7.8 所示。

（2）在对象管理器泊坞窗中右键单击图层，然后单击“可打印”命令来启用或禁用图层的打印和导出。

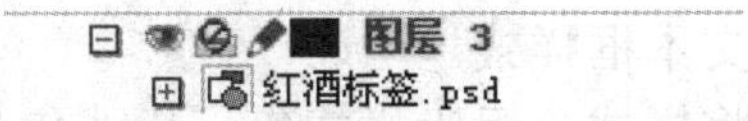

图 7.8

7.1.7　锁定或解除锁定图层

单击“工具/对象管理器”命令。在对象管理器泊坞窗中，单击图层名旁边的锁定或解除锁定图标，如图 7.9 所示。

图 7.9

7.1.8　重命名图层

（1）单击“工具/对象管理器”命令。右键单击图层名，然后单击“重命名”命令，如图 7.10 所示。

（2）也可通过单击图层名两次，然后键入新的名称来重命名图层。

图 7.10

7.1.9 更改图层颜色

在对象管理器泊坞窗中，双击图层名称左侧显示的色样，然后选择一种颜色，如图 7.11 所示。

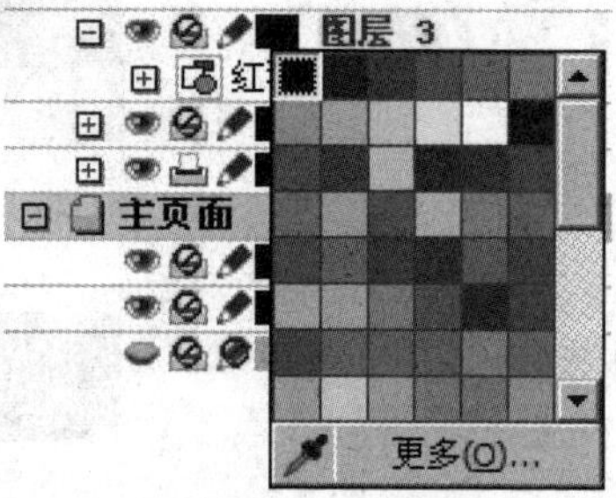

图 7.11

7.2 图形和文本样式

样式是一组定义对象属性的格式化属性，如轮廓或填充。例如，要定义轮廓样式，可以指定轮廓宽度、颜色和线条类型等属性。要定义字符样式，可以指定字体类型、字体样式和大小、文本颜色和背景颜色、字符位置、大写等。CorelDRAW X6 软件支持创建和应用轮廓、填充、段落、字符和文本框样式。

CorelDRAW X6 软件允许将样式分组为样式集。样式集是定义对象外观的样式集合，可以创建包含可应用于矩形、椭圆形和曲线等图形对象的填充样式和轮廓样式的样式集。

7.2.1 新建样式

随意画一个图形如正方形，为其填充一个满意的效果，如图 7.12 所示，在图形上右击，在弹出的菜单中选择“对象样式/从以下项新建样式/轮廓”，弹出“从以下项新建样式”对话框，输入名称后单击确定，且打开对象样式泊坞窗，如图 7.13 所示。

使用挑选工具 ，右击对象。单击“对象样式/从以下项新建样式集”，在“从以下项新建样式集”对话框的“新样式集名称”框中键入名称。

图 7.12

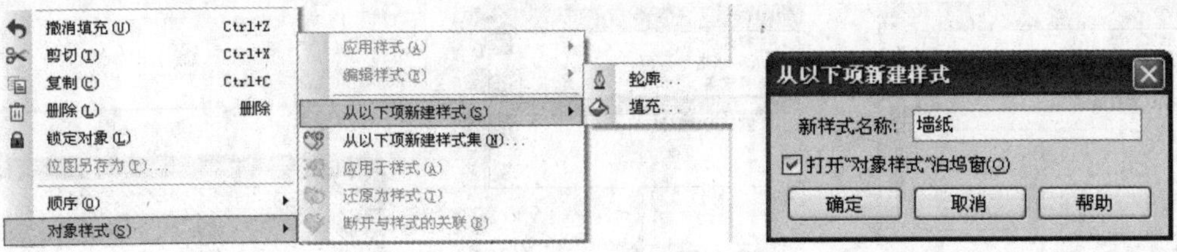

图 7.13

通过将对象拖动至对象样式泊坞窗中的样式集文件夹来创建对象样式集。将对象拖动至样式集文件夹中现有样式集的上方，该对象的属性将替换该样式集的属性并且将自动更新已应用该样式集的所有对象。

7.2.2　应用样式

随意绘制一个图形并选中，如图 7.14 所示，单击“窗口/泊坞窗/对象样式”命令，弹出“对象样式”泊坞窗，如图 7.15 所示，选择之前存储的“墙纸”样式即可完成填充，如图 7.16 所示。

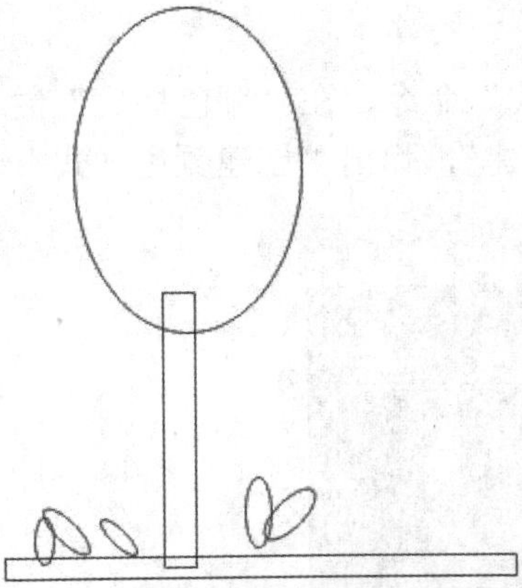

图 7.14

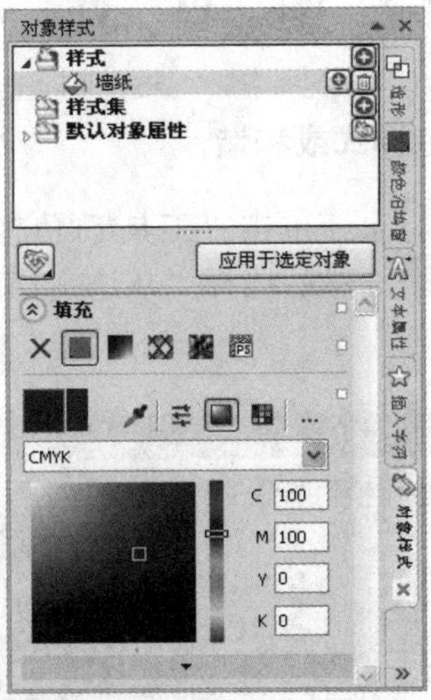

图 7.15

图 7.16

7.2.3　编辑样式和样式集

单击“工具/对象样式”命令，在“对象样式”泊坞窗中，打开样式文件夹并选择样式，在“对象样式”泊坞窗的样式属性区域中，修改需要的属性，如图 7.17 所示。

单击“工具/对象样式”命令，在“对象样式”泊坞窗中，打开样式集文件夹并选择样式集，单击样式集旁边的添加或删除样式按钮，选择要在样式集中添加或删除的样式类型，在包括样式集中的样式类型旁边将显示复选标记，在“对象样式”泊坞窗的样式属性区域中，可以编辑包括在样式集中的样式，如图 7.18 所示。

设置好参数后，单击确定即可。任意绘制一个几何图形，在图形上右击，选择弹出菜单中的“样式/应用/默认”命令即可，如图 7.19 所示。

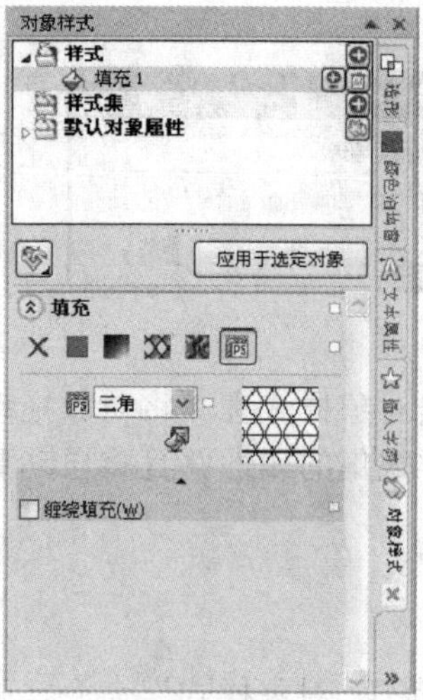

图 7.17

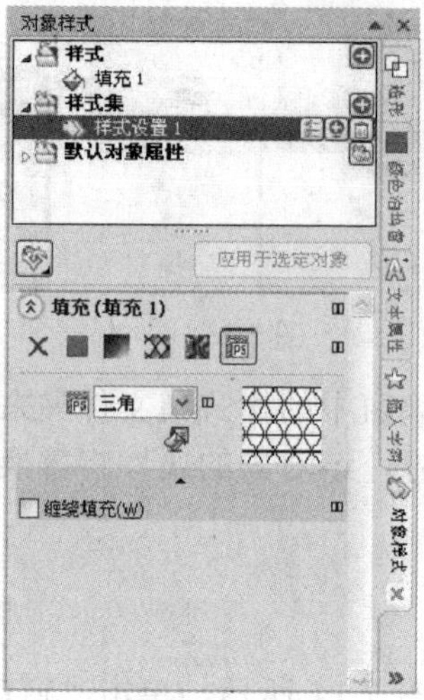

图 7.18

图 7.19

7.3 颜 色 样 式

7.3.1 从选定对象创建颜色样式或和谐

使用“挑选”工具选择对象，单击“工具/颜色样式”命令，在“颜色样式”泊坞窗中，单击新建颜色样式按钮，然后选择“从选定项新建”，弹出“创建颜色样式”对话框，如图 7.20 所示。

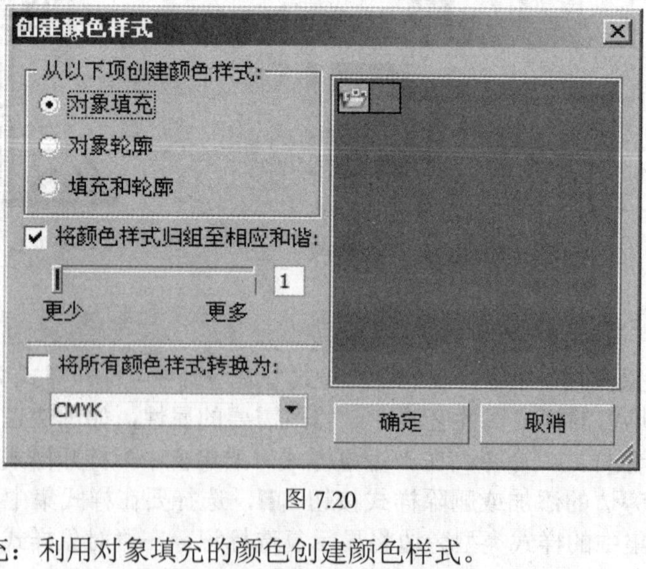

图 7.20

（1）对象填充：利用对象填充的颜色创建颜色样式。

（2）对象轮廓：利用对象轮廓的颜色创建颜色样式。

（3）填充和轮廓：利用对象填充和轮廓的颜色创建颜色样式。

（4）将颜色样式归组至相应和谐：按照具有相似饱和度和颜色值的色度对新颜色样式

进行分组，在框中指定和谐的数量。

（5）将所有颜色样式转换为：启用将所有颜色样式转换为复选框，然后从列表框中选择颜色模式。

使用以下任一方法从选定对象创建颜色样式或颜色和谐：

1）若要创建独立的颜色样式，请将选定对象拖到“颜色样式”泊坞窗中灰色区域的顶部；或者，若要创建将归组到和谐中的颜色样式，则将选定对象拖到灰色区域的底部。然后，在“创建颜色样式”对话框中指定所需的设置。

2）在文档窗口中右击该对象，然后选择“颜色样式/从选定项新建”命令。然后，在“创建颜色样式”对话框中指定所需的设置。

3）单击颜色样式调色板上的箭头按钮，然后选择“从选定内容添加”命令。

7.3.2 创建颜色样式

单击“工具/颜色样式”命令，将色样从任意打开的调色板拖到“颜色样式”泊坞窗中灰色区域的顶部，如图 7.21 所示。

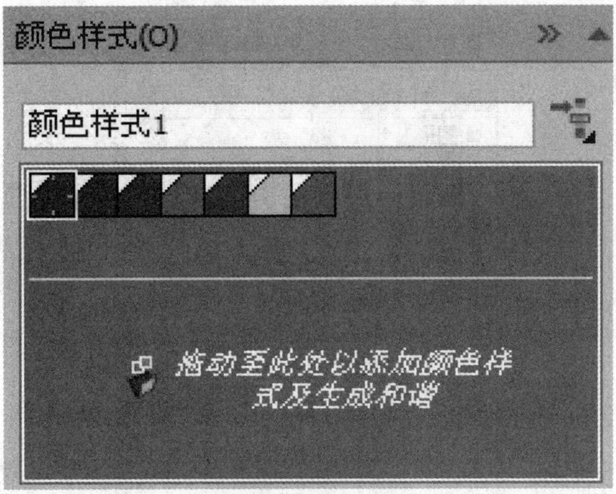

图 7.21

（1）在“颜色样式”泊坞窗中，单击新建颜色样式按钮，然后选择“从文档新建”命令。

（2）在文档窗口中，使用挑选工具右击一个对象，然后选择“颜色样式/从文档新建”命令。

（3）在颜色样式调色板中，单击箭头按钮，然后选择“从文档添加”命令。

（4）单击新建颜色样式按钮，选择“新建颜色样式”命令，然后在颜色编辑器中选择一种颜色，以此来创建颜色样式。颜色编辑器提供了一系列选项，选择合适的颜色：滴管工具、颜色查看器、滑块和调色板。

7.3.3 自动创建颜色样式

选中任意图形，如图 7.22 所示，单击菜单栏中的“工具/颜色样式”，弹出“颜色样式”泊坞窗，单击“自动创建颜色样式”按钮，弹出“自动创建颜色样式”对话框，如图 7.23

所示。

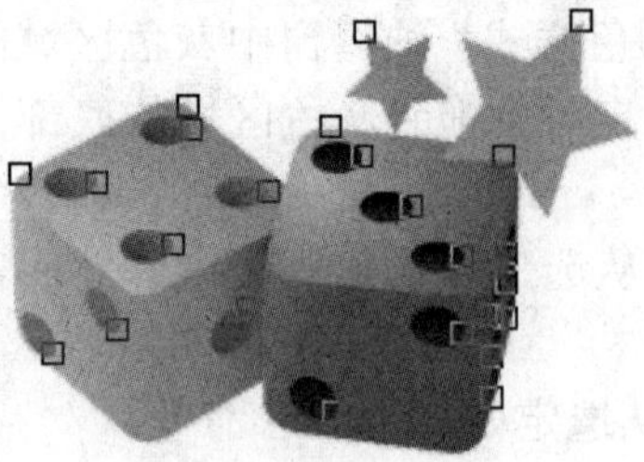

图 7.22

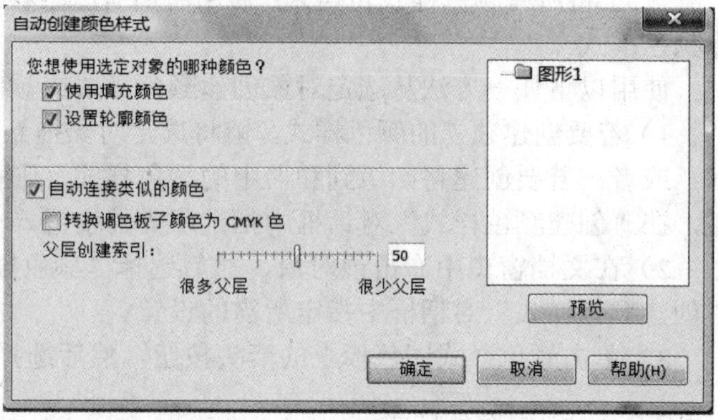

图 7.23

单击“确定”按钮，即可在“颜色样式”泊坞窗中显示自动创建的颜色样式，如图 7.24 所示。

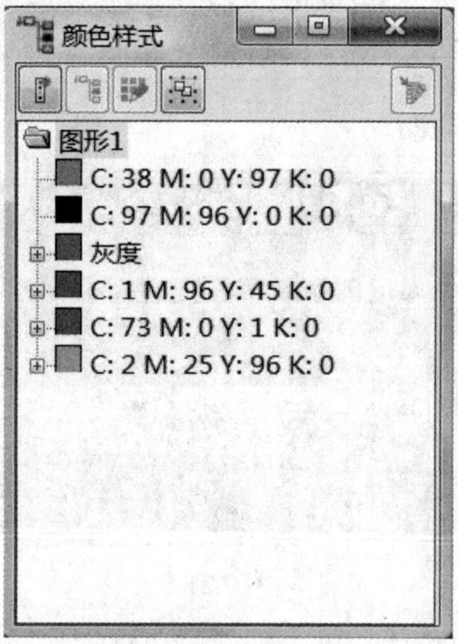

图 7.24

7.4 模板的运用

模板是一组控制绘图的布局与外观的样式和页面布局设置。可以使用默认的模板或者从应用程序中在多种可用的预设模板中选择一种模板。

7.4.1 搜索模板

CorelDRAW X6 软件提供了一种在计算机上查找模板的简单方法。可以按名称、类别或与模板关联的参考信息进行搜索。当在文本域中键入一个词并开始搜索时，所有匹配的模板都将在缩略图查看区域中显示为缩略图图像。

单击“文件/从模板新建”命令，如图 7.25 所示。

（1）在“从模板新建”对话框中，在搜索文本框中键入单词，与搜索的词匹配的缩略图即可显示在“模板”窗格中，如图 7.26 所示。

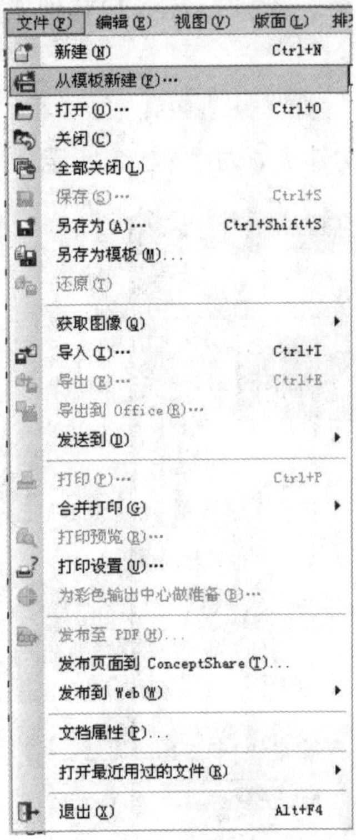

图 7.25

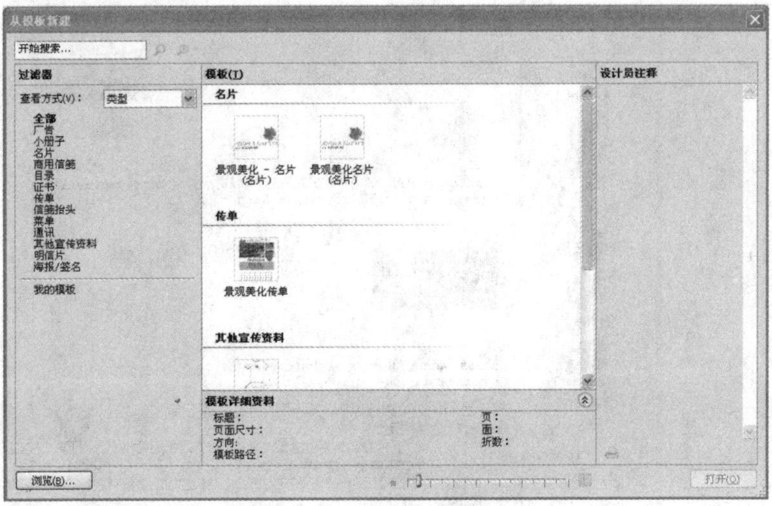

图 7.26

（2）从“过滤器”窗格的“查看方式”列表框中，选择下列类别之一：

1）类型：按文档类型（如小册子、传单、海报或通信）排序模板。

2）行业：按模板专用的行业（如餐饮娱乐、零售或服务）排序模板，如图 7.27 所示。

（3）在类别列表中，单击某个类别。

（4）要查看所有模板（即 CorelDRAW X6 软件随附的模板、第三方设计员创建的模板或者由其他人创建的模板），请单击“全部”。要仅查看已创建的模板，单击“我的模板”。

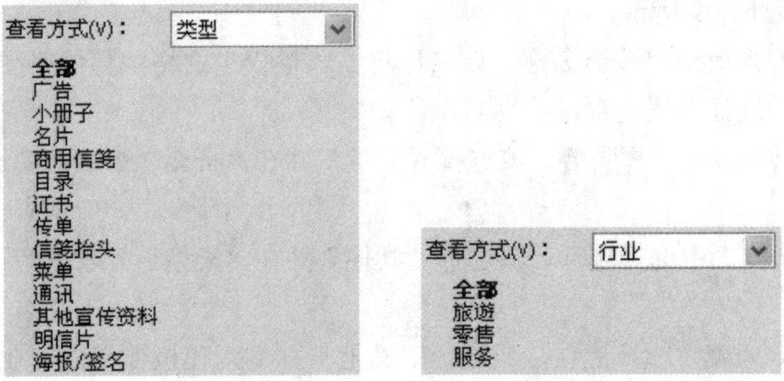

图 7.27

7.4.2 创建模板

如果预设模板不符合要求，则可以根据自己创建的样式或采用其他模板的样式创建模板。创建完成后，保存模板时，可添加参考信息，例如页码、折叠、类别、行业和其他重要注释，以方便以后使用模板时对模板的搜索。

（1）单击“文件/另存为模板”命令。

（2）在“文件名”列表框中键入名称，查找要保存模板的文件夹，如图 7.28 所示。

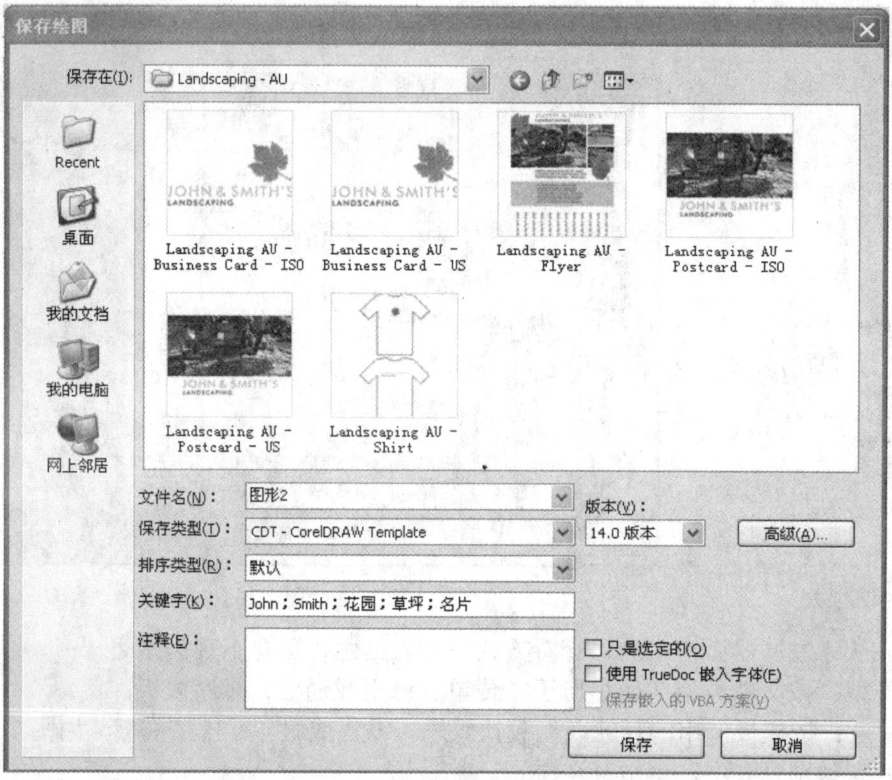

图 7.28

（3）单击“保存”按钮。弹出“模板属性”对话框，在“模板属性”对话框中，指定所需的选项，如图 7.29 所示。

1）名称：为模板指定一个名称。该名称将在“模板”窗格中随缩略图显示。

2）打印面：选择页码选项。

3）折叠：从列表中选择折叠，或选择“其他”并在“折叠”列表框旁边的文本框中键入折叠类型。

4）类型：从列表中选择选项，或选择“其他”并在“类型”列表框旁边的文本框中键入模板类型。

5）行业：从列表中选择选项，或选择“其他”并键入模板专用的行业。

6）设计员注释：键入有关模板设计用途的重要信息。

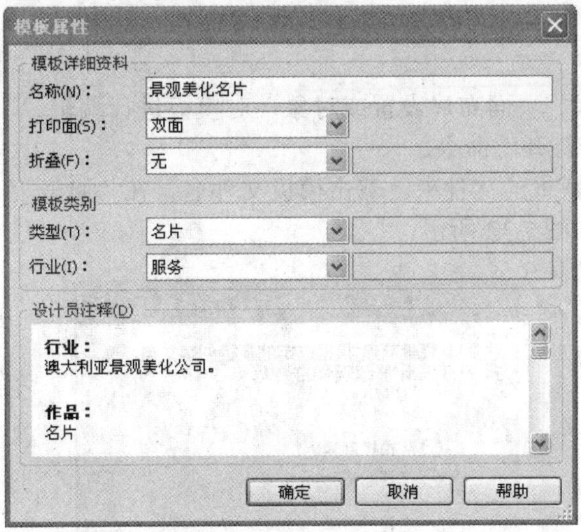

图 7.29

7.4.3　使用保存的模板创建文件

（1）单击“文件/打开”命令。

（2）找到存储已制作模板的文件夹，如图 7.30 所示。

（3）双击模板文件名。弹出对话框，启用“打开”对话框中的“从模板新建”单选按钮。如果除了加载模板样式外，还想加载页面设置及对象，请启用“具有内容”复选框，如图 7.31 所示。

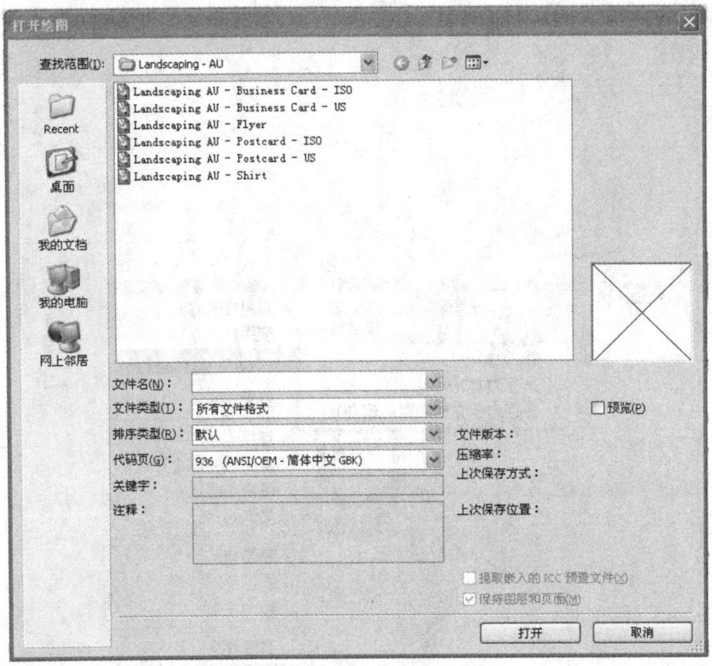

图 7.30

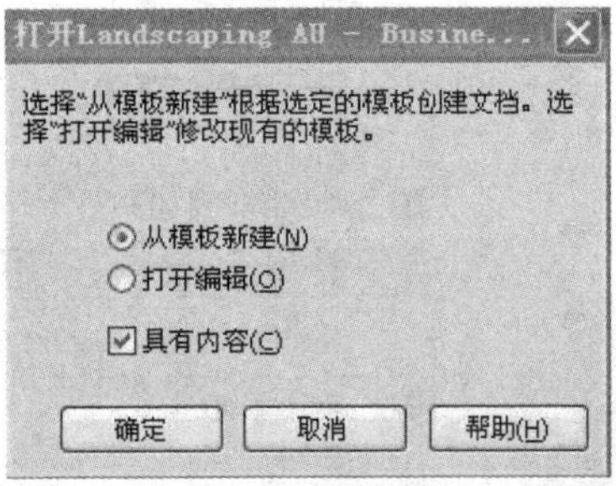

图 7.31

7.4.4 编辑模板

可以通过更改样式、页面布局设置或对象，对模板进行编辑。

（1）单击“文件/打开”命令。

（2）找到存储该模板的文件夹。双击模板文件名，在“打开 ”对话框中，启用“打开编辑”单选按钮，如图 7.32 所示。

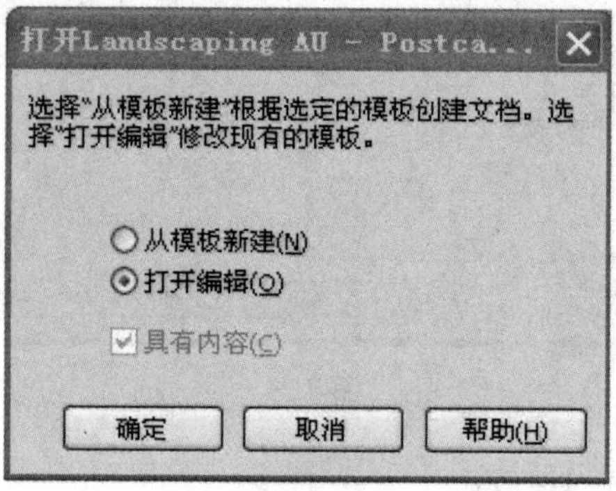

图 7.32

7.4.5 从其他模板加载样式

使用模板开始绘图之后，可以加载一个不同的模板。加载模板时，可以选择只加载样式，或选择加载样式、页面布局设置及对象。

（1）单击“工具/图形和文本样式”命令，如图 7.33 所示。

（2）在“图形和文本样式”泊坞窗中，单击展开工具栏按钮，然后单击“模板/装入”命令，如图 7.34 所示。

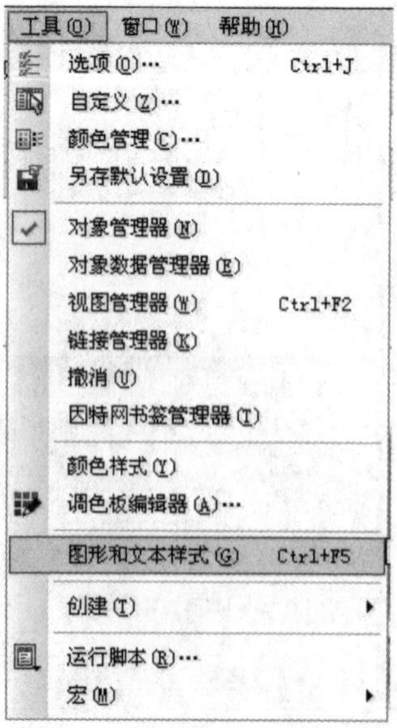

图 7.33

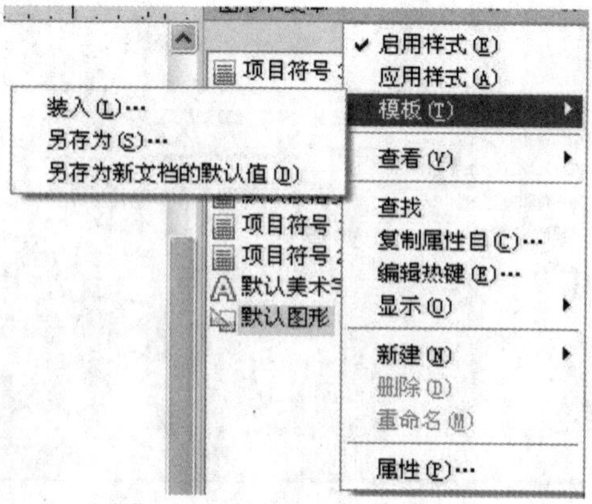

图 7.34

（3）弹出对话框，找到存储该模板的文件夹，单击包含要加载的样式的模板，单击“打开”按钮，如图 7.35 所示。

图 7.35

7.5　案　例　教　学

（1）新建文件，设置 A4 纸张。在工具箱中选择“贝赛尔”工具，绘制图形，如图 7.36 所示。

（2）按 F11 键渐变填充，渐变类型选择“辐射”，其中颜色设定从“宝石红”到“红色”，如图 7.37 所示。单击“确定”按钮，再在默认 CMYK 调色板中右击“无”（轮廓线为“无”），效果如图 7.38 所示。

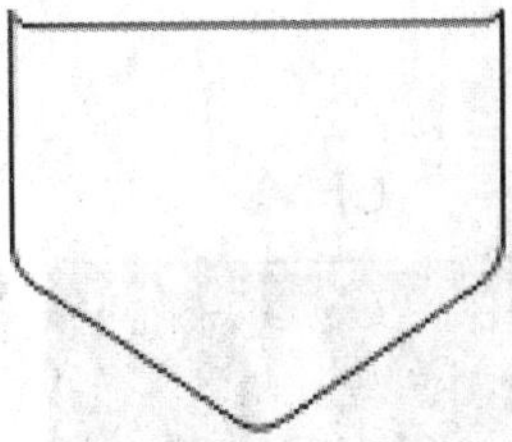

图 7.36

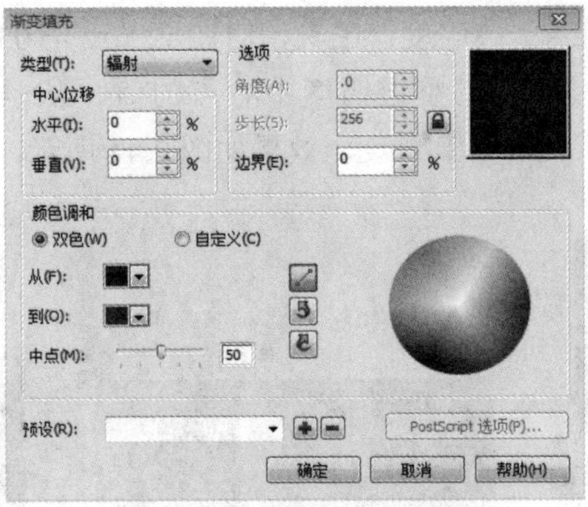

图 7.37

图 7.38

（3）单击“窗口/泊坞窗”命令，打开“对象管理器”，将红色填充图形的图层命名为“红色图形”。

（4）在工具栏中选择“矩形”工具，在“红色图形”图层新建一个图层，命名为“反光 01”，画一个细长的矩形，均匀填充“白色”，轮廓为“无”，如图 7.39 所示。

（5）在工具栏中选择“透明度”工具，对矩形进行透明度调整，透明度类型选择“辐射”，调整透明度中心点的值，从0～100，

，效果如图7.40所示。

（6）在图层“红色图形”上，新建图层“反光02”，在工具栏中选择“贝赛尔”工具，在图层“反光02”上绘制图形，如图7.41所示。

图7.39

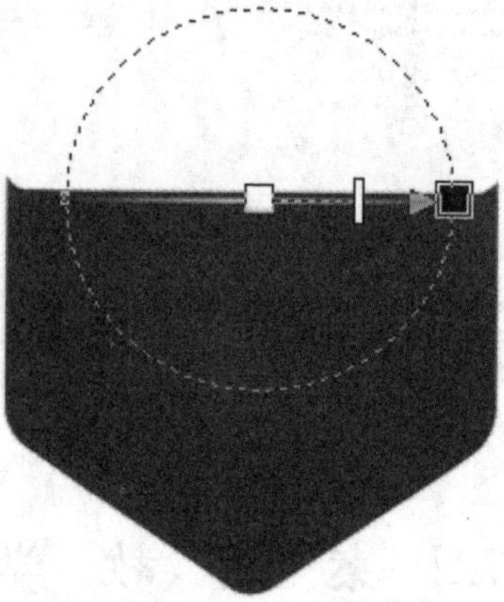

图7.40

图7.41

（7）在工具栏中选择“透明度”工具，对图层“反光02”的图形进行透明度调整，透明度类型选择“辐射”，调整透明度中心点的值，从40～100，

，效果如图7.42所示。

（8）在图层“红色图形”上，新建图层“反光03”，在工具栏中选择“贝赛尔”工具，在图层“反光03”上绘制图形，“均匀填充”颜色“深粉”，如图7.43所示。

（9）在工具栏中选择“透明度”工具，对图层“反光03”上的图形进行透明度调整，透明度类型选择“辐射”，调整透明度中心点的值，从40～100，轮廓为“无”，

，效果如图7.44所示。

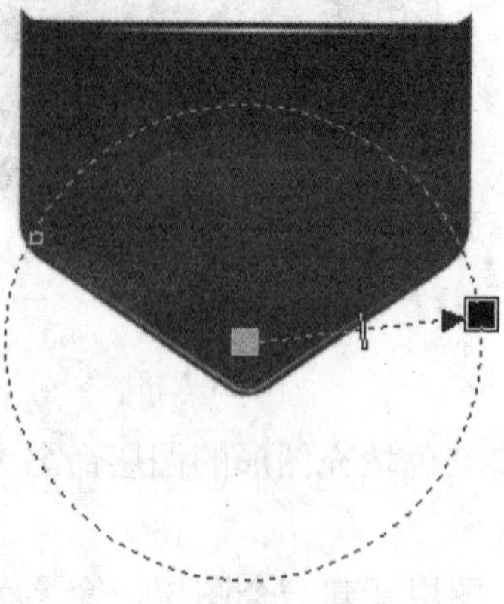

图7.42

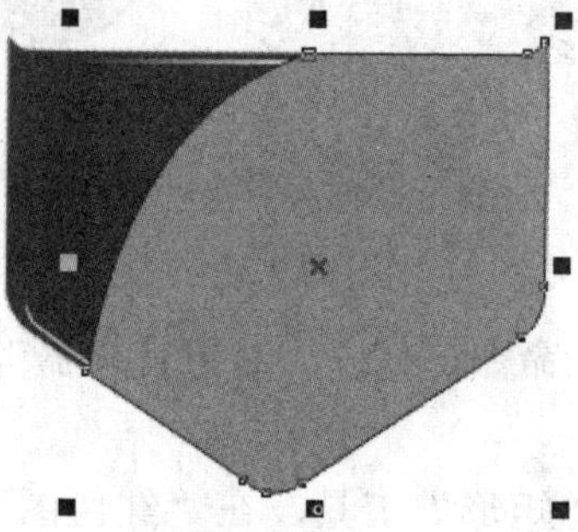

图7.43

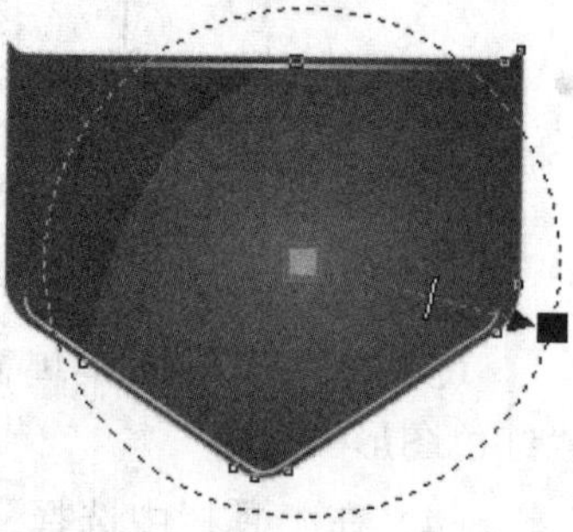

图7.44

（10）新建图层“椭圆 01”，在工具栏中选择“椭圆形”工具，在图层“椭圆 01”上画一个椭圆，调整大小、形状，如图 7.45 所示。把图层“椭圆 01”放在图层“红色图形”下面，如图 7.46 所示。

（11）复制一个图层“椭圆 01”，命名为“椭圆 02”，放置在另一边，效果如图 7.47 所示。

图 7.45

图 7.46

图 7.47

（12）新建图层“褐色图形”，在工具箱中选择“贝赛尔”工具，在图层“褐色图形”绘制图形，如图 7.48 所示。

（13）按 F11 键渐变填充，渐变类型选择“线性”，其中颜色设定从“红褐”到“沙黄”，角度为 45°，如图 7.49 所示。单击“确定”按钮，再在默认 CMYK 调色板中右击“无”，效果如图 7.50 所示。

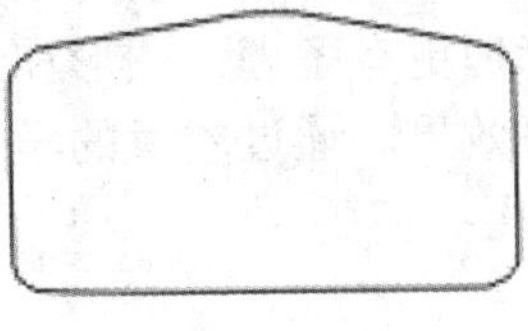

图 7.48

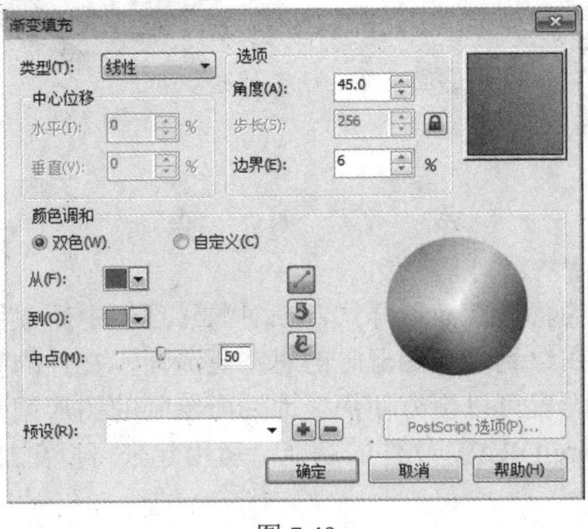

图 7.49

图 7.50

（14）复制一个图层“褐色图形”，命名为“褐色图形-小”，把颜色改淡，单击“确定”按钮，把图形放置在图层“褐色图形”上，效果如图 7.51 所示。

（15）复制一个图层“褐色图形-小”，命名为“褐色反光”，将其上下缩小，放置在适当位置，均匀填充“白色”，轮廓为“无”，将图层“褐色反光”放置在图层“褐色图形-小”上面，如图 7.52 所示。

（16）调整透明度，透明度类型为“线性”，调整透明度中心点的值，从 70～100，

，效果如图 7.53 所示。

图 7.51

图 7.52

图 7.53

（17）选中图层“褐色图形”、图层“褐色图形-小”、图层“褐色反光”，按 Ctrl+G 键群组，将其放置在图层“红色图形”下面，效果如图 7.54 所示。

（18）最终效果如图 7.55 所示。

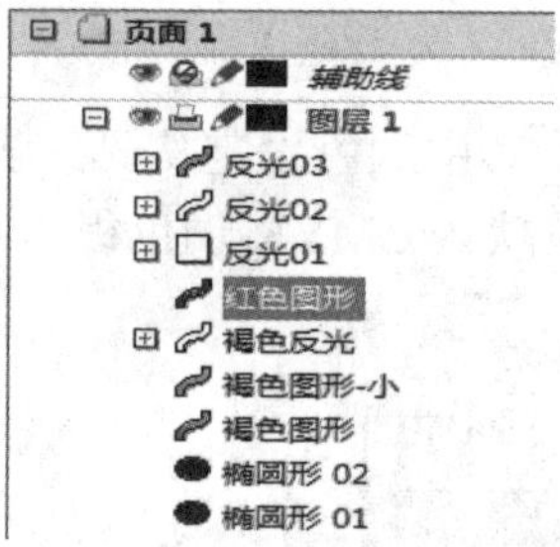

图 7.54

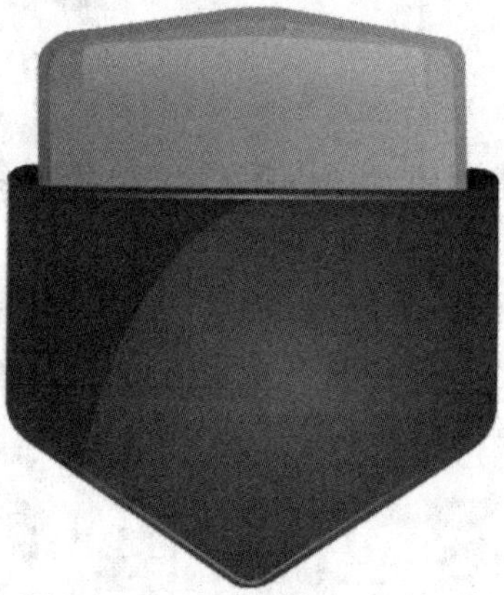

图 7.55

本 章 小 结

本章主要介绍了图层的管理及应用样式，在对象管理器中新建图层或主图层以及对图层的排列，这些内容可使在绘制复杂图形时的思路更清晰，文件的管理更有条理；图形和文本样式以及颜色样式的设置可以更方便快捷地为所绘制的图形调整效果。通过本章的学习，可以更深入地了解 CorelDRAW 软件的功能，运用起来可以更加得心应手。

第 8 章　特殊效果的编辑

CorelDRAW X6 软件可以运用形状、涂抹、粗糙笔刷、转到、吸引、排斥等工具以及造形图形命令对图形及图像进行效果编辑，同时还提供了多个效果工具，它所变幻的图形是具有一定随机性和趣味性的。本章建议 4 学时。

8.1　交互式工具组

8.1.1　调和工具

（1）沿直线调和：在工具箱中，单击调和工具 。选择第一个对象，然后拖放到第二个对象上。如果要重置调和，请在拖动时按 Esc 键，如图 8.1 所示。

（2）沿手绘路径调和对象：在工具箱中，单击调和工具。选择第一个对象。按住 Alt 键，然后拖动以绘制到第二个对象的线条，如图 8.2 所示。

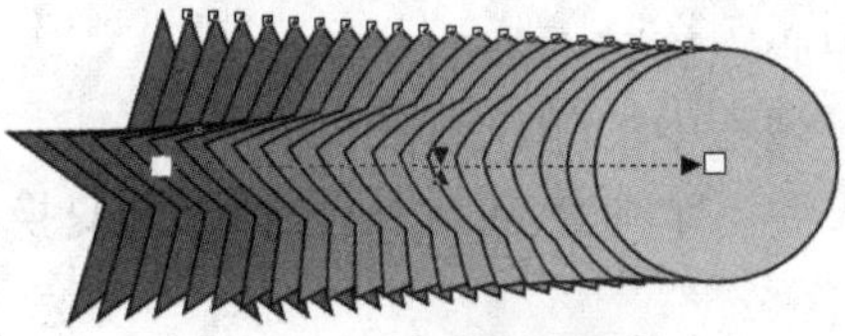

图 8.1

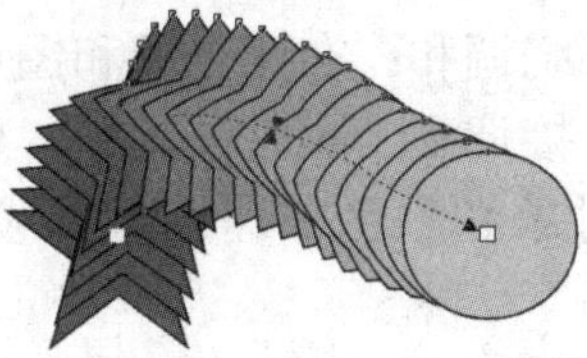

图 8.2

（3）使调和适合路径：在工具箱中，单击调和工具 。单击“调和”。单击属性栏上的路径属性按钮 。单击“新建路径”。使用曲线箭头，单击要适合调和的路径，如图 8.3 所示。

（4）在整个路径上延展调和：选择已适合路径上的调和。单击属性栏上的更多调和选项按钮 ，然后启用“沿全路径调和”复选框，如图 8.4 所示。

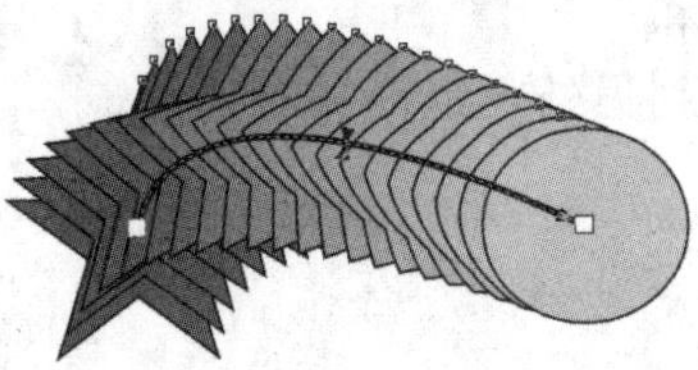

图 8.3

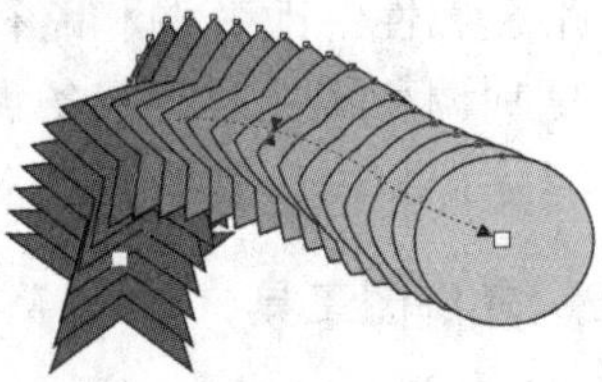

图 8.4

（5）创建复合调和：使用调和工具，从一个对象拖动到另一调和的起始对象或结束对象，如图 8.5 所示。

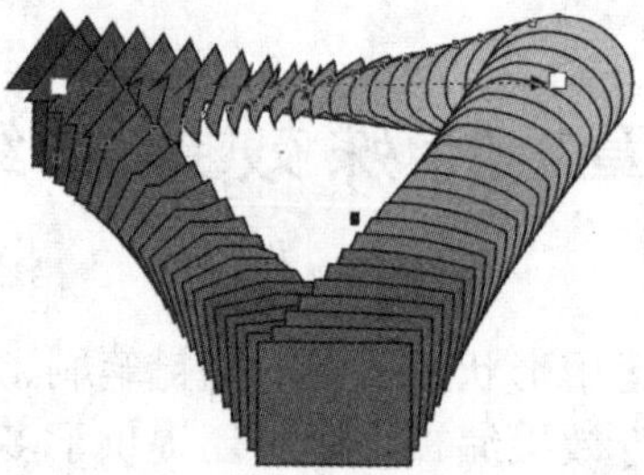

图 8.5

（6）调和工具的属性栏如图 8.6 所示。

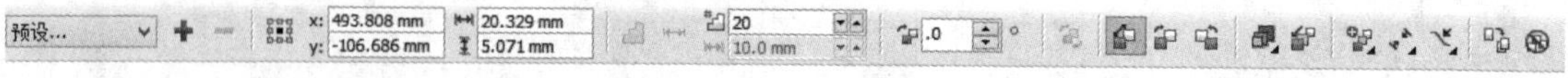

图 8.6

1）预设列表：可以选择软件预设的调和样式。

2）添加预设：可以将制作的调和样式保存。

3）删除预设：将当前选择的调和样式删除。

4）调和步长：为调和中的中间对象设置数目。

5）调和间距：为适合某个路径的调和中的对象设置距离。

6）调和方向：对调和中的中间对象进行旋转。正值为逆时针旋转，负值为顺时针旋转。

7）环绕调和：在两个调和图形之间围绕调和中心点旋转中间的对象。

8）直接调和、顺时针调和、逆时针调和：设置调和中的颜色渐变。

9）对象和颜色加速：可以设置对象的颜色从第一个对象向最后一个对象变换时的速度。

10）调整加速大小：影响中间对象的大小。

11）映射节点：调节调和对象的对齐点。

12）拆分：可以将对象从调和对象中拆分出来。

13）熔合始端、熔合末端：按住 Ctrl 键单击复合调和对象中的某一对象，单击其中的某一按钮，可以将该段直接调和图形之前或者之后的复合调和图形转换为直接调和对象。

14）沿全部路径调和：将沿路径排列的调和图形跟随整个路径排列。

15）旋转全部对象：沿路径排列的调和对象将跟随路径形态进行旋转。

16）起始和结束属性：选择或更改选择起始对象或结束对象。

17）路径属性：改变调和路径或者从路径分离调和。

18）复制调和属性：将一条调和对象的属性复制到另外一组调和对象上。

19）清除调和：恢复原有的对象形态。

8.1.2 轮廓图工具

（1）单击工具箱中的轮廓图工具 ，单击一个对象或一组群组对象，然后向中心拖动起始手柄以创建内部轮廓图，或向远离中心的方向拖动以创建外部轮廓图，移动对象滑块以更改轮廓图步长值，如图 8.7 所示。

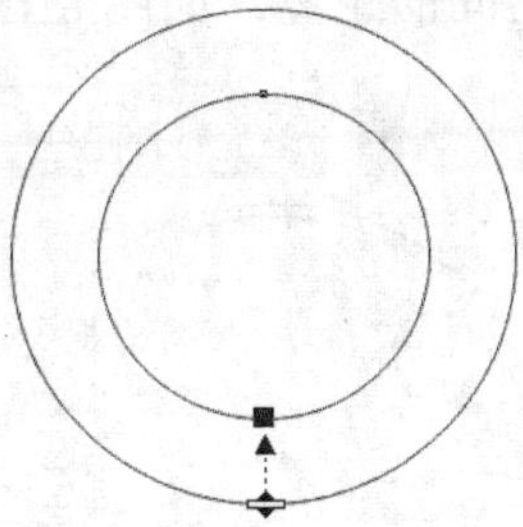

图 8.7

（2）轮廓图工具的属性栏如图 8.8 所示。

图 8.8

1）到中心：向选定对象中心添加轮廓线，如图 8.9 所示。

2）内部轮廓：使图形的轮廓由图形的外边缘向内延伸的调和效果。

3）外部轮廓：使图形的轮廓由图形的外边缘向外延伸的调和效果，如图 8.10 所示。

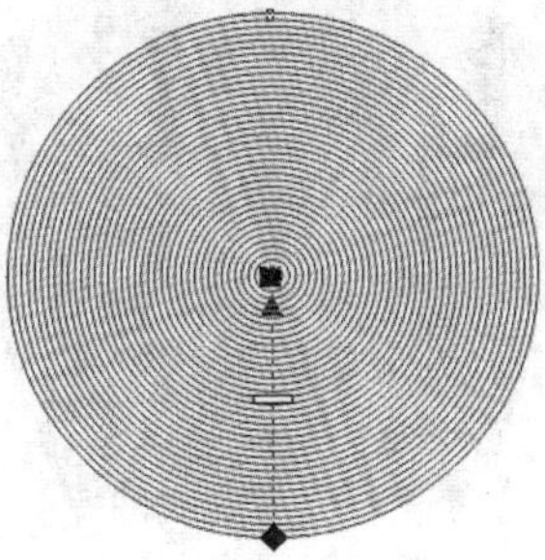

图 8.9

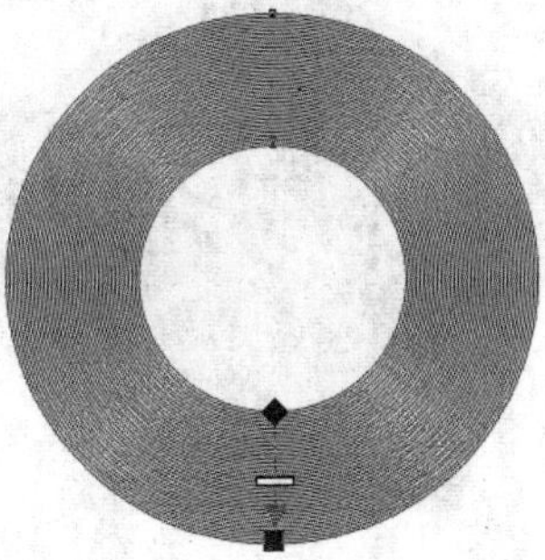

图 8.10

4）轮廓图步长：单击属性栏上的内部轮廓 或外部轮廓 按钮，指定轮廓线的数量，如图 8.11 所示。

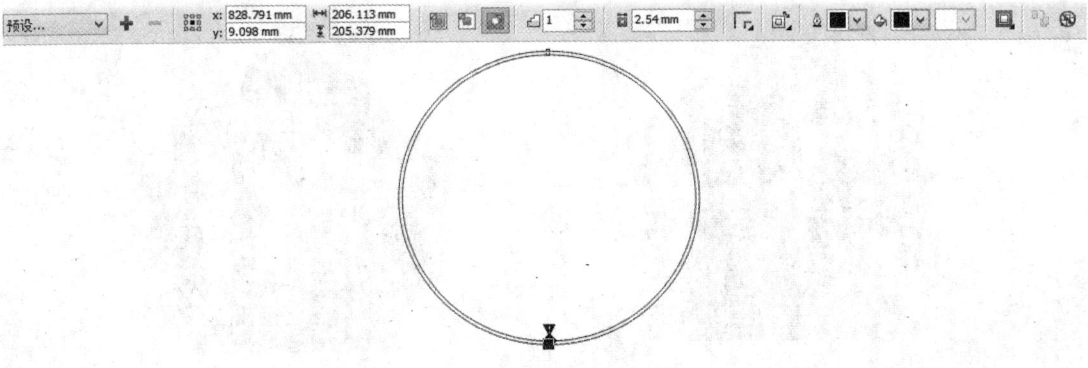

图 8.11

5）轮廓图偏移：指定轮廓线之间的距离，如图 8.12 所示。

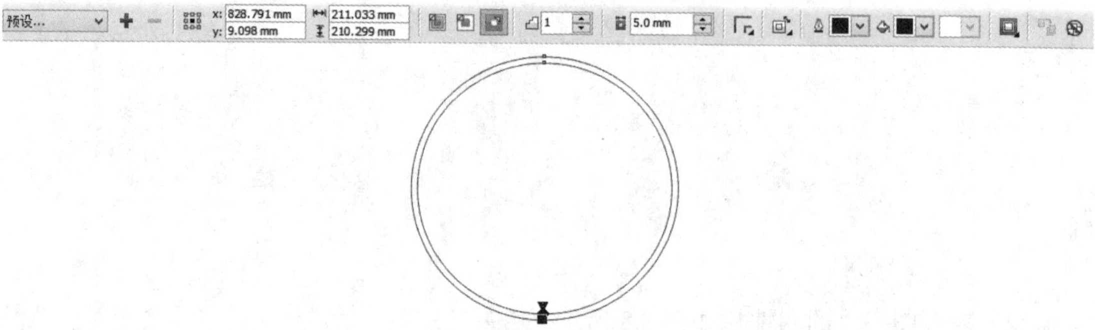

图 8.12

6）斜接角、圆角、斜切角：使用尖轮廓图角、圆轮廓图角、斜切轮廓图角。

7）线性轮廓图颜色、顺时针的轮廓图颜色、逆时针的轮廓图颜色：设置填充渐变如图 8.13 所示。

8）轮廓色、填充色：设置轮廓对象的轮廓色或者填充色，如图 8.14 所示。

图 8.13

图 8.14

9）最后一个填充挑选器：当添加轮廓图效果的图形为渐变填充时，才可以激活，单击此按钮，可以设置最后一个轮廓图形渐变填充的结束色。如图 8.15 所示为对象和颜色加速，如图 8.16 所示为加速填充色渐变。

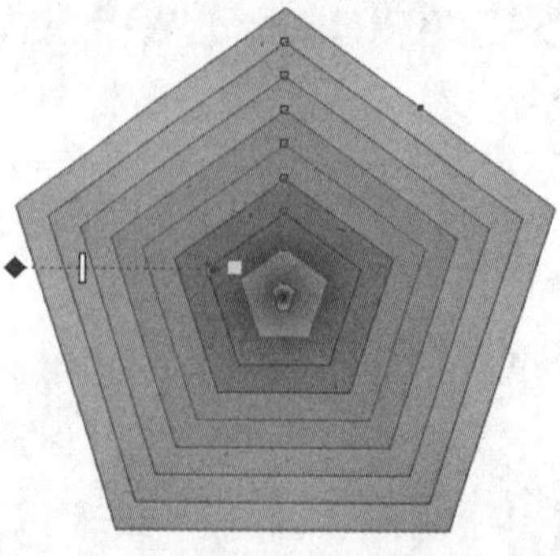

图 8.15

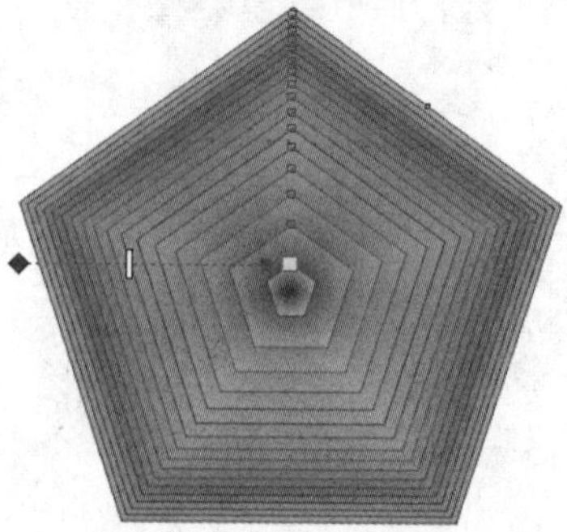

图 8.16

8.1.3 变形工具

在工具箱中，单击变形工具。在属性栏上，单击所需的设置，指向要放置变形中心的位置，然后拖动，直到获得想要的对象形状。

（1）推拉变形属性栏如图 8.17 所示。

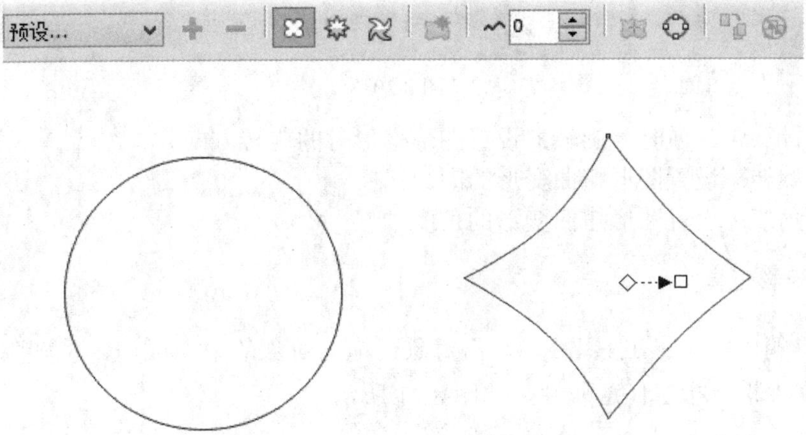

图 8.17

1）添加新的变形：在其图形上添加多种形式的变形，如图 8.18 所示。

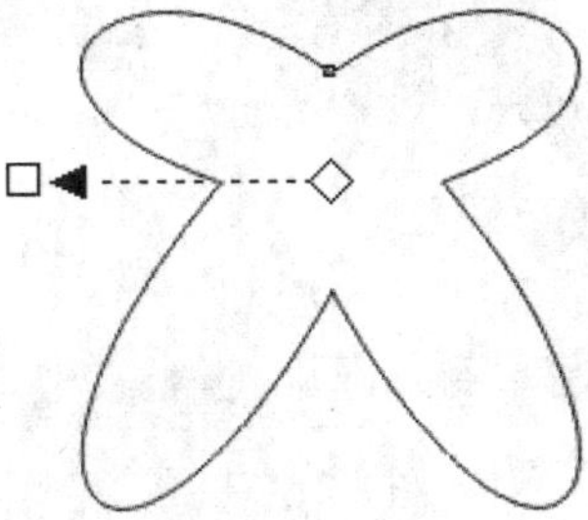

图 8.18

2）推拉振幅：设置图形推拉变形的振幅大小，数值越大，变形越明显。

3）居中变形：保持图形在变形时其中线点始终不变。

（2）拉链变形属性栏如图 8.19 所示。

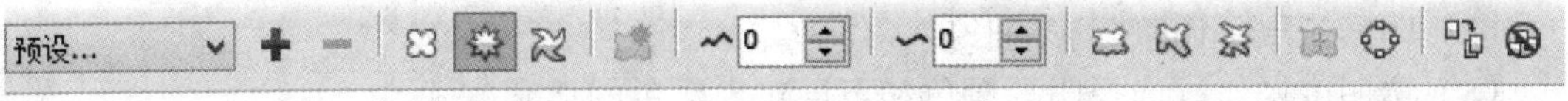

图 8.19

1）拉链失真振幅：设置图形的变形幅度。
2）拉链失真频率：设置图形的变形频率。
3）随机变形：软件设置的随机变形。
4）平滑变形：使拉链变形后的图形尖角平滑。
5）局部变形：使图形的局部产生拉链变形效果。
（3）扭曲变形属性栏如图 8.20 所示。

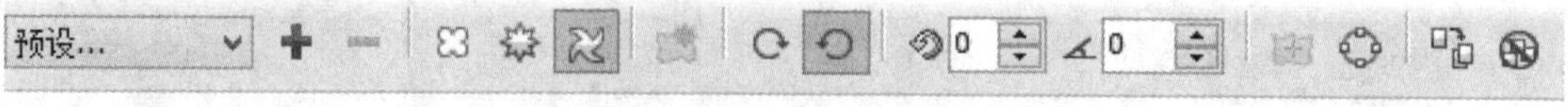

图 8.20

1）顺时针旋转、逆时针旋转：设置图形变形时的旋转方向。
2）完全旋转：设置图形扭曲变形的圈数。
3）附加角度：设置图形扭曲变形的角度。

8.1.4 阴影工具

单击工具箱中的阴影工具 ，单击对象，拖动对象的中心或边，直到阴影的大小符合需要，在属性栏上指定任意属性，如图 8.21 所示。

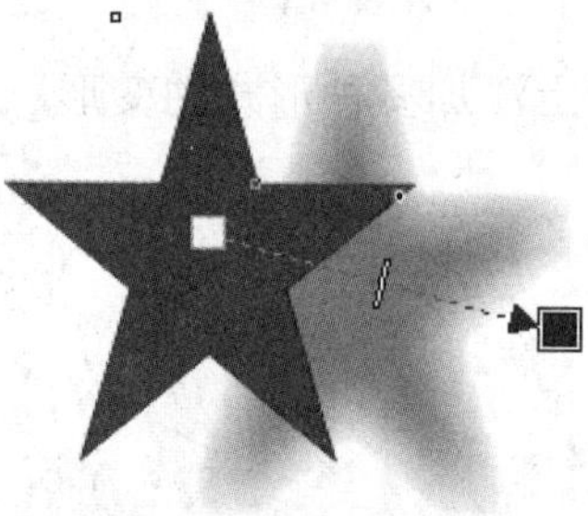

图 8.21

阴影工具的属性栏的意义如下：
（1）阴影偏移：设置阴影与原图形的距离。
（2）阴影角度：调整阴影的角度。
（3）阴影的不透明度：设置阴影的不透明度。
（4）羽化方向：打开其选项面板，设置阴影的羽化方向。
（5）羽化边缘：设置阴影的羽化边缘样式，如图 8.22 所示。
（6）阴影淡出：调整阴影边缘的淡出程度，数值越大，效果越明显。
（7）阴影延展：调整阴影的长度。
（8）透明度操作：选择阴影颜色和下层对象颜色的调和方式。
（9）阴影颜色：选择阴影颜色，如图 8.23 所示。

图 8.22

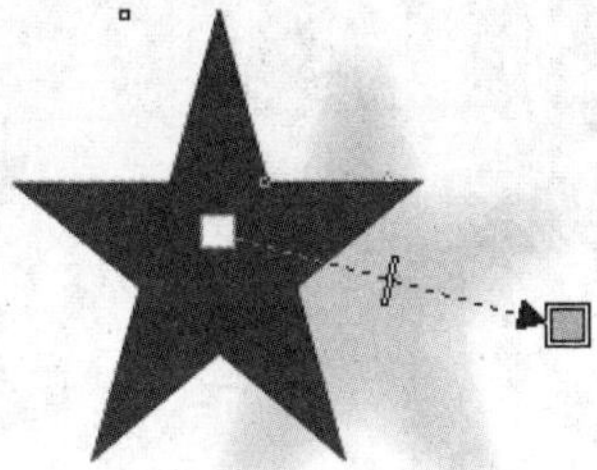

图 8.23

8.1.5　封套工具

选择一个对象，在工具箱中，单击封套工具，拖动节点为封套造形。如果要重置封套，请在松开鼠标之前按 Esc 键，如图 8.24 所示。

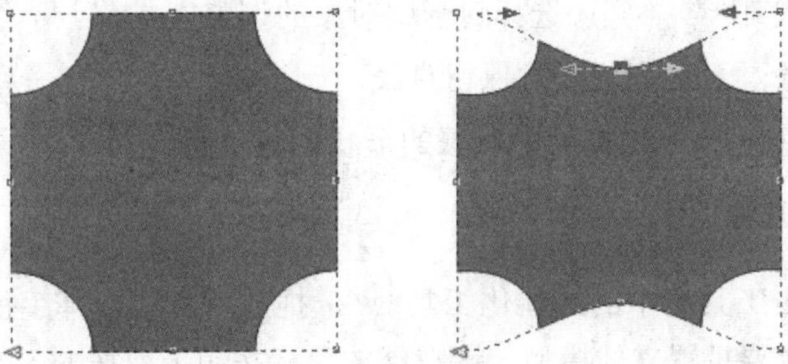

图 8.24

封套工具的属性栏如图 8.25 所示。

图 8.25

（1）添加预设：应用预设封套。

（2）选取范围模式：使用手绘或者矩形方式选取封套。

（3）转换为线条、转换为曲线：在非强制模式下，将封套线段改为直线或曲线，如图 8.26 所示。

（4）尖突节点、平滑节点或对称节点按钮：在非强制模式下，更改封套节点类型。

（5）直线模式：基于直线创建封套，为对象添加透视点。

（6）单弧模式：创建一边带弧形的封套，使对象为凹面结构或凸面结构外观。

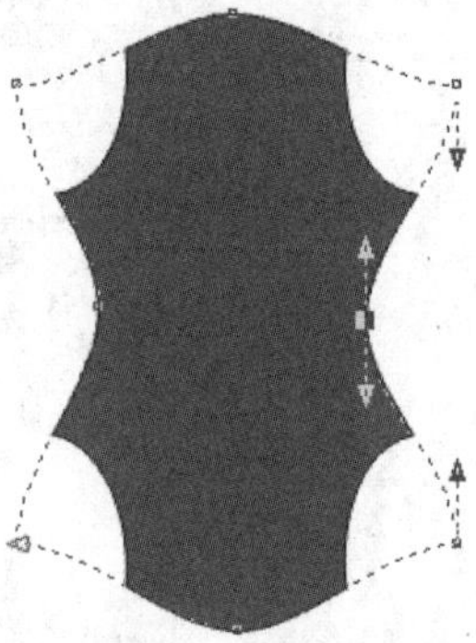

图 8.26

（7）双弧模式：创建一边或多边带 S 形的封套。

（8）非强制模式：创建任意形式的封套，允许改变节点的属性以及添加和删除节点。

（9）添加新封套：将封套应用于已经带有封套的对象。

（10）映射模式 自由变形 ：选择封套中对象的调整方式。

（11）保留线条：应用封套时保留直线。

（12）创建封套自：根据其他对象的形状创建封套。

8.1.6 立体化工具

选择对象，单击工具箱中的立体化工具，拖放对象的选择手柄，以设置立体模型的方向和深度。如果要重置立体模型，请在释放鼠标按钮之前按 Esc 键。

立体化工具的属性栏如图 8.27 所示。

图 8.27

（1）立体化类型：选择要应用到对象上的立体化类型，如图 8.28 所示。

（2）深度：设置立体化效果的深度，数值越大，立体化效果越明显，如图 8.29 所示。

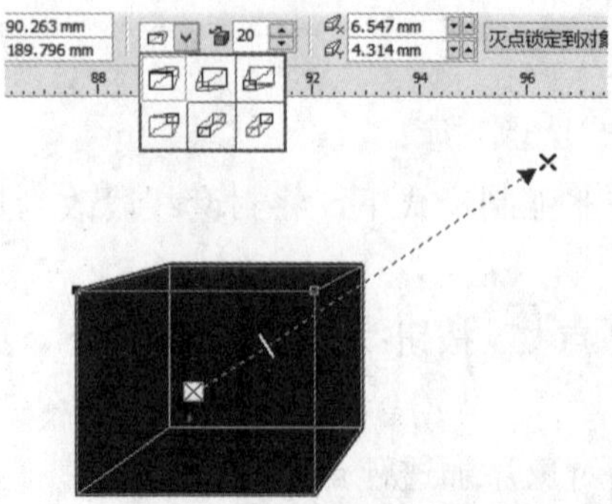

图 8.28

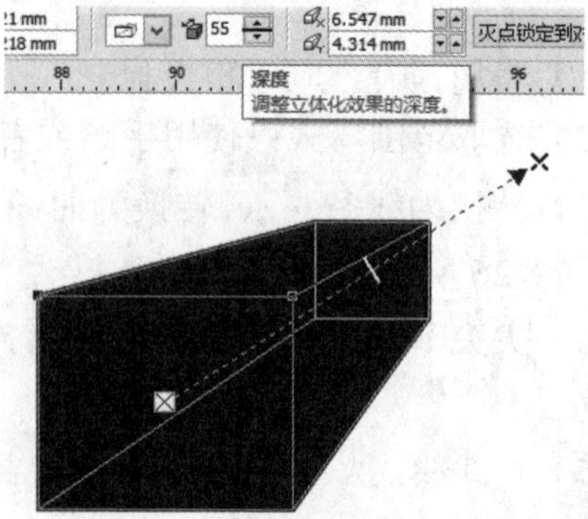

图 8.29

（3）灭点坐标：通过 X 和 Y 坐标来确定立体化灭点的位置。

（4）灭点锁定到对象、灭点锁定到页面：双击立体化对象，选择其命令，锁定灭点。

（5）复制灭点，双击要改变其灭点的立体化对象，选择其命令，选择要复制其灭点的立体化对象对其灭点进行复制。

（6）共享灭点：为两个立体模型设置一个灭点，如图 8.30 所示。

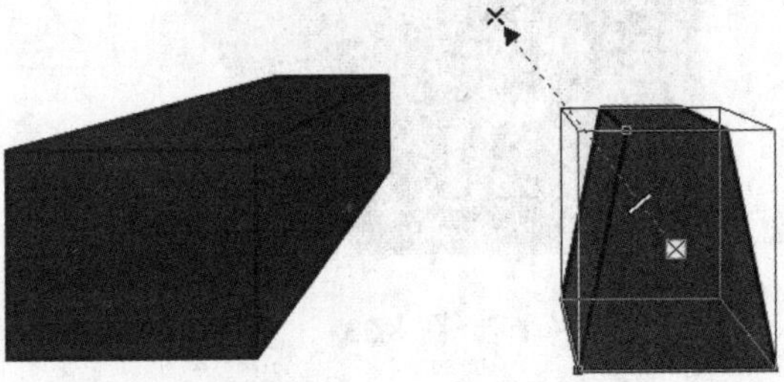

图 8.30

（7）页面或对象灭点：将灭点的位置锁定到页面或对象中。

（8）立体化旋转：朝所需方向拖动立体化模型，旋转立体模型，如图 8.31 所示。

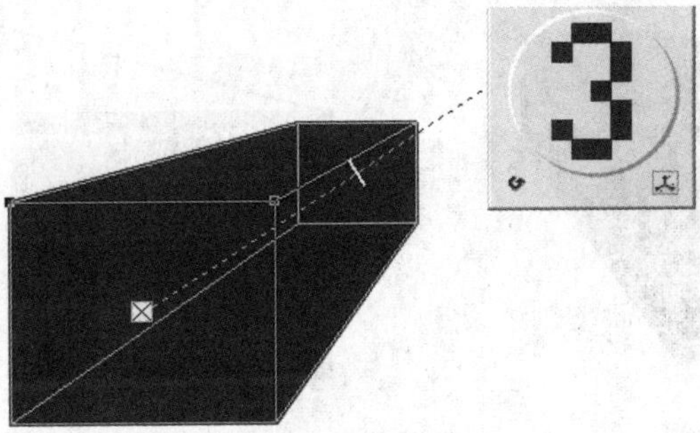

图 8.31

（9）使用对象填充 ：将对象的填充应用到立体模型。

（10）使用纯色 ：将纯色应用到立体模型，如图 8.32 所示。

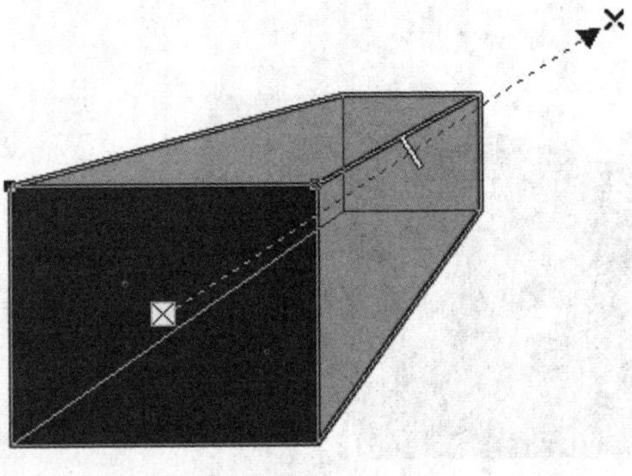

图 8.32

（11）使用递减的颜色：将渐进填充应用到立体模型，如图 8.33 所示。

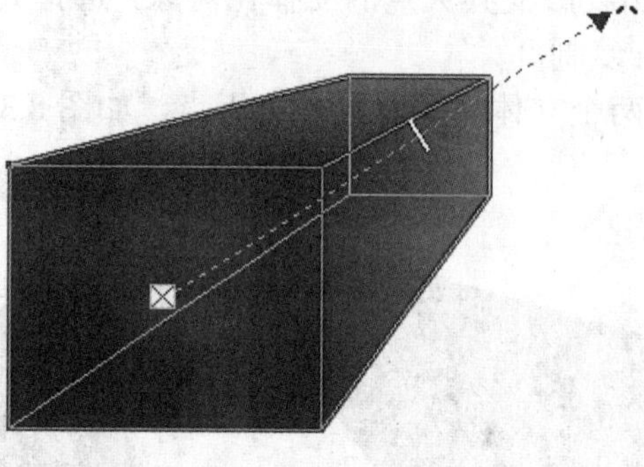

图 8.33

（12）使用斜角修饰边：激活此按钮，下面的选项才可以用，如图 8.34 所示。

（13）只显示斜角修饰边：激活此按钮，只显示立体化图形的斜角修饰边，不显示立体化效果，如图 8.35 所示。

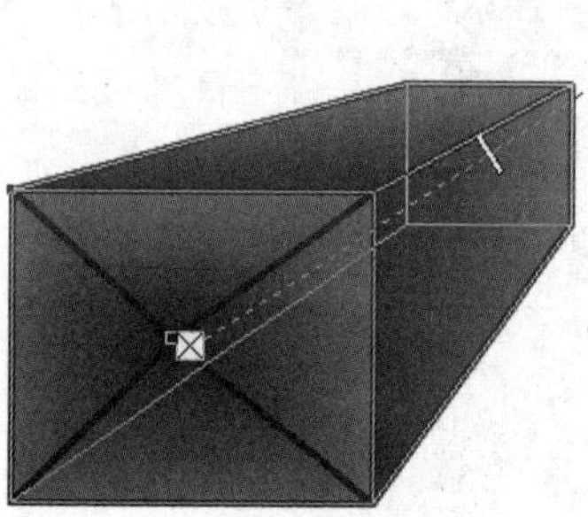

图 8.34

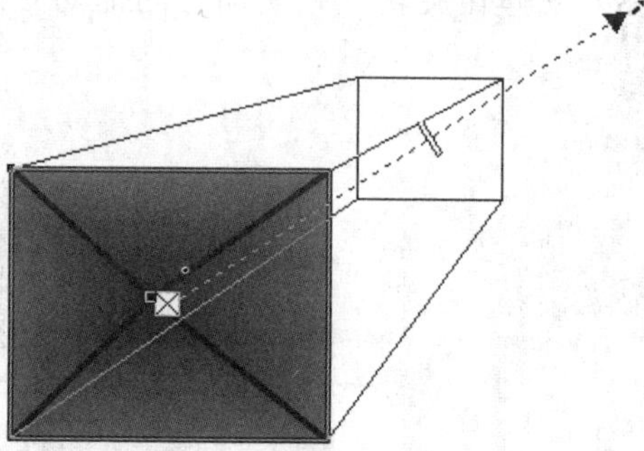

图 8.35

（14）斜角修饰边深度、角度：设置斜角的深度和角度。

（15）光源：光源在预览窗口中以标有数字的圆圈表示，如图 8.36 所示。

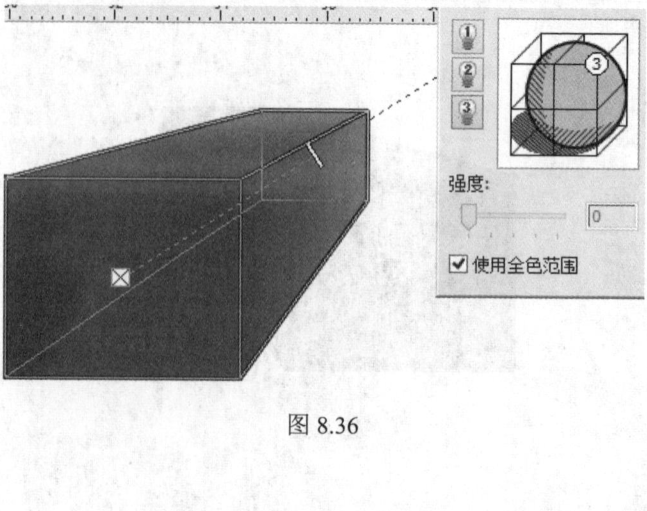

图 8.36

（16）光线强度预览：窗口中标有数字的圆圈以定位光源。

（17）强度：调整光源的强度。

（18）使用全色范围：创建更加逼真的阴影。

8.1.7 透明度工具

选择一个对象。在工具箱中，单击透明度工具，在属性栏上，从透明度类型列表框中选择“标准”。在属性栏上的开始透明度框中键入一个值，然后按 Enter 键可以。单击调色板上的颜色将其应用到透明度。

（1）标准透明度的属性栏如图 8.37 所示。

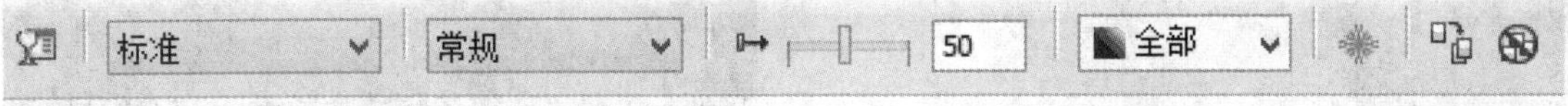

图 8.37

1）透明度操作：选择透明的颜色与下层对象颜色的调和方式。

2）开始透明度：设置开始颜色的不透明度。

3）透明度目标：将透明度应用到对象的轮廓或者填充或同时应用到两者。

4）冻结透明度：冻结对象的当前视图的透明度，移动对象时，视图不发生变化，如图 8.38 所示。

图 8.38

选择一个对象。在工具箱中，单击透明度工具，从透明度类型列表框中选择一种渐变透明度，重新定位显示的交互式矢量手柄，或者将其指向对象上要开始透明度的位置，然后拖到透明度的结束位置。如果要重置透明度，请在松开鼠标之前按 Esc 键。在属性栏上的透明中心点框中键入值，然后按 Enter 键。

（2）渐变透明度中的正方形透明度类型，其属性栏如图 8.39 所示。

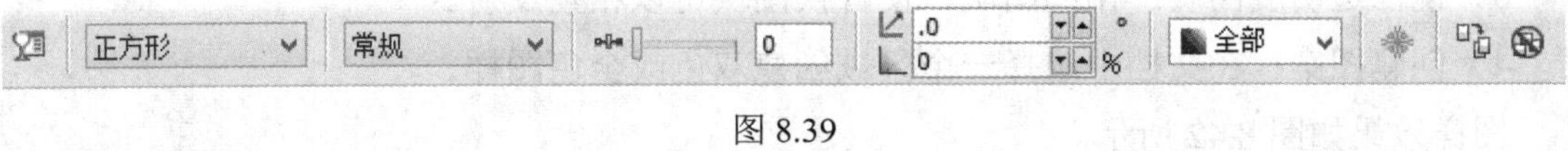

图 8.39

1）透明中线点：设置渐变透明的中心点位置。

2）角度和边界：设置透明边缘的角度和不透明度效果。

3）渐变透明度效果如图 8.40 所示。

（a）线性透明度效果

（b）射线透明度效果

（c）圆锥透明度效果

（d）方角透明度效果

图 8.40

选择一个对象，在工具箱中，单击透明度工具，从属性栏上的透明度类型列表框中选择某种图样，选择一个图案。

（3）在透明度类型中选择“全色图样”，其属性栏如图 8.41 所示。

图 8.41

1）透明图样：包含各种预设图样。

2）开始透明度、结束透明度：设置开始或者结束颜色的不透明度。

3）镜像透明度图块：排列图块，使替换图块可以相互反射。

4）创建图案：在文档中选择一个区域创建双色或全色图样。

图样效果如图 8.42 所示。

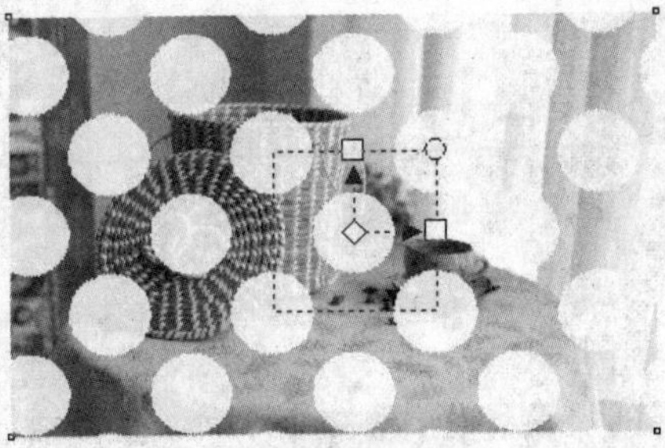

(a) 双色图样

(b) 全色图样

(c) 位图图样

(d) 底纹图样

图 8.42

8.2 矢量特效的应用

8.2.1 透镜的应用

(1) 在编辑图像上绘制一个椭圆工具，作为透镜的镜头，如图 8.43 所示。

(2) 在透镜泊坞窗中的下拉菜单中选择“使明亮”选项，如图 8.44 所示。

(3) 在下拉菜单下面的“比例”中输入数值，以调整图像的透明度，单击“应用”按钮，可以看到透明效果，如图 8.45 所示。

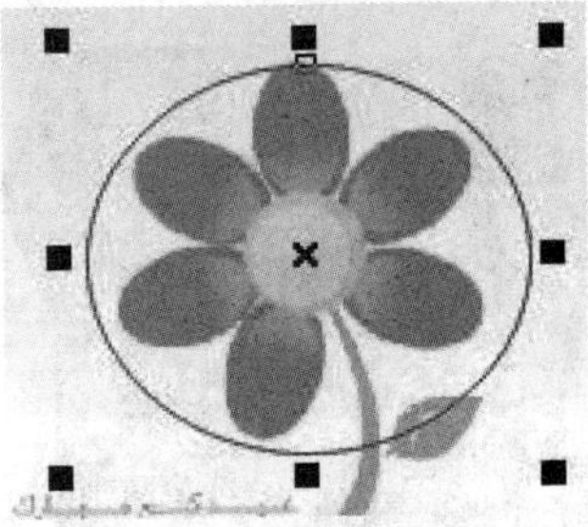

图 8.43

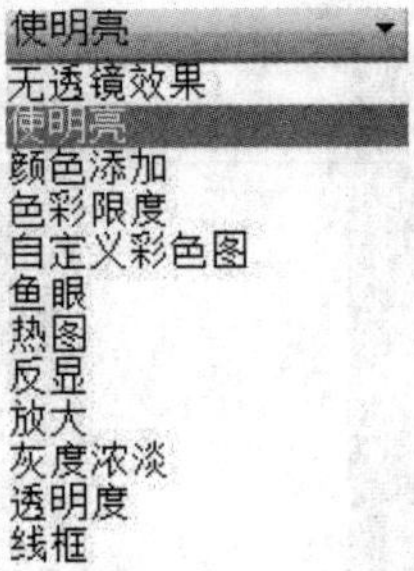

图 8.44

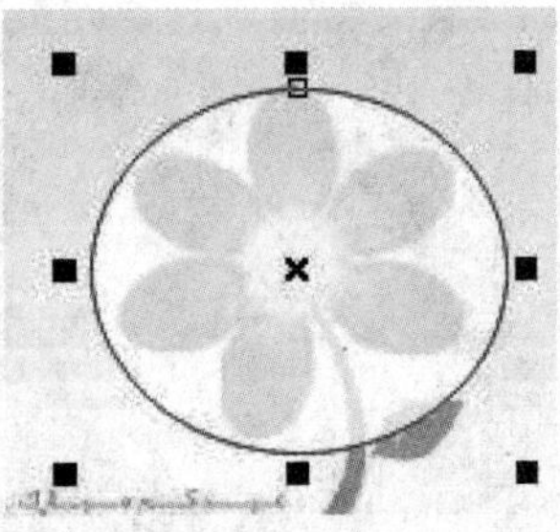

图 8.45

选中要编辑的对象，选择“效果”菜单下的“透镜”命令，出现“透镜”泊坞窗，如图 8.46 所示。

1) 变亮：使对象区域变亮和变暗，并设置亮度和暗度的比率，如图 8.47 所示。

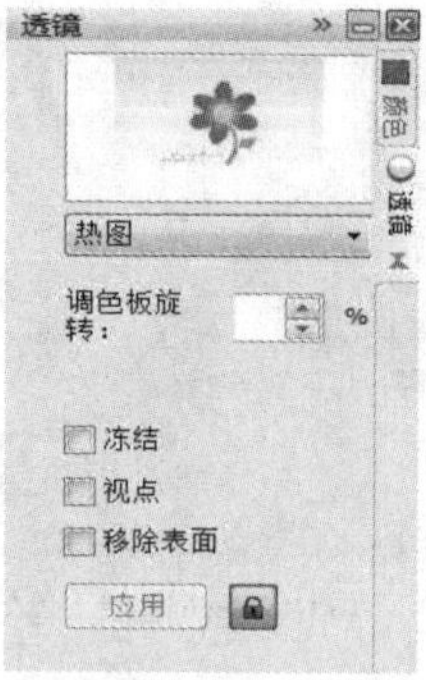

图 8.46

图 8.47

2）颜色添加：模拟加色光线模型。透镜下的对象颜色与透镜的颜色相加，就像混合了光线的颜色。可以选择颜色和要添加的颜色量，如图 8.48 所示。

3）颜色限制：用黑色和透过的透镜颜色查看对象区域。例如，如果在位图上放置绿色颜色限制透镜，则在透镜区域中，将过滤掉除了绿色和黑色以外的所有颜色，如图 8.49 所示。

图 8.48

图 8.49

4）自定义彩色图：将透镜下方对象区域的所有颜色改为介于指定的两种颜色之间的一种颜色。可以选择颜色范围的起始色和结束色，以及两种颜色之间的渐变。渐变在色谱中的路径可以是直线、向前或向后，如图 8.50 所示。

5）鱼眼：根据指定的百分比扭曲、放大或缩小透镜下方的对象，如图 8.51 所示。

图 8.50

图 8.51

6）热图：通过在透镜下方的对象区域中模仿颜色的冷暖度等级，来创建红外图像的效果，如图 8.52 所示。

7）反显：将透镜下方的颜色变为其 CMYK 互补色。互补色是色轮上彼此相对的颜色，如图 8.53 所示。

图 8.52

图 8.53

8）放大：按指定的量放大对象上的某个区域。放大透镜覆盖原始对象的填充，使对象看起来是透明的，如图 8.54 所示。

9）灰度浓淡：将透镜下方对象区域的颜色变为其等值的灰度。灰度浓淡透镜对于创建深褐色色调效果特别有效，如图 8.55 所示。

图 8.54

图 8.55

10）透明度：使对象看起来像着色胶片或彩色玻璃，如图 8.56 所示。

11）线框：用所选的轮廓或填充色显示透镜下方的对象区域。例如，如果将轮廓设为红色，将填充设为蓝色，则透镜下方的所有区域看上去都具有红色轮廓和蓝色填充，如图 8.57 所示。

图 8.56

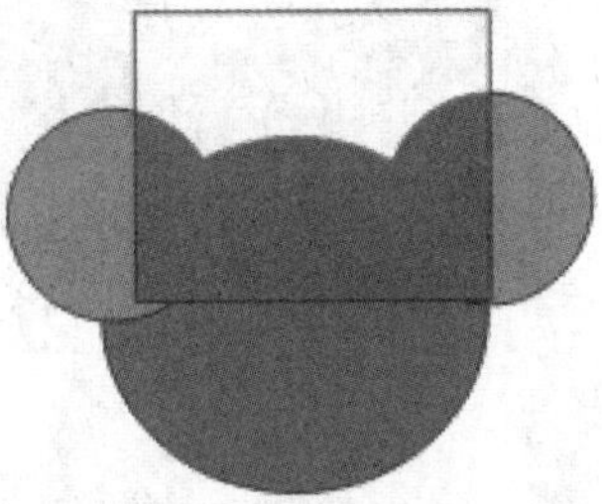

图 8.57

12）透镜泊坞窗中“冻结”选项：用来固定透镜中的内容，在移动透镜时不会改变通过透镜已经改变的内容。

13）透镜泊坞窗中“视点”选项：在透镜本身不移动的情况下通过透镜显示对象的任意区域。点击“编辑”按钮后，按钮变为末端，透镜对象的中心点变为 ✕，可移动该图标或者在 X、Y 框中输入数值确定视点位置，点击末端按钮后“应用”即可。

14）透镜泊坞窗中“移除表面”选项：至显示它下面对象的透视效果，如改变透镜的作用对象则看不到该效果。

8.2.2 添加透视点

1. 单点透视

单点透视通过改变对象边的长度从而呈现不同的效果。

（1）选中对象后，选择“效果”下的添加“透视”命令，在出现的四个实心节点任意一个上面，按住鼠标拖动可创建出不同的透视效果，如图 8.58 所示。

（2）如果按住 Shift+Ctrl 键同时拖动鼠标，可将相邻的一组节点进行相近方向的移动，如图 8.59 所示。

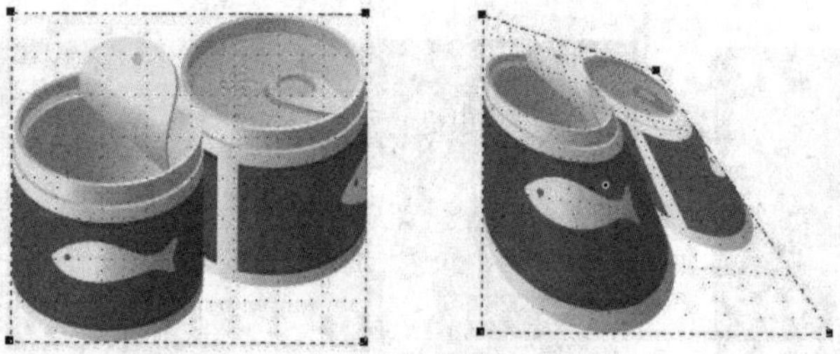

图 8.58

图 8.59

2. 双点透视

双点透视是改变对象的两条边长度。

（1）选中对象后，选择“效果”下的“添加透视”命令。在出现的四个实心节点任意一个上面，按住鼠标沿着图形对角线拖动，如图 8.60 所示，可创建出双点透视效果，如图 8.61 所示。

图 8.60

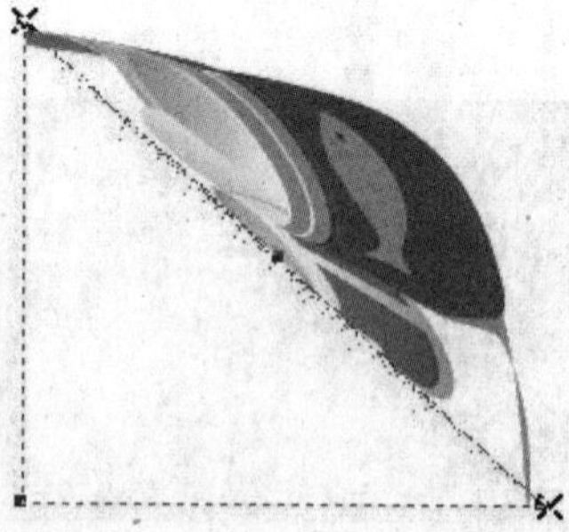

图 8.61

（2）单击“效果”下的“清除透视点“命令，即可清除透视效果。

8.3 案 例 教 学

（1）新建文件，设置A4纸张。在工具箱中选择“贝赛尔”工具，绘制图形，如图8.62所示。

（2）“均匀填充”颜色为C0，M20，Y20，K60，轮廓颜色为“白色”，如图8.63所示。

（3）单击“窗口/泊坞窗”命令，打开“对象管理器”，将图形图层命名为“蝴蝶左”。

（4）按住Ctrl键，选中图层“蝴蝶大-左”，选中左边小黑框，往右拖动，在按住左键的情况下右击，镜像复制，将复制的图层命名为图层“蝴蝶大-右”，如图8.64所示。

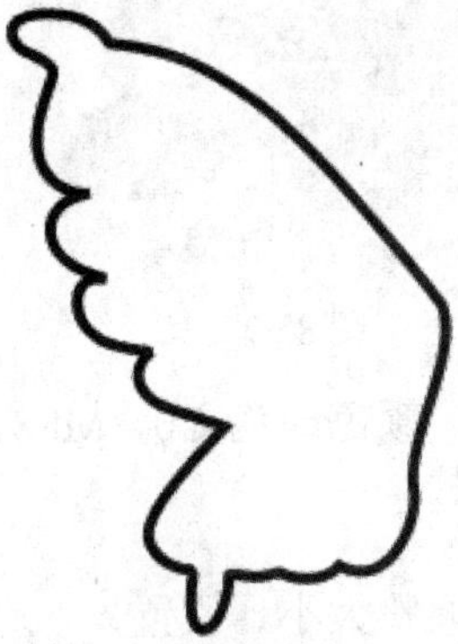

图8.62

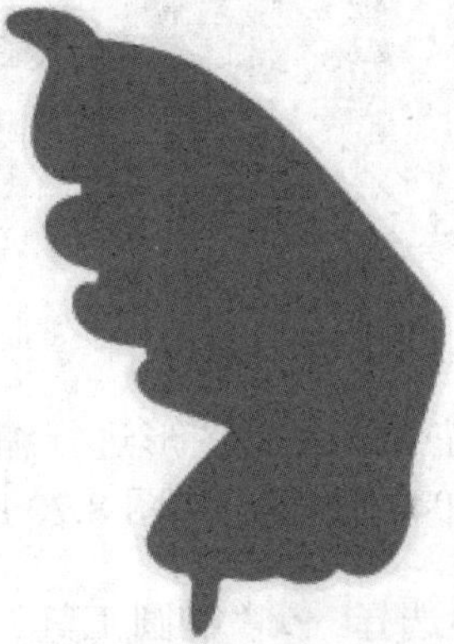

图8.63

图8.64

（5）选中图层“蝴蝶大-左”和图层“蝴蝶大-右”，Ctrl+G键群组，命名为“蝴蝶大”。

（6）复制图层“蝴蝶大”，命名为“蝴蝶小”，对图形进行等比例缩小，把颜色改为C0，M87，Y43，K0，轮廓颜色为“白色”，大小为“0.25mm”，如图8.65所示。

（7）新建图层“花01”，在工具栏中选择“多边形”工具，把边数改为4，，选中图层“花01”，把推拉振幅改为15，，调整扭曲的方向，“均匀填充”颜色为C54，M18，Y44，K0，轮廓颜色为“白色”，如图8.66所示。

图8.65

图8.66

（8）复制图层“花01”，命名为“花02”，将图形进行缩小，颜色改为C27，M18，Y38，K0，图层“花02”放置在图层“花01”上面，如图8.67所示。

（9）复制图层“花02”，命名为“花03”，将图形进行缩小，颜色改为C0，M26，Y31，K0，图层“花03”放置在图层“花02”上面，如图8.68所示。

（10）复制图层“花03”，命名为“花04”，将图形进行缩小，颜色改为C0，M51，Y28，K0，图层“花04”放置在图层“花03”上面，如图8.69所示。

图8.67

图8.68

图8.69

（11）复制图层“花04”，命名为“花05”，将图形进行缩小，颜色改为C0，M88，Y40，K0，图层“花05”放置在图层“花04”上面，如图8.70所示。

（12）新建图层“花蕊”，在工具栏中选择“椭圆工具”，调整大小、位置，“均匀填充”颜色C0，M0，Y60，K20，轮廓颜色为“白色”，图层“花蕊”放置在图层“花05”上面，如图8.71所示。

图8.70

图8.71

（13）选中图层“花01”、图层“花02”、图层“花03”、图层“花04”、图层“花05”、图层“花蕊”，按Ctrl+G键群组，命名为“花朵-左”。

（14）按住Ctrl键，选中图层“花朵-左”，选中左边小黑框，往右拖动，在按住左键的情况下右击，镜像复制，将复制的图层命名为“花朵-右”，如图8.72所示。

图 8.72

（15）选中图层“花朵-左”和图层“花朵-右”，按 Ctrl+G 键群组，命名为“花朵”。

（16）新建图层“菱形 01”，在工具栏中选择“多边形”工具，把边数改为 4，，画一个菱形，如图 8.73 所示。

（17）将图层“菱形 01”上的图形“均匀填充”，颜色为 C49，M93，Y92，K24，轮廓为“无”，如图 8.74 所示。

（18）复制图层“菱形 01”，命名为“菱形 02”，将图形进行缩小，颜色改为 C0，M40，Y40，K0，图层“菱形 02”放置在图层“菱形 01”上面，如图 8.75 所示。

（19）复制图层“菱形 02”，命名为“菱形 03”，将图形进行缩小，颜色改为 C51，M11，Y34，K0，图层“菱形 03”放置在图层“菱形 02”上面，如图 8.76 所示。

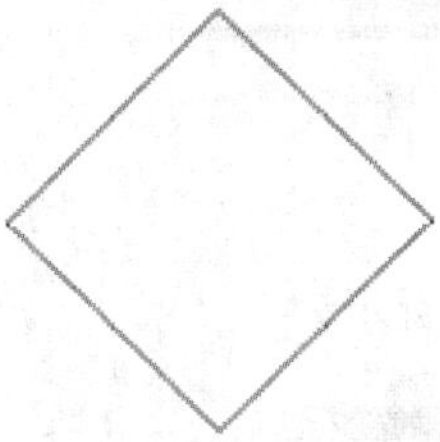

图 8.73

图 8.74

图 8.75

图 8.76

（20）选中图层“菱形 01”、图层“菱形 02”、图层“菱形 03”，按 Ctrl+G 键群组，命名为“菱形”。

（21）新建图层“背景”，在工具栏中选择“矩形”工具，画长 300mm,高 16mm 的矩形，轮廓为“无”，“均匀填充”颜色为 C51，M11，Y34，K0，矩形命名为“矩形-蓝”，如图 8.77 所示。

图 8.77

（22）在工具栏中选择“矩形”工具，画长300mm，高32mm的矩形，轮廓为“无”，“均匀填充”颜色为C49，M93，Y92，K24，矩形命名为“矩形-褐”，如图8.78所示。

图 8.78

（23）在工具栏中选择“矩形”工具，画长300mm,高32mm的矩形，轮廓为“无”，“均匀填充”颜色为C0，M0，Y40，K0，矩形命名为“矩形-黄”，如图8.79所示。

图 8.79

（24）在“矩形-黄”的矩形上的中点位置用“2 点线”工具绘制一条直线，宽度为2mm，颜色为C49，M93，Y92，K24，如图8.80所示。

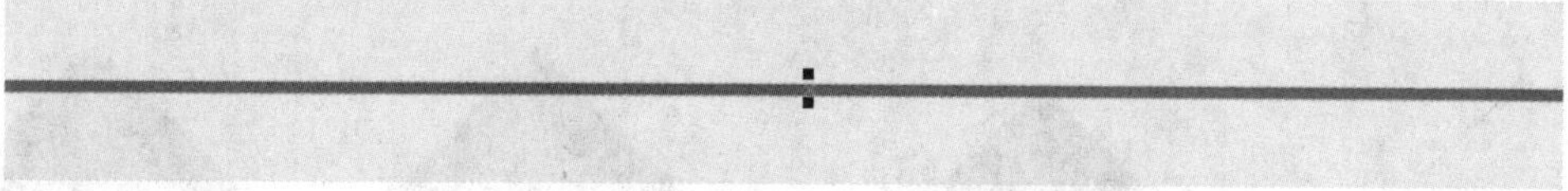

图 8.80

（25）将“矩形-蓝”、“矩形-褐”、“矩形-黄”调整位置，如图8.81所示。

图 8.81

（26）将图层“蝴蝶”的位置进行调整，放置在“矩形-蓝”上，如图8.82所示。

图 8.82

（27）复制图层“蝴蝶”，命名为“蝴蝶 A”，放置在矩形另一端，如图 8.83 所示。

图 8.83

（28）在工具栏中选择“调和”工具，从“蝴蝶”拖到“蝴蝶 A”，“调和对象”为 10，，如图 8.84 所示。

图 8.84

（29）将图层“花朵”的位置进行调整，放置在“矩形-褐”上，如图 8.85 所示。

图 8.85

（30）复制图层“花朵”，命名为“花朵 A”，放置在矩形另一端，如图 8.86 所示。

图 8.86

（31）在工具栏中选择“调和”工具，从“花朵”拖到“花朵 A”，“调和对象”为 2，，如图 8.87 所示。

图 8.87

（32）将图层“菱形”的位置进行调整，放置在“矩形-黄”上，如图 8.88 所示。

图 8.88

（33）复制图层“菱形”，命名为“菱形 A”，放置在矩形另一端，如图 8.89 所示。

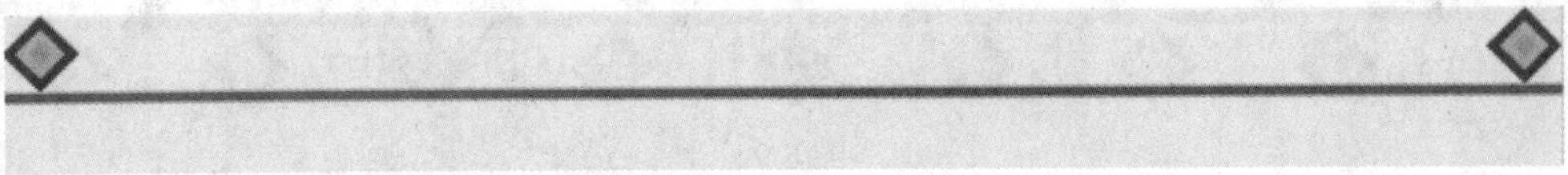

图 8.89

（34）在工具栏中选择“调和”工具，从“菱形”拖到“菱形 A”，“调和对象”为 9，，如图 8.90 所示。

图 8.90

（35）复制图层“菱形”，命名为“菱形 B”，如图 8.91 所示。

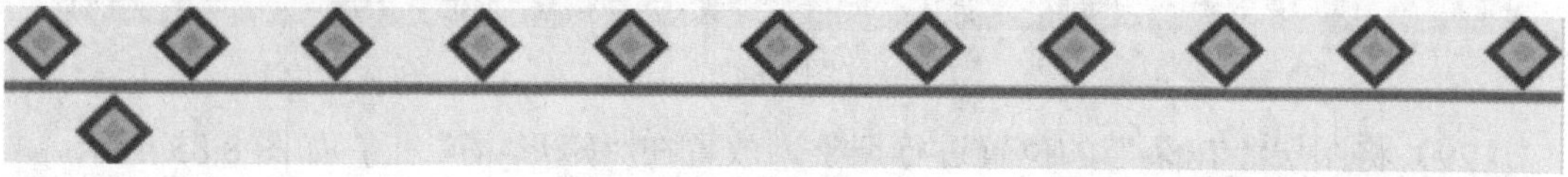

图 8.91

（36）复制图层“菱形”，命名为“菱形 C”，放置在矩形另一端，如图 8.92 所示。

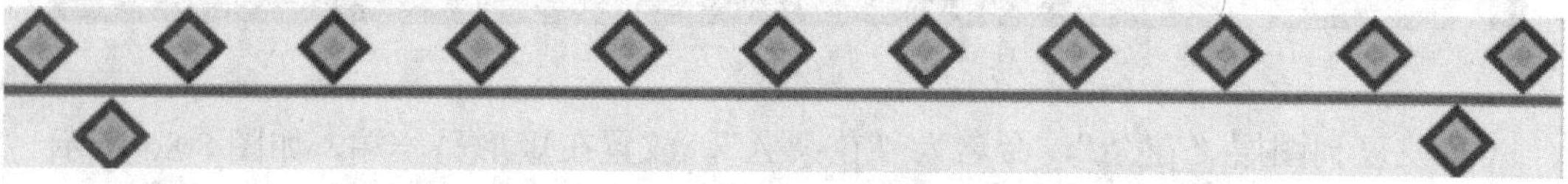

图 8.92

（37）在工具栏中选择“调和”工具，从“菱形”拖到“菱形 A”，“调和对象”为 7，，如图 8.93 所示。

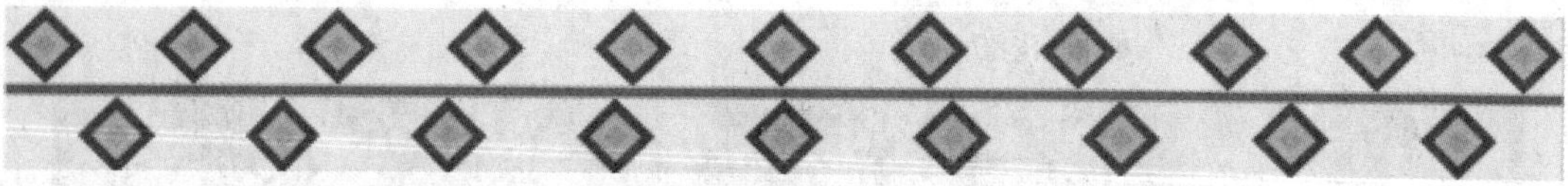

图 8.93

（38）调整后效果如图 8.94 所示。

图 8.94

（39）选中前 3 行，按住 Ctrl 键，在按住左键的情况下，挪动位置，右击，选择“复制”命令，如图 8.95 所示。

图 8.95

本 章 小 结

本章主要介绍了对象的调和、轮廓图、变形、阴影、封套、立体化、透明、透镜等效果的编辑，可以使图形变幻出丰富的形状及色彩效果，这些功能与命令是 CorelDRAW 软件的特色编辑，希望设计者熟练掌握并灵活应用。

第 9 章　处理位图图像和应用滤镜

本章主要学习位图图像的处理和滤镜的应用，要求学生能够运用所学技能完成相关设计应用。本章建议 2 学时。

9.1　位图的导入和编辑

9.1.1　导入与裁剪位图

1. 导入位图

选择“文件”菜单中的“导入”选项，在弹出的“导入”对话框中选择想要编辑的位图，单击“确定”，如图 9.1 所示。如果要选择多幅位图导入，按住 Ctrl 键逐个选择位图即可。

2. 裁剪位图

（1）导入位图。

（2）单击工具栏中的形状工具，选中导入的位图，将光标移动到位图的轮廓线上双击，则位图轮廓线上可出现节点，将鼠标按住任意节点拖动可裁剪位图，如图 9.2 所示。

图 9.1

图 9.2

（3）还可选择工具箱中的裁剪工具，框选想要留下的部分，双击即可裁剪掉多余部分，如图 9.3 所示。

图 9.3

9.1.2 重新取样

对位图重新取样可以重新改变位图的属性。

（1）选中图片，单击“形状工具”。

（2）选择位图中的重新取样工具，弹出“重新取样”对话框，如图 9.4 所示。

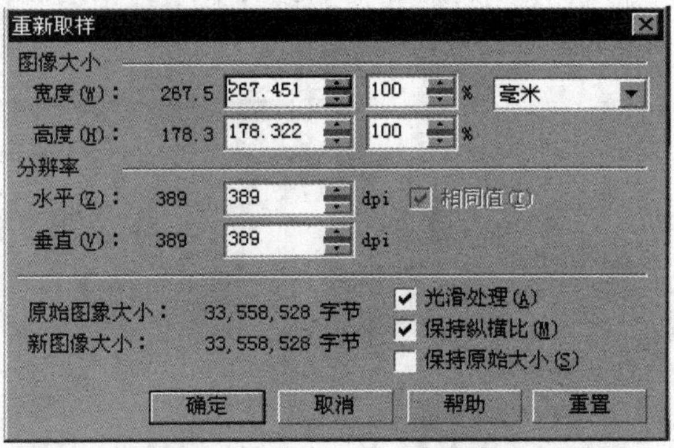

图 9.4

在对话框中的数值框输入想要调整的数值即可重新调整位图的大小和分辨率等。

9.1.3 位图颜色遮罩

（1）选中要进行颜色遮罩的位图。

（2）选择位图选项中的“位图颜色遮罩”选项，弹出“位图颜色遮罩”泊坞窗，如图 9.5 所示。

（3）选中“隐藏颜色”，单击下面的颜色选择按钮。

（4）在位图中选择要隐藏的颜色单击，单击“应用”即可，如图 9.6 所示。

（5）拖动“容限”滑块或在后面输入数值，调节显示或隐藏所选色彩的精确程度。

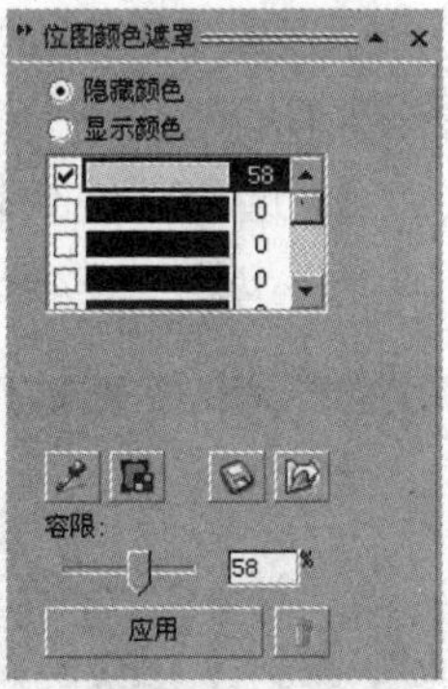

图 9.5

图 9.6

9.2 位 图 特 效

9.2.1 三维效果

（1）选中图片，选择“位图”选项中的“三维效果”，在子菜单中选择相应的命令（如卷页），可进行各种效果设置，如图 9.7 所示。

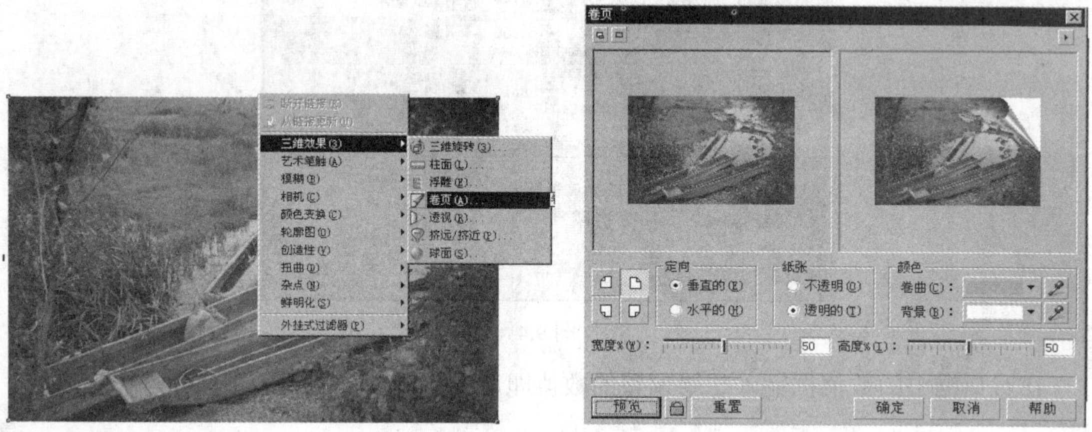

图 9.7

（2）选择“三维旋转”，弹出“三维旋转”对话框,输入垂直和水平数值即可编辑效果，如图 9.8 所示。

（3）选择其他效果同样会弹出对话框，在对话框中调节一些数据等即可编辑效果，如图 9.9 所示的球面效果。

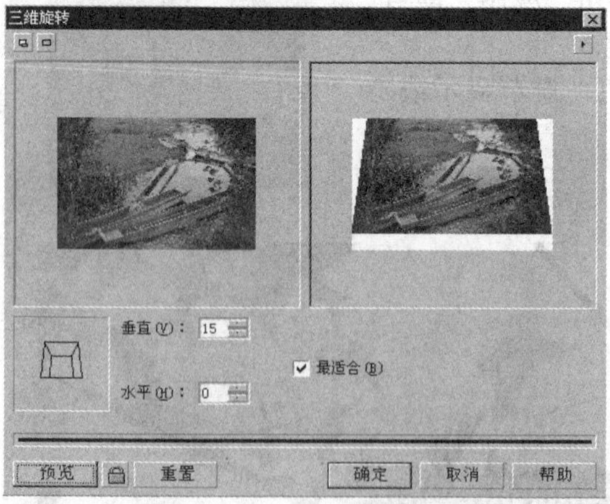

图 9.8

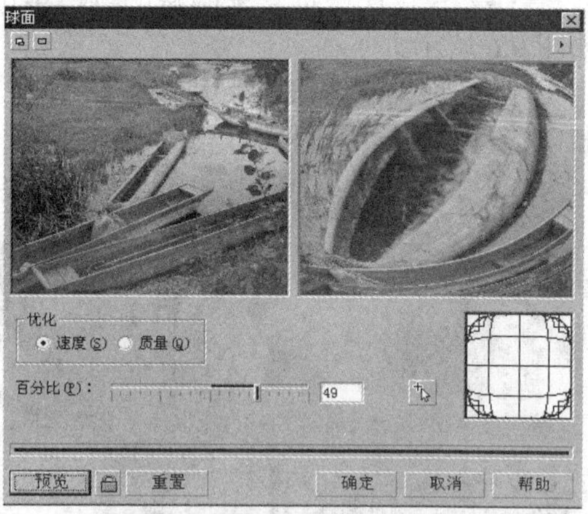

图 9.9

9.2.2 艺术笔触

选中图片，选择“位图”选项中的“艺术笔触”，在子菜单中选择相应的命令可进行效果设置，如图 9.10 所示的印象派效果。

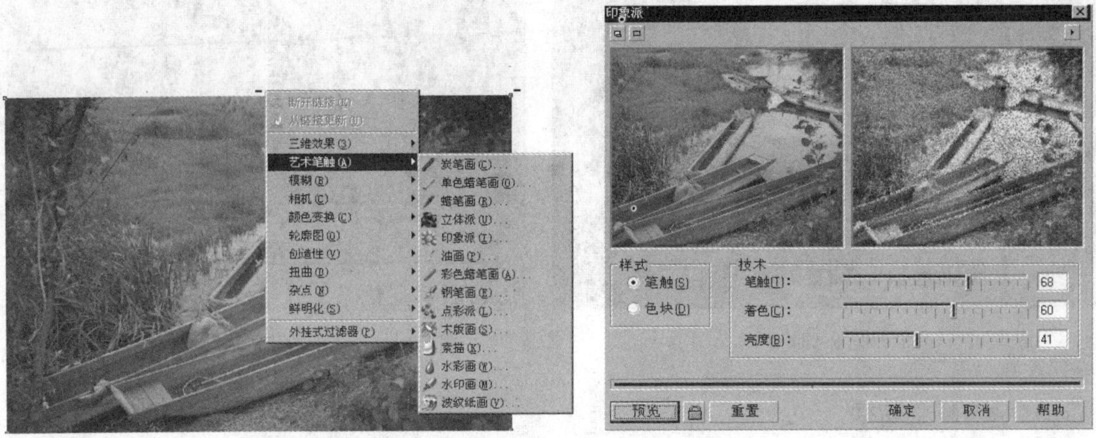

图 9.10

选择“炭笔画”，在弹出的“炭笔画”对话框调节大小和边缘即可编辑炭笔画效果，如图 9.11 所示。

选择其他艺术笔触效果同样会弹出对话框，在对话框中调节一些数据等即可编辑效果，如图 9.12 所示的水彩画。

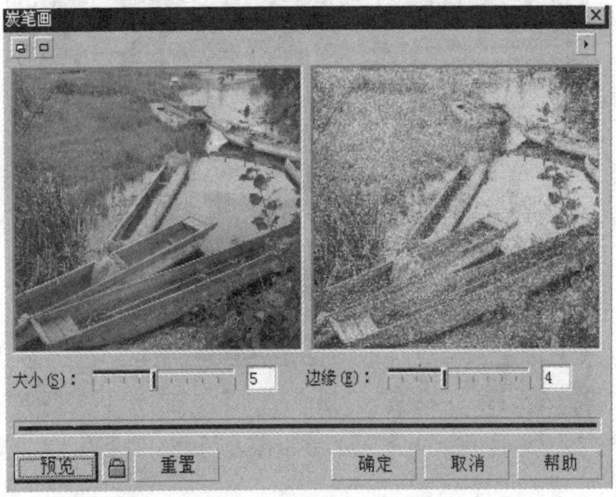

图 9.11

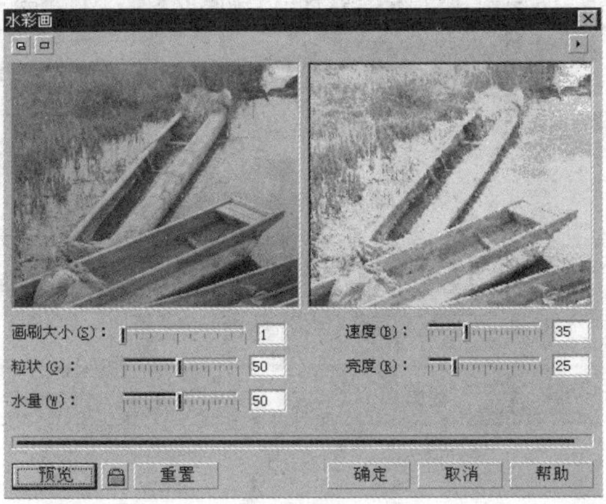

图 9.12

9.2.3　模糊

选中图片，选择“位图”选项中的“模糊”，在子菜单中选择相应的命令可进行效果设置，如图 9.13 所示。

选择“高斯式模糊”，在“高斯式模糊”对话框中调节半径值即可编辑出模糊效果，如图 9.14 所示。

选择其他模糊效果同样会弹出相应的对话框，在对话框中调节一些参数即可编辑效果。

图 9.13

图 9.14

9.2.4 颜色转换

选中图片，选择“位图”选项中的“颜色转换”，在子菜单中选择“梦幻色调”命令进行效果设置，如图 9.15 所示。

（1）选择“位平面”，弹出“位平面”对话框，调节“红”、“绿”、“蓝”即可编辑出效果。选中“应用于所有位面”复选框，拖动鼠标可使三项同时滑动，如图 9.16 所示。

图 9.15

图 9.16

（2）选择其他颜色转换效果同样会弹出对话框，选择“背景色”后调节“敏感度”即可编辑出效果。

9.2.5 轮廓图

选中图片，如图 9.17 所示，选择“位图”选项中的“轮廓图”，在子菜单中选择“边缘检测命令”可进行效果设置。

选择其他轮廓图效果同样会弹出对话框，在对话框中调节一些数据等即可编辑效果，如图 9.18 所示。

图 9.17

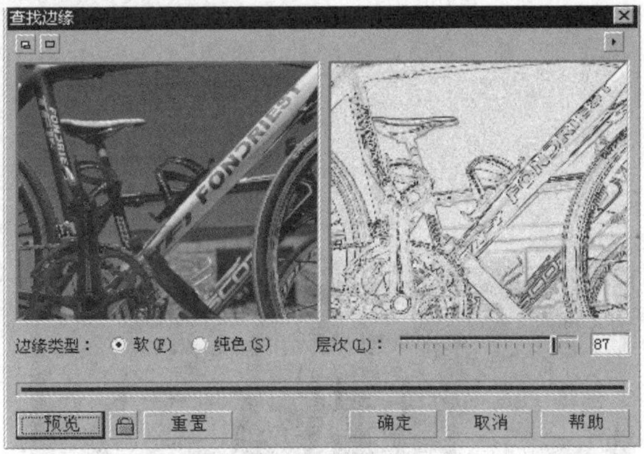

图 9.18

9.2.6　创造性

选中图片，如图 9.19 所示，选择“位图”选项中的“创造性”，在子菜单中选择相应的命令可进行效果设置。

（1）选择“工艺”，弹出“工艺”对话框，单击“样式”出现下拉菜单，选择样式后，调节“大小”等数据即可，如图 9.20 所示。

图 9.19

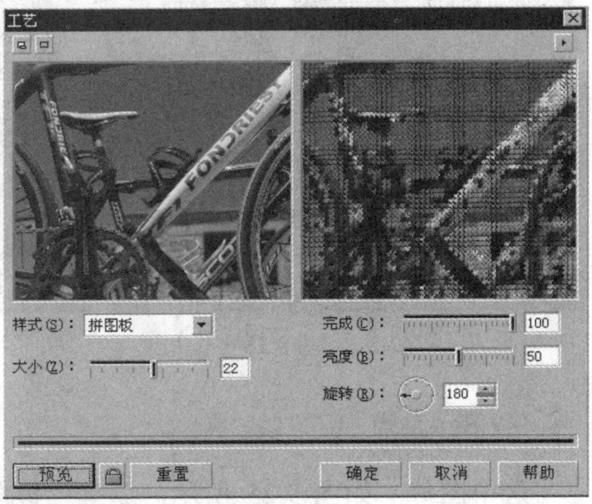

图 9.20

（2）选择其他创造性效果同样会弹出对话框，在对话框中调节一些数据等即可编辑效果。

9.2.7　扭曲

选中图片，选择“位图”选项中的“扭曲”，在子菜单中选择“块状”命令，选择“未定义区域”后调节即可编辑出效果，如图 9.21、图 9.22 所示。

选择偏移、湿画笔扭曲效果，在对话框中调节一些数据等即可编辑效果，如图 9.23、图 9.24 所示。

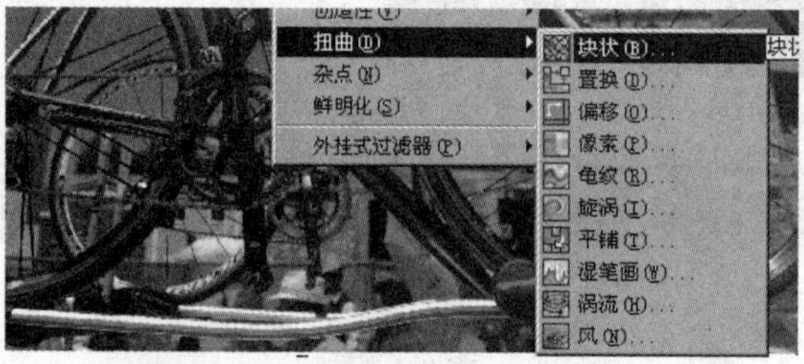

图 9.21

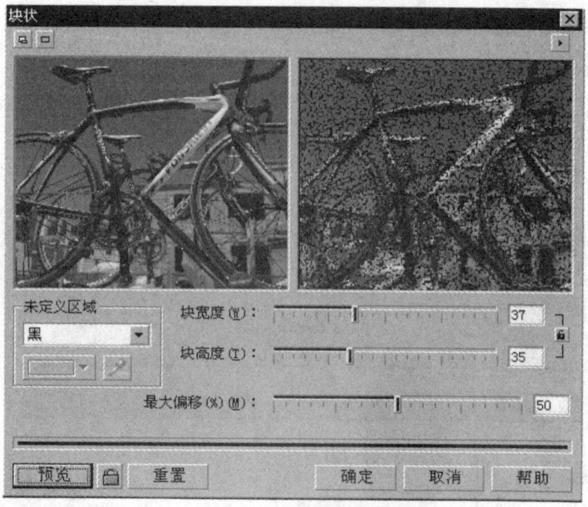

图 9.22

图 9.23

图 9.24

9.2.8 杂点

选中图片，如图 9.25 所示，选择“位图”选项中的“杂点”，在子菜单中选择相应的命令可进行效果设置。

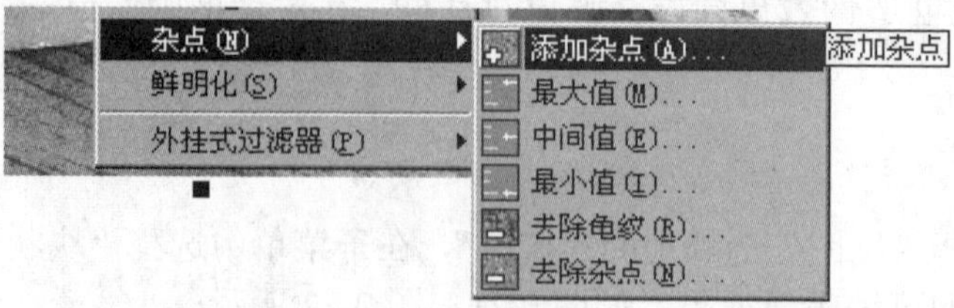

图 9.25

（1）选择“添加节点”，弹出“添加节点”对话框，选择“杂点类型”后调节参数即可编辑出效果，如图 9.26 所示。

（2）选择其他杂点效果同样会弹出对话框，在对话框中调节一些数据等即可编辑效果，如图 9.27 所示为最大值效果。

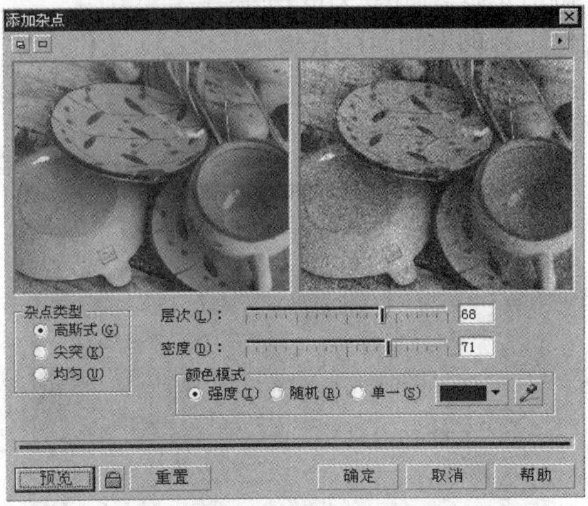

图 9.26

图 9.27

（3）“去除龟纹”命令可去除位图中的波浪形杂点；“去除杂点”命令可自动设置位图中杂点的数量。

9.2.9　鲜明化

选中图片，选择“位图”选项中的“鲜明化”，在子菜单中选择相应的命令可进行效果设置，如图 9.28 所示。

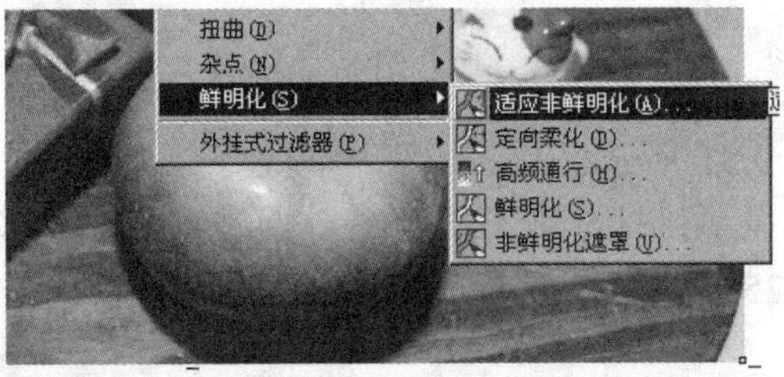

图 9.28

（1）选择“非鲜明化遮罩”，弹出“非鲜明化遮罩”对话框,拖动鼠标调节即可编辑出效果。

（2）选择其他鲜明化效果同样会弹出对话框，在对话框中调节一些数据等即可编辑效果。

9.3　特殊效果的制作

9.3.1　高反差

在工作区域导入一张图像，如图 9.29 所示。

选中图片，执行“效果/调整/高反差”命令，打开如图 9.30 所示的对话框。

（1）在滴管取样中设定输入值和输出值。

（2）在色频中设定选取的颜色，共有四种颜色设定，如图 9.30 所示。

（3）单击“选项”按钮，弹出自动调整范围对话框，如图 9.30 所示。

（4）在输入输出区域设定输入和输出的比例，它的取值范围在 0～255 之间变化，如图 9.30 所示。

设置好后单击“确定”按钮，变化之后的效果如图 9.30 所示。

图 9.29

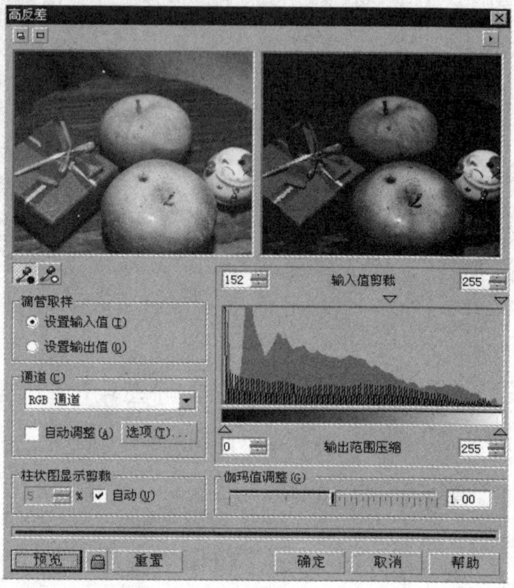

图 9.30

9.3.2 局部平衡

导入一张图像，如图 9.31 所示。

选中图片，执行“效果/调整/局部平衡”命令，在对话框中按住游标，调整对象宽度和高度，取值范围在 5～255 之间，设置相应数值后，单击“确定”按钮，所得效果如图 9.32 所示。

图 9.31

图 9.32

9.3.3　取样/目标平衡

导入一张图像，如图 9.33 所示。

（1）选中图片，执行“效果/调整/取样/目标平衡”命令，打开如图 9.34 所示的对话框。

图 9.33

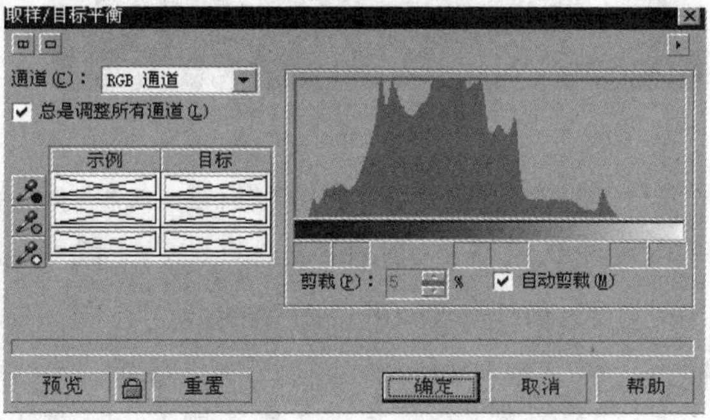

图 9.34

（2）在“通道”下拉列表框中选择通道样式，单击表示启用预览窗，以便在对话框中预览图像的调整效果，如图 9.35 所示。

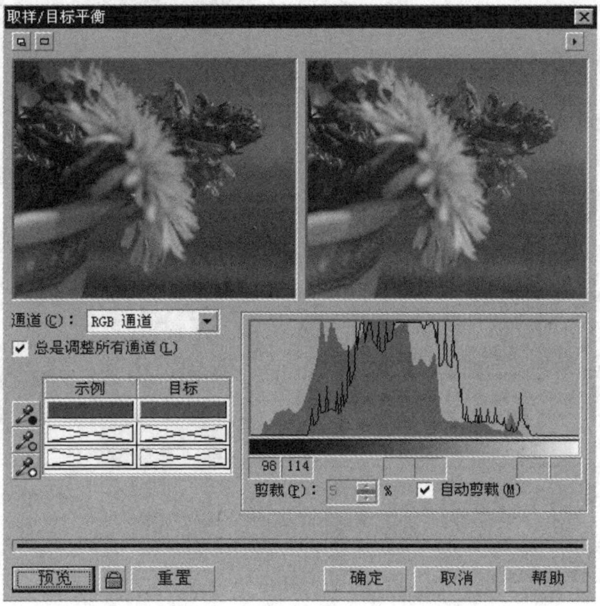

图 9.35

9.3.4　调和曲线

导入一张图像，如图 9.36 所示。

选中图片，执行“效果/调整/调和曲线”命令，打开如图 9.37 所示的对话框。

图 9.36

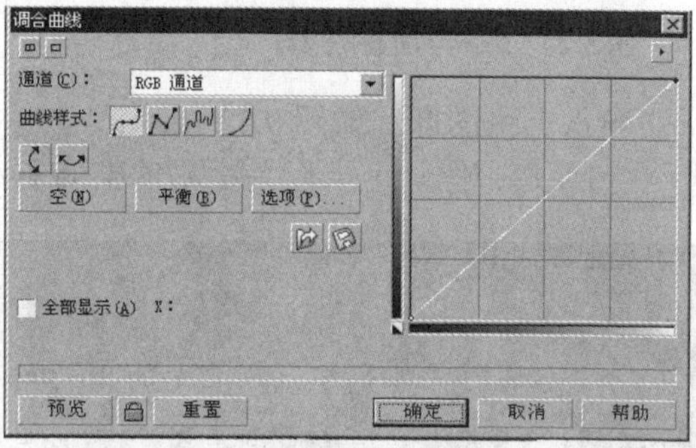

图 9.37

（1）在活动色频中设定颜色，包括 RGB、红色、绿色、蓝色四种颜色通道，在样式中设定曲线风格，包括曲线、直线、手绘和伽玛值。

（2）单击可以改变曲线的方向，单击“重置”按钮可以取消设置。单击设置按钮可以设定黑色和白色线条比例，如图 9.38 所示。

（3）勾选“全部显示”复选框，此时在线条区域出现一条蓝色的斜线，设置完参数后，单击“确定”按钮，效果如图 9.39 所示。

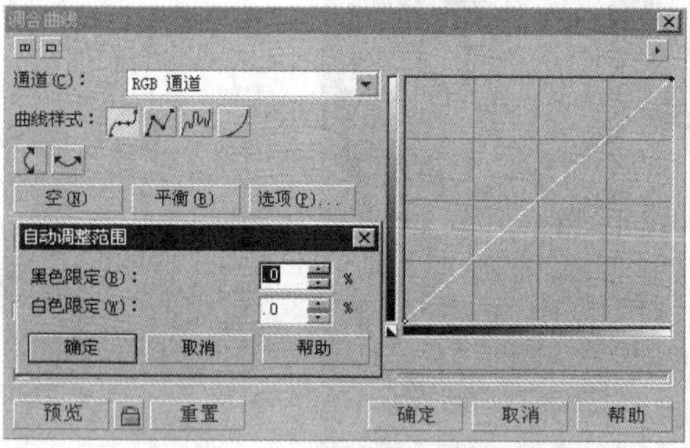

图 9.38

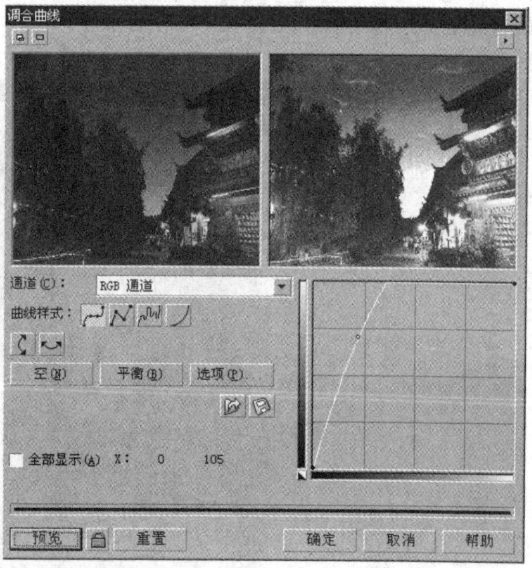

图 9.39

9.3.5 亮度/对比度/强度

导入一张图像，如图 9.40 所示。

（1）选中图片，执行“效果/调整/亮度/对比度/强度”命令，打开如图 9.41 所示的对话框。

（2）按住游标，左右拖动鼠标可以改变对象的亮度、对比度、强度，取值范围在-100～100 之间。亮度游标调整所有像素值的色调，对比度游标调整最浅和最深像素间的差异，强度游标会加强绘图中浅色区域的亮度，但不会降低深色区域的浓度。

图 9.40

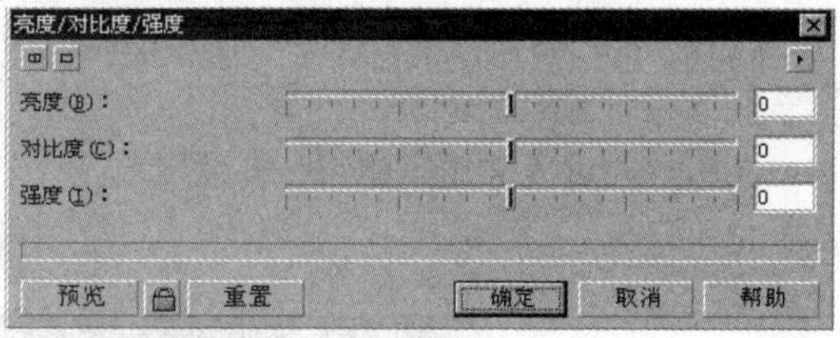

图 9.41

（3）设置完毕后，单击“确定”按钮，所得效果如图 9.42 所示,对话框的右上角的小三角下有很多快捷菜单，比较方便调整。

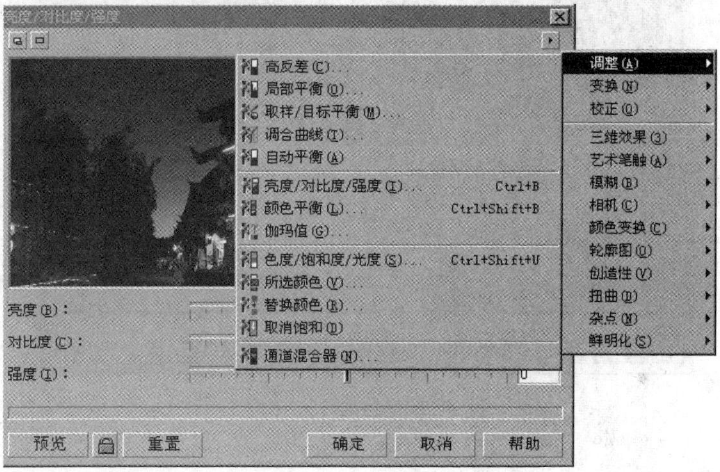

图 9.42

9.3.6　颜色平衡

导入一张图像，如图 9.36 所示。

（1）选中图片，执行“效果/调整/颜色平衡”命令，打开如图 9.43 所示的对话框。

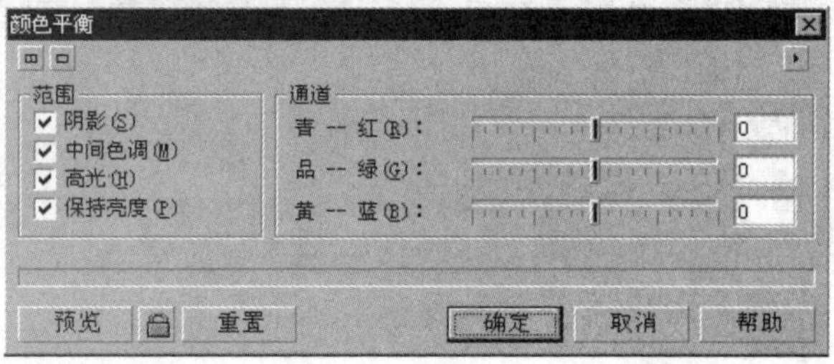

图 9.43

（2）启用范围选项框的一个或多个。

启用阴影时表示在绘图区域中应用颜色校正，禁用时表示颜色校正不影响这些区域。

启用中间色调时表示在绘图区域中色调区域应用颜色校正，禁用时表示颜色校正不影响这些区域。

启用高光时表示在高亮显示部分增加颜色校正，禁用时表示颜色校正不影响这些区域。

启用保持亮度时表示在应用颜色校正的同时保持绘图的亮度级，禁用时表示颜色校正将影响绘图的颜色变深。

（3）移动色频通道游标来设置颜色级别，设定完成后单击“确定”按钮，所得效果如图 9.44 所示。

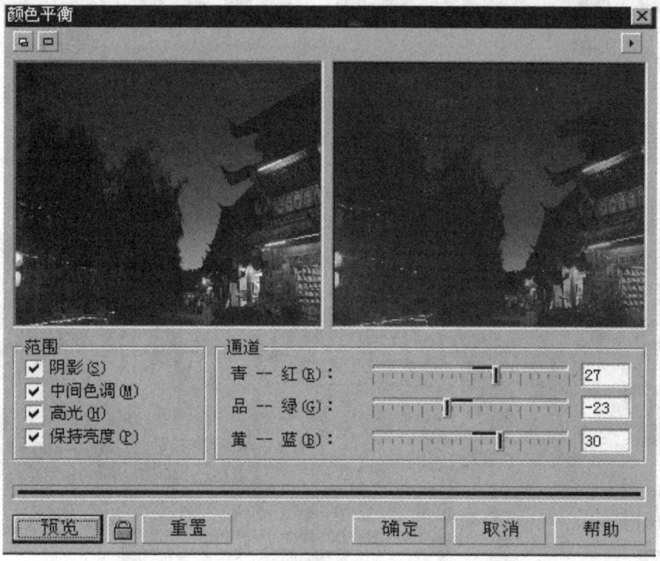

图 9.44

9.3.7 伽玛值

伽玛值是一种调整色调的方法，它考虑眼睛因为相邻区域的色值不同而产生不同的视觉印象。伽玛值允许用户在对阴影或高光没有显著影响的情况下，改进绘图效果。

继续用前一张图像，如图 9.43 所示。

（1）选中图片，执行“效果/调整/伽玛值”命令，打开如图 9.45 所示的对话框。

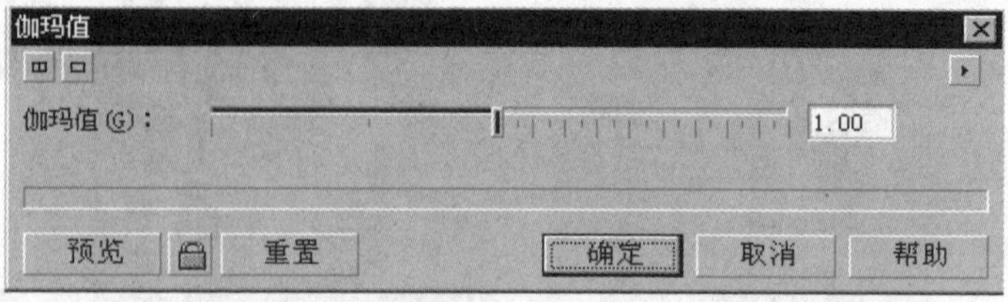

图 9.45

（2）移动伽玛值游标来设置伽玛值曲线值，数值越大中间的色调越浅，数值越小中间色调越深，所得效果如图 9.46 所示。

图 9.46

9.3.8　色调/饱和度/光度

导入一张图像，如图 9.47 所示。

图 9.47

（1）选中图片，执行“效果/调整/色调/饱和度/光度”命令，打开如图 9.48 所示的对话框。

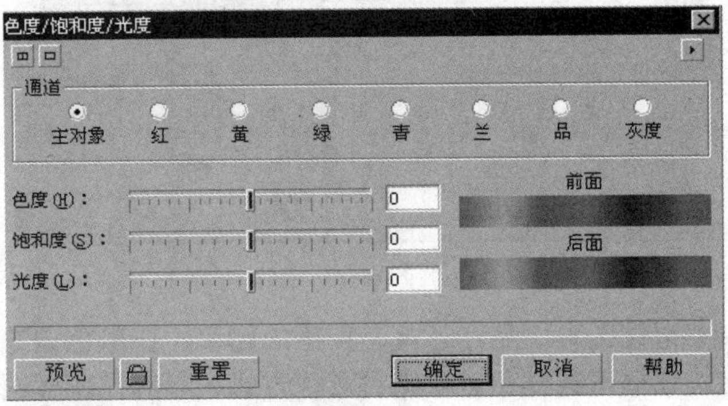

图 9.48

（2）在色频通道区域可以设定颜色，颜色有红、黄、绿、青、蓝、品红、灰度。

（3）在色度栏左右拖动游标，可以改变对象的色调度，取值在-180～180之间，同样拖动饱和度栏的游标改变对象的饱和度，取值范围在-100～100 之间，光度表示轻盈度，取值范围在-100～100 之间，执行效果如图 9.49 所示。

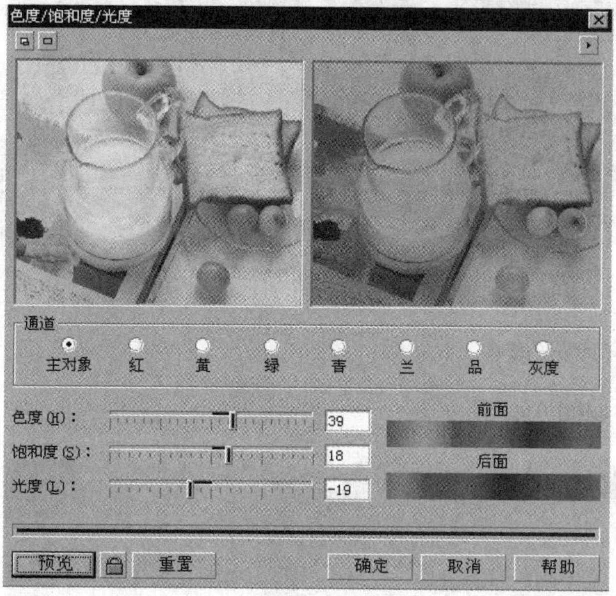

图 9.49

9.3.9　选择颜色

继续使用上一张图像，如图 9.47 所示。

选中图片，执行“效果/调整/所选颜色”命令，打开如图 9.50 所示的对话框。

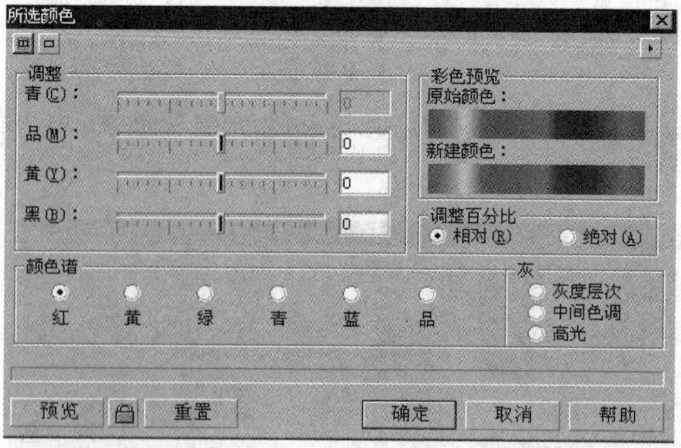

图 9.50

在调整选项框中分别设定青、品红、黄、黑色的比率，在颜色谱选项框中设定光谱的颜色，在调整百分比选项框可选择相对或绝对两种方式，然后在灰度选项框中设定灰度的显示方式，所得效果如图 9.51 所示。

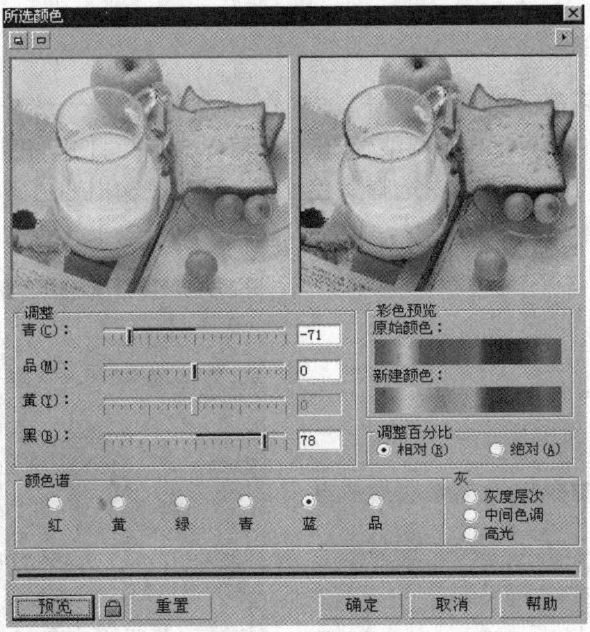

图 9.51

9.3.10　替换颜色

继续使用前一张图像，如图 9.48 所示。

选中图片，执行“效果/调整/替换颜色”命令，在对话框中原颜色框选择某种颜色并在新建颜色框中选择要替换的颜色，然后在颜色差异框中设定色度、饱和度、亮度的参数，所得效果如图 9.52 所示。

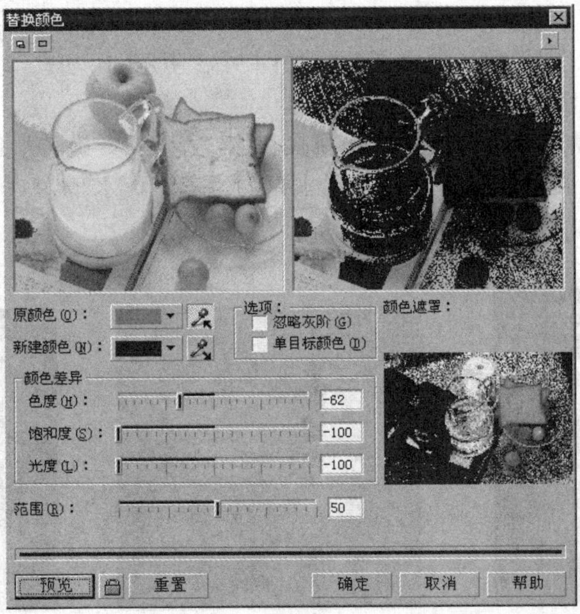

图 9.52

9.3.11 混合通道

继续使用前一张图像，如图 9.47 所示。

（1）选中图片，执行“效果/调整/通道混合器”命令，打开如图 9.53 所示的对话框。

（2）在色彩模型下拉列表框中选择颜色模式，然后在输出通道下拉列表框中选择通道选项，在输入通道区域中设置红、绿、蓝色的数值，所得效果如图 9.54 所示。

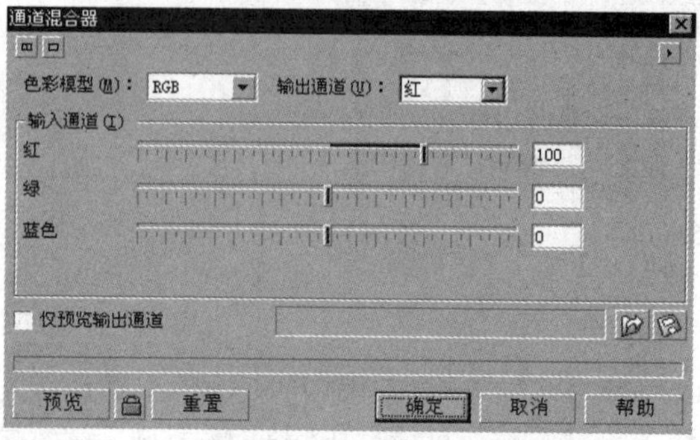

图 9.53

图 9.54

9.4 案 例 教 学

（1）新建文件，设置 A4。导入图片，如图 9.55 所示。

（2）复制导入的图片，如图 9.56 所示。

（3）选中一个图形，在菜单中执行“位图/三维效果/三维旋转”命令，如图 9.57 所示。

（4）弹出“三维旋转”对话框，设置垂直为“-22”，水平为“-28”，得到如图 9.58 所示的效果。

图 9.55

图 9.56

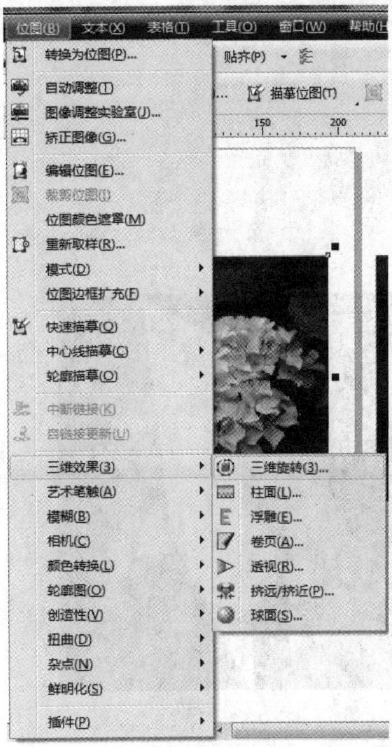

图 9.57

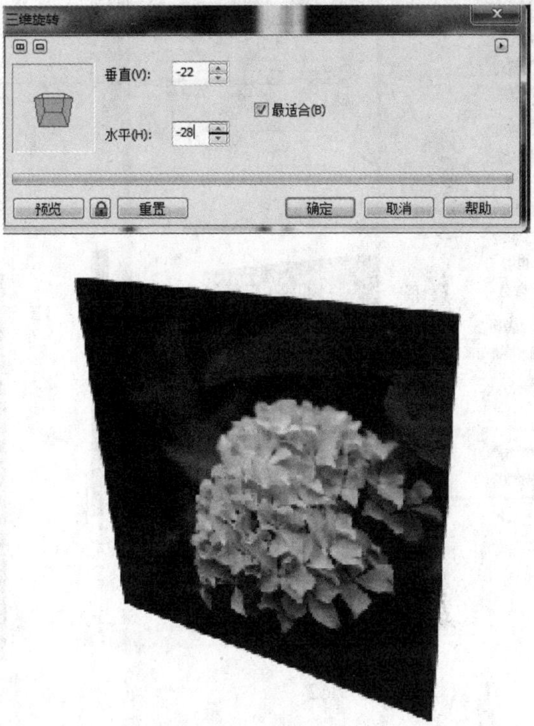

图 9.58

（5）再复制一个副本之后重复上面步骤。在“三维旋转”对话框中设置垂直为“-22”，水平为“62”，如图 9.59 所示。效果如图 9.60 所示。

（6）使用钢笔工具对三维旋转的图形进行勾画，如图 9.61 所示。

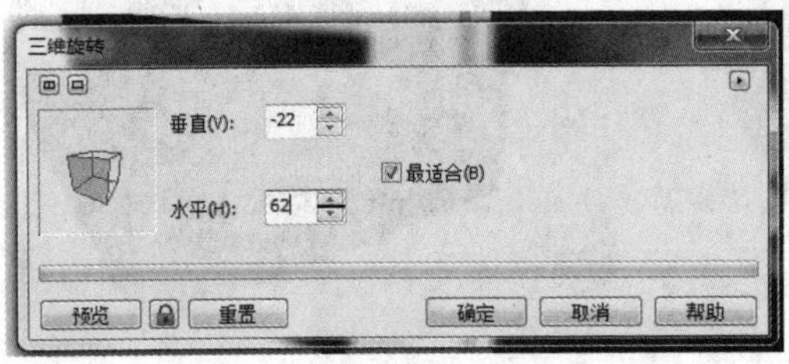

图 9.59

图 9.60

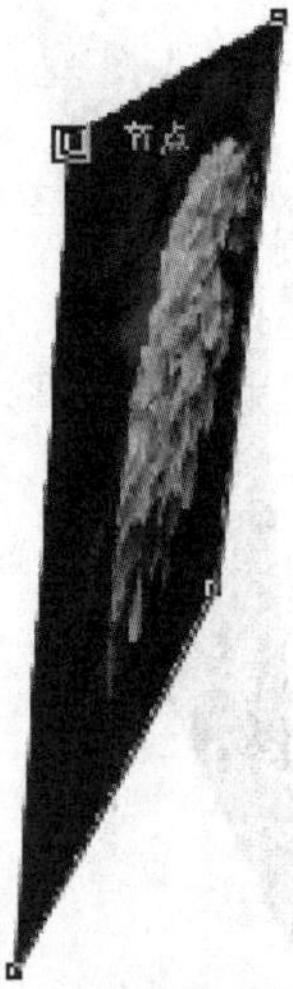

图 9.61

（7）选择第 2 个三维旋转的图形。在菜单中执行“效果/图框精确裁剪/置于图文框内部”命令，如图 9.62 所示。得到如图 9.63 所示的效果。

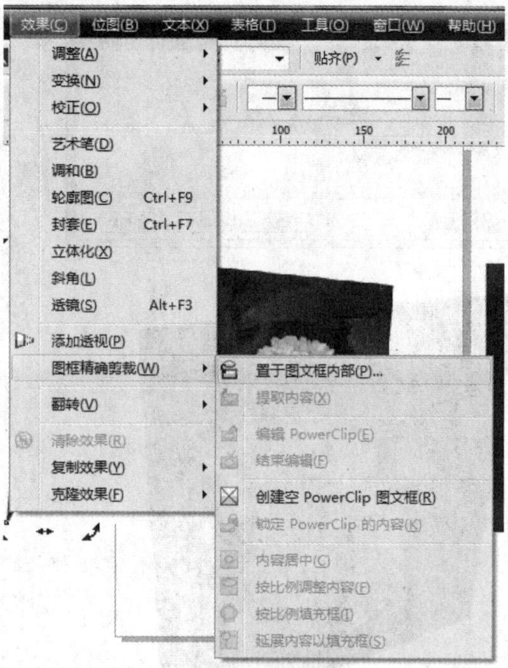

图 9.62

图 9.63

（8）选择四边形，将三维旋转后的图拖至四边形中对齐，单击完成编辑。得到如图 9.64 所示的效果。

（9）重复上述步骤对第一个三维旋转的图形进行编辑。再与图 9.64 对齐。得到如图 9.65 所示的效果。

（10）使用钢笔工具在画面中勾出立方体的顶面，如图 9.66 所示。

图 9.64

图 9.65

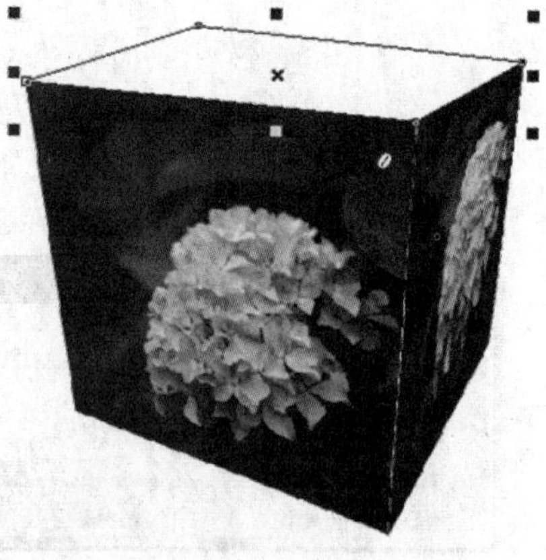

图 9.66

（11）再复制一个图形进行三维旋转。设置为垂直为“65”，水平为“1”，如图 9.67 所示。得到如图 9.68 所示的效果。

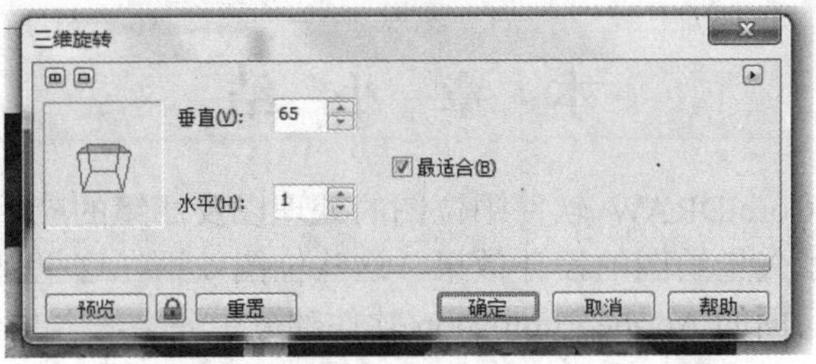

图 9.67

图 9.68

（12）重复步骤（6）～（8）后在线框内进行图形缩放，如图 9.69 所示。

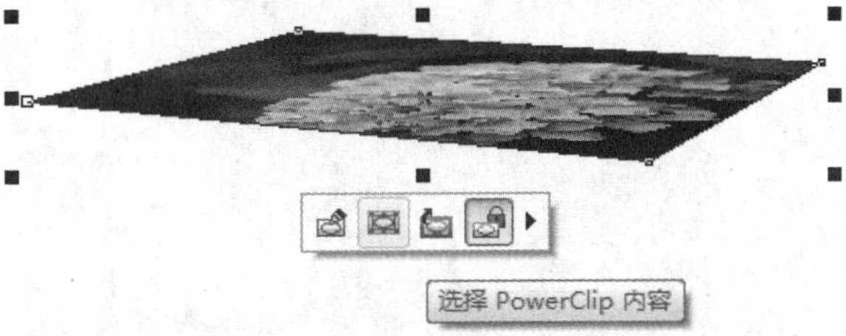

图 9.69

（13）把图 9.70 与之前编辑好的图形进行拼接，得到如图 9.70 所示的效果。

（14）在工具箱中选项轮廓工具把图形轮廓变为“1.0mm”，得到如图 9.71 所示的最终效果。

图 9.70

图 9.71

本 章 小 结

本章主要介绍了 CorelDRAW 软件中位图的处理以及滤镜的应用，详细讲解了各种特殊效果和样式，丰富了矢量绘图的设计效果。这些位图效果在这里只作为一般了解和一些简单的应用，因为在后面的 Adobe Photoshop 软件部分中还会深入地学习与研究。